产业与环境

——基于可持续发展的产业环保化研究

阎兆万 著

经济科学出版社

图书在版编目（CIP）数据

产业与环境——基于可持续发展的产业环保化研究／阎兆万著. —北京：经济科学出版社，2007.10
ISBN 978-7-5058-6667-6

Ⅰ. 产… Ⅱ. 阎… Ⅲ. 环境保护-产业-研究-中国 Ⅳ. X.12

中国版本图书馆 CIP 数据核字（2007）第 162484 号

人类迄今为止走过的所有发展道路对中国都不能适用。中国非得开拓一条全新的航道不可。这个发明了造纸术和火药的民族，现在面临一个跨越西方发展模式的机会，向世界展示怎样创造一个环境上可持续的经济。

——美国环境经济学家　莱斯特·布朗

序

环境是人类社会、经济、文化发展的重要基础，保护环境是人类最崇高、最有价值的事业和行为。我很高兴地看到，在落实科学发展观、构建社会主义和谐社会过程中，越来越多的政府部门、企业、团体和个人开始关注环保，环保意识和环保责任感不断增强，并积极参与环保活动。中国的环保事业面临前所未有的发展机遇。

环保实践呼唤着环保理论的不断创新。阎兆万基于产业经济学理论和国际视野，把环境与产业发展有机结合起来进行研究，做出了一些有价值的理论思考。他基于环境库兹涅茨曲线提出了"中国假想拐点"的可能性。因为中国的资源条件不允许坐等人均国民收入1万美元时才出现环境质量的根本改善，新的发展模式的选择和新的环保技术的推广应用会使中国"环境拐点"大大提前。他基于环保经济效益的分析，论证了环保内生于产业发展，使产业主体在内部利益机制和外部导向机制的双重作用下，实现由被动到主动、由抵触到自觉进行环保转变的必然性。他还运用定性分析和定量分析相结合的方法，提出了一些数学模型来进行论证。所有这些探索，我看都是非常有益的。阎兆万是我的一个山东同乡，他学的是经济学，并不从事环保工作，但他结合自己从事国际合作、与国外洽谈环保项目的经历，利用在国外学习的机会和业余时间，对产业生态问题有如此的热衷和思考，我这个老环保感到非常的欣慰。所以，他让我为他的《产业与环境——基于可持续发展的产业环保化研究》一书写个序，我欣然同意了。

  从20世纪70年代初，我就开始从事环保工作，70年代中期以来，我一直提倡发展循环经济。从理论和实践看，这是把环境与发展有机结合起来的新的和最有效的发展模式。因为循环经济本质上是一种生态经济，它要求运用生态学规律来指导经济活动，这与传统经济模式有根本的不同，传统经济是一种由"资源—产品—消费—污染排放"所构成的物质单向流动的线性经济。而循环经济是一种建立在不断循环利用基础上的发展模式，它要求把经济活动按照自然生态系统的模式，组成一个"资源—产品—消费—再生资源"的物质反复环流的过程。要实现循环经济，必须要有符合循环经济的设计，把经济效益、社会效益和生态效益统一起来，充分使物质循环利用，做到物尽其用；必须依靠科技进步，更多地采取无公害或低害新工艺、新技术，大力降低原材料和能源的消耗，实现少投入、高产出、低污染，尽可能把环境污染物的排放消除在生产过程之中；必须综合利用资源，实现废弃物资源化、减量化和无害化，把有害环境的废弃物减少到最低限度；同时，还要实施科学和严格的管理，建立一系列科学完备的运行规则和操作规程，健全实施循环经济的管理机制和能力。

因此可以说，在循环经济模式下，环保不仅仅是增加成本的投入，更是可能产生经济效益的源泉；经济与环境不是绝对的矛盾和对立，更有其内在的统一性，经济发展和环保是可以实现协调发展和双赢的。这种双赢有利于解决中国面临的经济社会发展的矛盾和问题，有利于促进人与自然的和谐，从而也为构建社会主义和谐社会奠定坚实的基础。胡锦涛同志指出："大量的事实表明，人与自然的关系不和谐，往往会影响人与人的关系、人与社会的关系，如果生态环境受到严重破坏，人们的生活环境恶化，如果资源能源供应紧张，经济发展与资源矛盾尖锐，人与人的和谐、人与社会的和谐是不可能实现的。"我们要从战略的高度，充分认识发展循环经济、实现可持续发展、促进人与自然和谐的极端重要性。要强化环保的社会责任，使每个人都自觉地为我国经济社会又好又快的发展付出自己的努力。要从我做起，从现在做起，为我们国家更加美好的明天贡献自己的力量。

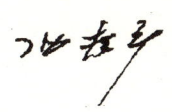

2007 年 10 月

（曲格平　中华环保基金会理事长，第八、九届全国人大资源与环境保护委员会主任委员，原国家环保总局局长）

前　　言

当前，环境问题引起广泛关注，环保领域成为国际投资新热点。这促使我对多年来对产业生态问题的思考和我在国外学习研究的成果做个系统的整理。由于工作的关系，经常出国考察，寻求和开展国际投资合作。记得15年前第一次出国是到日本、美国，在国外看到和感受到的一切给我留下了深刻印象，使我对环境有了许多表象的认识。后来了解到，发达国家都经历了环境污染、生态危机的发展过程，环境问题也许是经济发展到一定历史阶段的必然产物。所以，再看国内的环境问题，也就多了几分理解和释然。最近几年，多次参加节能环保的国际会议，直接参与国际环保项目合作和环保技术合作的洽谈，使我对环保有了更进一步的认识，也开始从国际视野和我国产业经济所处的阶段性特征来认识中国的环境问题。

真正促使我对环境进一步思考是在2005年，那一年省委组织部派我们到美国马里兰大学学习。期间我有机会参观考察了美国的环保机构和企业，认识了许多致力于环保的各界人士，接触了一些环境经济学的理论。一次我参加美国环保协会组织的座谈会，向美国朋友介绍，我国政府非常重视环境保护，制定了一系列环保法规，采取了严格的环保措施。我自信讲得很全面、客观，得到了在场许多人的认同。中间茶休时，一位叫罗杰斯的博士找到我说："阎先生，刚才谈的情况我们都注意到了，中国政府确实在下决心解决环境问题，但是，环境问题光靠政府是解决不了的，没有产业界的主动参与和全社会的共同努力是不行的，我们建议中国应在企业内部寻找环保的动力。"他的观点引起了我浓厚的兴趣，我对他友好的坦率和建议表示了真诚的谢意。那一次我们谈了很多，记得他还幽默地借用如何使"猫吃辣椒"的故事说明必须通过一定的机制让企业自觉自愿地进行环保，这才是环境问题的治本之策。罗杰斯博士独到的见解，促使我对中国的环保做更深层次的理性思考。

我不是一个环保工作者，长期从事经贸工作，但谁又能说环境保护只是环保工作者的事情呢？每个公民都应该有义务关注我们所赖以生存的环境，并为环保做出实实在在的努力。我不是一个环境问题的专家，不能从更专业的角度、更技术的角度研究环保问题，但是环境问题不单单是环境自身的问题，就环境论环境并不能使环境问题得以解决。实际上，从经济学的角度探讨解决环境问题的方式和机制，更能够得到符合实际的结论。所以我认为，环境问题可以被看成是一个产业经济现象，可以也有必要从产业内部寻求环境保护的利益机制和内在动力。

一个国家的产业发展对于全社会经济的发展、国家国际经济地位的提高以及人民生活水平的改善有着决定性的影响。自改革开放以来，我国产业经济持续高速增长，总量规模和质量水平实现了质的变化。但不容回避的问题是，伴随着产业经济的发展，我国的环境状况却日益严峻，环境污染不单是降低了国民经济的发展质量，更使人民生存环境受到严重影响。所以，在当今的中国，正确把握产业发展和环境保护之间的关系，积极寻求产业发展过程中解决环境问题的新思路、新方式和新途径，从而在根本上遏制环境污染，提高资源效率，改善生态环境已成当务之急。

我国目前的环保似乎处于一种游离于产业发展之外的状

况，虽然越来越多的企业开始重视环保事业，但是应当说目前大多数的企业还只是被动地甚至是以抵触的心理对待环保，环境保护大多被认为是政府的职能，而非企业的行为。现有的理论研究，更多地强调了环保与产业发展的矛盾性，而忽略了环保与产业发展的统一性。现有的环保政策更多地是强化了环保的行政管制，而对企业利益导向的政策还需要进一步完善。实际上，环境问题主要是由人类的产业行为引起的，环保可以与产业发展有机地结合在一起。因此，从根本上解决环境问题也主要应该而且必须从产业内部机制和企业行为入手，在利益机制的作用下实现由被动向主动、由抵制向自觉进行环保的转变，我把这一转变过程称为产业环保化。在产业发展过程中节约能源、减少污染、资源的循环使用都表现为产业环保化的具体内容。对于中国来说，产业环保化不仅是必要的，也是可能的，更表现出一种内在的必然性。我之所以用心写这本专著，就是力图阐明如何在环保利益化的基础上，使产业内部产生环保的经济驱动力，使环保外在于产业发展的现状有所改善，使环保内在地契合于产业发展过程，以期实现以产业环保化带动新兴工业化的产业发展目标。

为了更准确地把握和表达主题，我运用了定性分析和定量分析相结合、规范分析与实证分析相结合的研究方法，综合多个学科的知识，运用各种模型进行问题的阐述和分析，通过分析试图对产业经济学做些理论上的创新。（1）提出了基于可持续发展的产业环保化理论，即把环保内生于产业发展，实现环保规模化、效益化的新型产业发展模式的理论。特别是基于环境库兹涅茨曲线论证了"中国假想拐点"的可能性。（2）提出了产业环保化的实现机制。包括以利益实现机制、技术机制、生产机制和环保产业化为核心的内在动力机制和以政策机制、司法机制、文化机制为核心的外在导向机制。（3）运用系统学的理论，创新性地提出产业环保化系统优化理论，并提出了产业环保化与环保产业的协同发展系统动力学模型。（4）通过构建可持续发展产业环保化的效用评价模型，提出产业发展战略选择的环保基准。

  此时此刻，当我构思这篇前言的时候，正好是我再一次访问美国回国途中。太平洋万米高空国航的班机上，公务舱内已是鼾声一片，但我却难以入睡。由于自身知识结构、数据不全和公务繁忙等主客观原因，我曾一度想放弃本书的写作，但这次美国之行坚定了我完成这本专著的决心。在旧金山的硅谷，惠普的领导人向我们谈到了回收废旧电子产品、减少污染、循环利用的计划，并表达了愿与我们进一步合作的愿望；在新泽西访问强生总部时，我们感受到了高科技企业自觉致力于环保对增强企业核心竞争力带来的实在影响，我们也诚恳邀请作为世界500强的强生到我省战略布点；在参观Heritage环保集团研发中心时，我们真正理解了"工业废物是放置错了地方的资源"的含义；在西雅图微软总部的会议中心，我隐约看到了发展现代服务业为处理好产业与环境之间的关系所呈现的美好前景。所有这些都与我的研究主题"产业与环境"有关，也都进一步佐证了我基于产业经济学理论对环境问题的思考。这是一个共同的国际话题，这是一个被实践证明的正确选择，这也是摆在国人面前亟待破解的难题。

  这时，机舱内的灯突然亮了，有人打开机窗遮板，一缕阳光洒了进来。飞机进入祖国领空，北京快要到了。我的心情忽然变得轻松起来，一路的疲劳全消，耳边响起温家宝总理在第六次全国环境保护大会上那铿锵有力的声音：必须把环境保护摆在更加重要的战略位置。必须转变发展观念，创新发展模式，提高发展质量，把经济社会发展切实转入科学发展的轨道。要大力推动产业结构优化升级，加快发展先进制造业、高新技术产业和服务业，形成一个有利于资源节约和环境保护的产业体系。

　　我们没有理由不为我国经济又好又快的发展贡献我们的思考和行动。

　　我们应该对我国更加美好的明天充满信心！

作者于 2007 年 9 月 2 日回国途中

目　　录

序　　　　　　　　　　　　　　　　　　　　　　　　曲格平　1

前言　　　　　　　　　　　　　　　　　　　　　　　　　　1

第一章　绪论　　　　　　　　　　　　　　　　　　　　　1
　　一、引起全球关注的环境问题　　　　　　　　　　　　　2
　　二、研究与思考的理论基础　　　　　　　　　　　　　　12
　　三、产业是产生环境问题的根源　　　　　　　　　　　　20

第二章　产业与环境的理论研究与实践　　　　　　　　　　26
　　一、国外研究：从穆勒、马什到产业生态学的出现　　　　26
　　二、国内研究：起步较晚　渐入佳境　　　　　　　　　　34
　　三、国外产业环保的特点　　　　　　　　　　　　　　　40
　　四、我国产业环保发展状况　　　　　　　　　　　　　　44
　　五、国内外产业环保发展中的差距　　　　　　　　　　　50

第三章　产业环保化理论内涵与特征　　　　　　　　　　　54
　　一、产业发展与环境关系的历史沿革　　　　　　　　　　54
　　二、环保化是产业发展的必然选择　　　　　　　　　　　60
　　三、环保效益是产业环保化的内在动力　　　　　　　　　64
　　四、产业环保化的基本内涵　　　　　　　　　　　　　　66
　　五、产业环保化的五大特征　　　　　　　　　　　　　　67

第四章　基于可持续发展的产业环保化理论与战略　　　　　70
　　一、新的产业发展模式　　　　　　　　　　　　　　　　70

二、基于可持续发展的产业环保化战略　　　　　　　　　　**73**
　　三、基于可持续发展的产业环保化系统优化理论　　　　　　**77**
　　四、我国产业发展与环境保护关系计量分析　　　　　　　　**84**

第五章　产业环保化实现机制：内在动力机制　　　　　　　　**99**

　　一、产业环保化的利益作用机制　　　　　　　　　　　　　**99**
　　二、产业环保化的技术促进机制　　　　　　　　　　　　　**110**
　　三、产业环保化的绿色生产机制　　　　　　　　　　　　　**121**
　　四、产业环保化的环保产业化机制　　　　　　　　　　　　**134**

第六章　协同发展：产业环保化与环保产业相关性分析　　　　**141**

　　一、协同学理论分析　　　　　　　　　　　　　　　　　　**141**
　　二、产业环保化与环保产业协同发展机制　　　　　　　　　**143**
　　三、产业环保化与环保产业互动发展模式　　　　　　　　　**145**
　　四、环保产业与其他产业相关关系分析　　　　　　　　　　**147**
　　五、产业环保化与环保产业协同发展的系统动力学分析　　　**154**

第七章　产业环保化实现机制：外部导向机制　　　　　　　　**162**

　　一、产业环保化政策导向机制　　　　　　　　　　　　　　**162**
　　二、产业环保化的法律监管机制　　　　　　　　　　　　　**171**
　　三、产业环保化的文化激励机制　　　　　　　　　　　　　**174**

第八章　产业环保化效用评价　　　　　　　　　　　　　　　**183**

　　一、产业环保化效用方法分析　　　　　　　　　　　　　　**183**
　　二、产业环保化效用分析因子　　　　　　　　　　　　　　**187**
　　三、工业产业环保化效用实证分析　　　　　　　　　　　　**190**

第九章　产业环保化理论应用和对策研究　　　　　　　　　　**232**

　　一、区域产业环保化分析　　　　　　　　　　　　　　　　**232**
　　二、工业园区环保化分析　　　　　　　　　　　　　　　　**240**
　　三、我国推进产业环保化的对策　　　　　　　　　　　　　**245**

目录

四、具体产业环保化研究　　　　　　　　　　255

图表目录　　　　　　　　　　　　　　　　269
参考文献　　　　　　　　　　　　　　　　273
附：环保不仅是责任，更是利益之源
　　　——为阎兆万《产业与环境》一书记语
　　　　　　　　　　［美］W. J. McDaniel　282
后记　　　　　　　　　　　　　　　　　　283

第一章

绪　　论

> 必须研究自然的、社会的、生态的、经济的以及利用自然资源过程中的基本关系，确保全球可持续发展。
>
> ——联合国《关于环境与发展的里约宣言》

产业发展是人类经济活动的核心内容和基础。产业发展到工业化阶段，产生了严重的污染和资源破坏问题。这些环境问题的出现成为产业进一步发展的障碍，也对人类社会的生存与发展造成了严重的负面影响。

直到20世纪中期，环境问题受到人们的严重关切，越来越多的公众投身于环境保护运动，越来越多的政府采取强硬措施加强环境保护。特别是进入新世纪以来，环保已经成为时代最强音，并延伸至经济社会生活的方方面面。本书是从产业发展与环境保护协同发展的角度，探讨解决环境问题的方式、方法和途径，把环保这一长期被视为外部性的因素内生于产业发展，提出产业环保化的理论模式和实现机制，旨在实现产业与环境的协调与可持续发展。

一、引起全球关注的环境问题

(一) 国际背景

传统经济理论只是把资源视为可以与其他财富相比较的一种财富形式,因此把自然资源定义为一个经济体系中提供有价值的生产性服务的资源。这种定义只表达了自然资源作为生产过程原材料和能源投入要素的功能,而忽略了环境吸收生产过程和生活消费过程排放的各种废气和废物的功能,以及自然环境提供某种效用收益服务、支持经济体系和人类福利的功能。

1998 年,爱德华·巴比埃(Barbier, E.)运用环境三功能理论,构造了一个经济—环境相互作用模型,强调人类生活和生产过程对生态稳定和稀缺环境资源充足性的依赖,认为经济和环境相互作用不仅不断提高着环境提供生产投入和能源的相对稀缺程度,而且随着废弃物产生引起的不可逆转的自然环境的破坏,环境质量的下降,生态破坏的可能性不断增大。从长期看,如果经济过程中断自然生态过程,不断引起环境退化,永久地破坏了人类赖以生存和活动的基本环境功能,环境的绝对限制就会出现[1]。从这个模型来看,环境问题是制约产业发展的重要因素之一。环境保护逐渐受到人们的重视,与工业化进程密切相关。

20 世纪 50 年代,在以往两个多世纪的工业化进程中,先行工业化国家在为自己创造了大量的物质财富的同时,不但过度地消耗了大量的自然资源,而且他们的工业向大气排放了大量的有害物质,向地球堆放了大量的垃圾污染物,从而形成了目前全球环境问题。据有关专家研究,目前的全球变暖主要是人类自身特别是先行工业化国家在工业化过程中,因过度耗能而大量排放二氧化碳等温室气体造成的。

---

[1] 叶静怡:《发展经济学》,北京大学出版社 2006 年版,第 229~233 页。

第一章 绪 论

自18世纪以来,大气中二氧化碳的含量增加了30%,现在已达到100亿吨,而且这种增加的趋势还在继续。带来的后果将是引起南极冰雪受热融化,造成海平面升高,将会对沿海城市和人类生活造成严重影响,这就是一个"环境绝对限制"的例子。其他的例子比如:1952年伦敦烟雾、1959年和1965年日本汞中毒、1967年和1978年法国布里坦尼海岸中毒、意大利二氧化物污染、1979年美国三里岛核电站事故和1986年Bayara和Sandoz对莱茵河的污染等都向人们敲响了环境保护的警钟。

但是当时人们对环境保护的理解比较狭隘,大多数人认为只是大气和水污染的控制,废物的处置这些事情,并且认为是局部地区的问题。1962年美国雷切尔·卡逊教授出版了《寂静的春天》一书。该书指出了农药污染造成的生态危机,形象地描绘了有些地方春天已经没有鸟叫了的情景,震动了欧美各国。科学家们发现,短暂的几十年时间内,工业的发展逐渐把人类带进一个被毒化了的环境,而且环境污染造成的损害是全面、长期而又严重的。1972年联合国人类环境会议提出环境问题不仅是一个区域性问题,而且是一个全球性问题。于是,"环境保护"这一术语被广泛地采用了。

20世纪70年代,西欧国家环境运动出现一个强势思潮,即所谓的"反现代化、反工业化、反生产力思潮"。他们认为,污染和资源破坏是工业化的产物,环境和生态退化是现代化过程走向终结的证据[1]。

20世纪80年代早期,少数西欧国家如德国、荷兰和英国,首次提出生态现代化理论。生态现代化是现代化与自然环境的一种互利耦合,是世界现代化的一种生态转型。这种理论主要以欧洲经验为基础,描述一种现代化发展的新模式,即:追求经济有效、社会公正和环境友好的发展。

20世纪90年代以来,发达国家经济持续增长,环境持续改善,生活质量不断提高,环境保护取得巨大成效,OECD国家52%的环境指标已经与经济增长脱钩[2]。1992年6月联合国环境与发展大会在里

---

[1][2] 何传启:《要现代化,也要生态现代化》,载于《光明日报》,2007年2月6日。

约召开，会上180多个国家和地区60多个国际组织的代表一致通过《地球宪章》和《21世纪议程》，文件要求各国制定并组织实施相应的可持续发展战略、计划和政策，其中规定各国政府必须将国民生产总值的0.58%用于保护环境。1997年12月，《联合国气候变化框架公约》第三次缔约方大会通过了《京都议定书》，这次会议被认为标志着全球性环保联合行动的开始。但是，由于某些发达国家不能正视对于环境保护的历史责任，这个国际文件的执行并不顺利。

专栏1-1

《地球宪章》

《地球宪章》也叫《里约宣言》，全称为《联合国环境与发展宣言》，是1992年6月14日联合国环境与发展大会通过的一项不具有法律约束力的政治性宣言，旨在为各国在环境与发展领域采取行动和发展国际合作提供指导原则和规定一般义务。该宣言是继《人类环境宣言》和《内罗毕宣言》以后的又一部有关环境保护的世界性宣言，它体现了冷战后新的国际关系下各国对于环境与发展问题的新认识，反映了世界各国携手保护人类环境的共同愿望，它是国际环境保护史，也是国际环境法发展史上的一个新的里程碑。宣言由序言和27项原则组成。序言说明了环发大会举行的时间、地点和通过该宣言的目的等。原则1至原则3，宣布了人类享有环境权，各国享有自然资源的主权和发展权；原则4至原则21，分别规定了国际社会和各个国家在保护环境和实现可持续发展方面应采取的各项措施；原则22至原则23，是关于对土著居民和受压迫、统治和占领的人民环境权益加以特殊保护的规定；原则24至原则26，是关于战争、和平与环境发展关系的规定；原则27，呼吁各国人民应诚意地合作，实现本宣言的各项原则，并促进可持续发展方面国际法进一步的发展。

进入21世纪，世界经济持续增长，各国对环境的重视程度也进一步提高。但是很多发达国家将污染产业向发展中国家转移的现象依然层出不穷，甚至有的发达国家将废弃物向发展中国家倾倒。此外，发展中国家经济也进入前所未有的快速增长期，但是因为观念及技术

第一章 绪 论

水平的限制，环境保护的步伐更多地停留在表面层次上，真正将环保内生于产业发展的国家少之又少。上述种种原因导致了环保问题不但在发达国家，在发展中国家也已成为迫在眉睫的关键问题。

专栏 1-2

《京都议定书》

为了人类免受气候变暖的威胁，1997 年 12 月，在日本京都召开的《联合国气候变化框架公约》缔结方第三次会议通过了旨在限制发达国家温室气体排放量以抑制全球变暖的《京都议定书》。规定，到 2010 年，所有发达国家二氧化碳等 6 种温室气体的排放量，要比 1990 年减少 5.2%。具体说，各发达国家从 2008~2012 年必须完成的削减目标是：与 1990 年相比，欧盟削减 8%、美国削减 7%、日本削减 6%、加拿大削减 6%、东欧各国削减 5%~8%。新西兰、俄罗斯和乌克兰可将排放量稳定在 1990 年水平上。议定书同时允许爱尔兰、澳大利亚和挪威的排放量比 1990 年分别增加 10%、8% 和 1%。《京都议定书》需要在占全球温室气体排放量 55% 以上的至少 55 个国家批准，才能成为具有法律约束力的国际公约。中国于 1998 年 5 月签署并与 2002 年 8 月核准了该议定书。欧盟成员国于 2002 年 5 月 31 日正式批准了《京都议定书》。2004 年 11 月 5 日，俄罗斯总统普京在《京都议定书》上签字，使其正式成为俄罗斯的法律文本。目前全球已经有 141 个国家和地区签署该议定书，其中包括 31 个工业化国家。美国人口仅占全球人口的 3%~4%，而排放的二氧化碳却占全球排放量的 25% 以上，为全球温室气体排放量最大的国家。美国曾于 1998 年签署了《京都议定书》。但 2001 年 3 月，布什政府以"减少温室气体排放将会影响美国经济发展"和"发展中国家也应该承担减排和限排温室气体的义务"为借口，宣布拒绝批准。

（二）国内背景

我国在 1956 年提出了"综合利用"工业废物的方针，20 世纪 60 年代末期提出了"三废"（废水、废气、废渣）处理和回收利用的概念，70年代改用了"环境保护"这个比较完整的概念。

20世纪后期以来，我国产业经济快速发展，然而与产业发展相关的废物及其利用的状况却不容乐观。根据2006年中国环境统计公报数据显示，2005年，全国工业固体废物产生量为13.4亿吨，比上年增加12.0%，综合利用量只有7.7亿吨，与上年基本持平[①]。消耗的能源、原材料也是惊人的。2006年，中国GDP总量占世界的比重约5.5%，但重要能源资源消耗占世界的比重却较高，能源消耗占世界的15%，钢材消费占30%，水泥消耗占54%，煤炭消耗占30%以上，仍然出现了煤炭、电力、原材料和交通运输供给紧张的状况。建立在大量消耗能源、原材料的基础上的高增长是不可持续的。在能源、铁矿石、土地、森林和水等自然资源供给不足的情况下，如何实现工业化和现代化，是我国产业经济发展面临的一个突出矛盾。党的十六大提出的走新型工业化道路，出发点就是为了找到解决这个矛盾的办法。

我国传统产业高速发展导致的大气污染、水污染以及固体废物污染的情况日趋严重，同时很多传统产业的资源消耗量也居高不下。工业水污染进一步导致了我国居民的生活用水污染，一半的城市地下水受到污染，从而加剧了城市水资源的供需矛盾，许多城市出现了供水难的问题。工业固体废弃物污染、空气污染也严重影响了城市的环境质量。环境污染的加剧，必然造成一系列的不可避免的结果。由于环境事故所造成的经济损失在逐年增加。环境问题给整个国民经济的可持续发展带来了极大的困难。

近年来，高新技术产业发展引起的环境问题也备受关注。从传统的环境保护角度来考察，高新技术应该是没有污染或污染程度低的技术[②]。但从20世纪70年代以来，人们想象中的"清洁"的高新技术已给生态环境带来了各种各样的污染，即"高新技术污染"。从电子信息产业来看，对IT产业的产值做出贡献的从大到小依次是信息终端类产品、PC和网络、软件和服务。从目前情况看，我国IT产业仍

---

① 国家环境保护总局：《2005年中国环境状况公报》，2006年6月2日。
② 王瑞贤、罗宏、彭应登：《高新技术污染特征分析及控制对策》，载于《环境保护》2004年第2期。

第一章 绪 论

以电子制造业为主要形态，距离以软件、集成电路和信息服务占主要比重的较高级产业形态，还差着几年的路程。这就决定了我国 IT 产业离"绿色"还有相当的距离。事实上，在信息终端产品上的盲目投入和恶性竞争，已经带来了对自然环境的破坏，过早报废或者过时的电视机、手机、计算机已经形成了不容小觑的"高科技"污染[①]。

2007 年 1 月 27 日，中国现代化战略研究课题组在北京发布《中国现代化报告（2007）》，这个报告指出，2004 年中国生态现代化水平指数为 42 分，在 118 个国家中排第 100 位，中国正处于生态现代化的起步期。为反映一个国家生态现代化的相对水平，专家构筑了包括人均二氧化碳排放、生活废水处理率、森林覆盖率、有机农业比例、安全饮水比例、可再生能源比例、长寿人口比例等 30 个指标在内的生态现代化指数。用这一指数衡量，2004 年，瑞士等 15 个国家处于生态现代化的世界先进水平，西班牙等 37 个国家处于世界中等水平，巴西等 40 个国家属于初等水平，中国等 26 个国家属于世界较低水平[②]。报告指出，2004 年中国生态现代化的整体水平和多数指标水平，都有明显的国际差距。其中，中国自然资源消耗比例大约是日本、法国和韩国的 100 多倍；中国工业废物密度大约是德国的 20 倍、意大利的 18 倍、韩国和英国的 12 倍；中国城市空气污染程度大约是法国、加拿大和瑞典的 7 倍多，是美国、英国和澳大利亚的 4 倍多。

面对如此严重的环境问题，是重复发达工业国家走过的老路，先污染、后治理、再转型？还是直接采用发达工业国家目前的做法，全面实行生态现代化所要求的生态转型？显然，这两条道路对于目前的中国来说都是不合适的。必须根据中国的实际，探索第三条道路，那么适合中国的第三条道路在哪里呢？

党的"十六大"报告提出：在本世纪头 20 年全面建设小康社会的新阶段，经济建设的重要任务是基本实现工业化，大力推进信息化，加快建设现代化。为此，一定要走新型工业化道路。工业化是由农业经济转向工业经济的一个自然历史过程，存在着一般的规律性；

---

① 非鸿：《IT 产业是绿色产业吗？》，载于《网言网语》2004 年第 12 期。
② 新华社：《中国生态现代化刚刚起步——118 个国家中排第 100 位》，载于《齐鲁晚报》2007 年 1 月 28 日。

但在不同体制下，在工业化的不同阶段，可以有不同的发展道路和模式。根据党的"十六大"报告的精神，新型工业化道路主要"新"在以下几个方面①：第一，新的要求和新的目标。新型工业化要做到"科技含量高、经济效益好、资源消耗低、环境污染少、人力资源优势得到充分发挥"，并实现这几方面的兼顾和统一。第二，新的物质技术基础。坚持以信息化带动工业化，以工业化促进信息化，是我国加快实现工业化和现代化的必然选择。要把信息产业摆在优先发展的地位，将高新技术渗透到各个产业中去。第三，新的处理各种关系的思路。要正确处理发展高新技术产业和传统产业、资金技术密集型产业和劳动密集型产业、虚拟经济和实体经济的关系。第四，新的工业化战略。新的要求和新的技术基础，要求大力实施科教兴国战略和可持续发展战略。必须发挥科学技术是第一生产力的作用，依靠教育培育人才，使经济发展具有可持续性。

新型工业化已经将环境保护纳入工业发展的总体思路。就现阶段我国工业发展而言，结构性素质性矛盾仍十分突出，表现在产品层次低、高新技术产业比重偏小，产业链和供应链不完善，产业技术创新能力不足，产业组织化程度不高，产业集聚度较低，资源综合利用效率低下，生态环境保护和可持续发展压力较大，高投入、高消耗、高排放的粗放型增长方式尚未得到根本转变。随着土地、电力、水、资金等要素制约不断加剧，这种高速增长方式已经难以为继。

"十一五"规划纲要指出，"十一五"期间单位国内生产总值能耗降低20%左右，主要污染物排放总量减少10%。2006年我国未能实现节能减耗年度目标。因此，按照科学发展观的要求，抓住国家宏观调控的机遇，立足当前，着眼长远，着力推进工业结构的适应性和战略性调整，加快实现经济增长由粗放型向集约型转变，走新型工业化道路是历史的选择。根据我国经济发展阶段性要求，在新型工业化框架下寻求适宜中国国情的产业环保化之路，显得非常迫切。

---

① 《什么是新型工业化道路?》，载于《人民日报》，2003年1月13日第九版。

（三）研究意义

对产业环保化进行研究，其理论意义体现在两个方面：一是有利于丰富产业经济学的内涵。目前产业经济学研究更多地从产业组织、产业关联、产业结构的角度研究产业经济学问题，对产业发展及其规律性的研究相对薄弱。在产业经济学理论体系中，关于产业发展的理论和分量明显不足。甚至有的把产业经济学干脆就等同于产业组织的经济学。其实，对于中国这样的发展中国家，从产业发展的角度研究产业经济问题，从而以产业发展及其规律性为主线来构建中国特色产业经济学理论体系更有现实意义。中国发展的实践呼唤着中国产业经济学"发展学派"的形成，我们期待着更多的人研究和探讨产业发展的规律。对产业环保化进行研究，有助于丰富对产业发展规律性的认识，也有助于中国产业经济学的理论创新。二是环保实践深化，要求从新的视角创新环保理论。环保作为一个概念，人们更多地是从行为和政策层面来使用的。从环境保护到"环保化"，实际上是对环保认识的理论性表述和深化，对产业环保的"化"的必要性、过程、内在机制的揭示，是环保理论研究的一个新的视角。在许多场合下，人们强调了产业发展与环境保护的矛盾性的一面，实际上在很多领域，环保与产业发展是可以相得益彰、协调发展的。这种基于环保产业化和环保价值进行的理论分析，对环保理论研究有重要的理论创新意义。

对产业环保化进行研究，更具有很强的现实意义。

（1）研究对微观环境主体的环境行为进行内在约束。在发展过程中，许多厂商认为环境资源是公共财产，都可以任意使用与支配，而不受限制。因而当个人或厂商在从事生产或消费活动的过程中，为了自身利益最大化，会有意无意地将过多的废气、废水或其他废物排放到空气、土壤和河流中，造成严重的环境污染，增加了社会的负担与成本。为使环境污染的外部成本内部化，达到降低污染的目的，必须重视对产业环保化机制和政策的研究，优化政府环保投入结构，增加对企业环保的鼓励性支出，增加对环保技术研发和推广的比重，从正向引导和反向约束两个方面，促使企业基于利益的考虑自觉自愿地进行环境保护。

（2）探讨产业、资源、环境之间的协同发展。一般地说，产业从自然界获取资源进行生产，同时在产品生产过程中，会产生声、光、电磁波等伴生物及排放废弃物，这些都会对自然环境产生直接或间接的影响。因此，人类的经济活动一方面受自然环境的制约，另一方面又会对环境造成影响。而产业发展对环境的影响，主要表现为生产资源的获取和生产废弃物的排放对环境造成的资源破坏和环境污染等两个方面。目前，世界经济（尤其是发展中国家的经济）在取得高速增长的同时，随着工业化的发展和人口的膨胀，经济增长中对自然资源（特别是耗竭性资源如矿产、煤炭、石油等）的巨大需求和粗放式大规模开采消耗，已导致了资源基础的削弱、退化和枯竭，同时，生产过程中也产生了大量污染物，对生态环境造成了很大的破坏。因此，如何确保自然资源可持续利用以及经济与环境的可持续发展，成为当代所有国家在经济和社会发展过程中面临的一大难题。产业环保化的研究，包含了资源节约、循环使用和提高效率的经济价值分析，有助于从根本上解决这一难题。

（3）关注高新技术产业的环境问题。电子辐射、基因污染是隐性的，对人类的影响更大，但不容易引起大众的注意。应当超前思考在新的技术支持下的传统产业及高新技术产业发展，是否仍存在某些潜在的环境问题，是否会造成一些没有充分认识到的新污染源及污染途径。我国在大力发展高新技术产业的时代，要以科学发展战略为先导，充分考虑环境对经济与社会可能带来的双面影响，推行绿色管理与绿色经营，保障生态安全，减少对人类自身的伤害并做好防范工作及补救措施的准备。针对这些急需解决的问题，以循环经济、可持续发展等理论为基础，研究产业的环保化机制问题具有一定的实践意义和应用价值。

（4）从环境视角对新兴工业化进行解读。关于新型工业化道路的含义，党的"十六大"报告概括了四个方面的要求，即：以信息化带动工业化，以工业化促进信息化；依靠科技进步，不断改善经济增长质量、提高经济效益；推进产业结构的优化升级，正确处理高新技术产业与传统产业之间的关系；控制人口增长，保护环境，合理开发和利用自然资源，实现可持续发展。新型工业化道路是在总结50多年来我国工业化进程的经验教训的基础上，针对新世纪我国经济发展面临的主要矛盾提出来的。走新型工业化道路，既要遵循发展中国家工业化的一般规律，更要认清和解决我国工业化进程中的特殊矛盾。

新兴工业化要求实现以信息化带动工业化的发展道路，用信息化带动工业化。这首先取决于电子信息技术和电子信息设备制造业的发展，同时还取决于一个国家的城镇化水平，生产生活的社会化程度以及城乡居民的收入水平。因此，信息化实现程度是伴随着经济发展的一个渐进过程。提出产业环保化的思路，就是要以环保化带动新型工业化，促进经济的可持续增长，实现环保与产业发展的双赢。在这一过程中，产业发展质量将取决于环保化发展水平，而环保化的实现也是伴随着新型工业化发展的一个渐进过程。

未来20年是中国现代化的关键时期，也是新兴工业化和产业环保化的关键时期。落实科学发展观，推动产业环保化，走绿色发展道路，实现产业与环境的和谐，是新兴工业化必然的战略选择。我非常关注和赞成中科院中国现代化研究中心主任何传启先生的研究成果，他发表在光明日报的文章《要现代化也要生态现代化》中提出：在2050年左右，中国将基本实现生态现代化。中国经济发展与环境退化将完全脱钩，人居环境质量将达到主要发达国家水平；全国大约三分之一的国土为森林覆盖（约35%），三分之一的国土为农业用地（包括耕地、园地和草地，约36%），其他三分之一的国土为建设用地（9%）和其他自然景观（20%）。在21世纪末，中国将全面实现生态现代化。新兴工业化也好，生态现代化也好，都需要寻求合适有效的路径，产业环保化正是这样的一个路径。

二、研究与思考的理论基础

(一) 波特假说 (Porter Hypothesis)

环境保护与产业发展有着十分紧密的联系。从国家乃至世界范围内来看,环境保护可以提高人类生活质量这是环境学家和经济学家普遍认可的结论。但是在环保与微观主体——企业之间的关系上一直存在争论。传统的新古典经济学家认为,环境保护所产生的社会效益必然会以增加厂商的私人成本,降低其竞争力为代价,其中隐含的抵消关系会对一国的经济发展带来负面的影响。例如,美国经济学家提夫(Tafe,1995)[1]指出,美国经济之所以经历了十多年的贸易赤字,就是因为美国政府施行的环境管制政策,环境保护造成经济上过高的成本,严重妨碍了厂商生产力的增长及在国际市场上的竞争力。

虽然传统的经济学家普遍认为环境保护的机会成本太高,对经济发展造成了负面影响。但是,美国经济学家波特(Michael Porter)教授在1991年提出了捍卫环保的主张,他认为[2]:严格的环境保护能够引发创新,抵消成本,这不但不会造成厂商成本增加,反而可能产生净收益,使厂商在国际市场上更具竞争优势,这被称为波特假说(Porter Hypothesis),这一假说近年来逐渐被经济学界认可。1995年,波特教授与林德(Classvand Linde)教授进一步详细解释了环境保护经由创新而提升产业竞争力的过程[3]。波特认为将环保与企业发展视为相互冲突的简单二分法并不恰当,严格的环保可刺激厂商从事技术

---

[1] Jafe, Adam B. S. Peterson, Portney, and Robert N. Stavins, Environmental Regulation and the Competitiveness of U. S Manufacturing. What Does the Evidence Tell Us? . Journal of Economic Literature, 1995; pp. 132 – 163.

[2] Porter, Michael E. America's Green Strategy. Scientific American, 1991, 264 (4), P. 168.

[3] Porter, Michael E. , and Class van der Linde. Toward a New Conception of the Environment—Competitiveness Relationship [M] Journal of Economic Perspectives, 1995, (9): pp. 97 – 118.

创新，并借以提高生产力，有助于国际竞争力的提升，两者之间并不一定存在抵消关系。波特还指出，只有在静态的模式下，环保与产业发展是有矛盾的。因为在静态模式中，厂商在技术、产品和顾客需求等维持不变的情况下进行成本最小化决策，一旦额外增加环保投入，必然会造成厂商成本的增加及市场竞争力的下降。

但是，国际竞争力早已不是静态模式，而是一种新的建立在创新基础上的动态模式。具有国际竞争力的厂商并不是因为使用较低的生产投入或拥有较大的规模，而是企业本身具备不断改进与创新的功能，竞争优势的获得，也不再是通过静态效率或固定限制条件下的最优化来形成，而是通过创新与技术进步来提高市场竞争力。因此，波特认为，实施严格的环境保护不仅不会伤害国家和企业的竞争力，反而对其有益。传统经济学假设厂商处于静态的竞争模式，而实际上，厂商处在动态的环境中，生产投入组合与技术在不断变化，因而环保的焦点不在过程，而在最后形成的结果，必须以动态的观点来衡量环保与竞争力的关系。他指出，厂商在从事污染防治过程中，开始可能因为成本增加而产生竞争力下降的现象，尤其是在国际市场上面对其他没有从事污染防治的国外厂商，更可能表现出暂时的竞争力劣势。但是，这种情况是暂时的，厂商技术等条件的进步将促使其调整生产程序，利用新技术提高生产效率，进而提高生产力与竞争力。因此，环保通过引发厂商的创新，最后会达成降低污染与增加竞争力的结果。

因此，波特认为，设计适当的环保标准会激励厂商进行技术创新，创新的结果不仅会减少污染，同时也会达到改善产品质量与降低生产成本的目的，进而增加生产力，提高产品竞争力。适当的环保标准能够促使厂商的创新（Porter and Van DerLinde，1995）表现在：（1）显示企业潜在的技术改进空间。（2）信息的披露与集中有助于企业实现从事污染防治的效益。（3）降低不确定性。（4）刺激厂商创新与发展。（5）过渡时期的缓冲器。总之，一个经过适当设计的严格环保标准，能使厂商从更新产品与技术着手，虽然有可能会造成短期成本增加，但通过创新而抵消成本的效果，将使厂商的净成本下降，甚至还有净收益产生。

目前我国产业微观主体普遍将环保投入视为成本的普遍增加，根据波特的环境经济关系理论，企业的这一观点不仅会带来产业环境问题的长期难以解决，也非常不利于企业乃至整个产业的持续竞争力的提高，这样从长远来看，会导致产业发展的成本不但不会降低，还会产生增加的趋势。提出产业环保化的目的之一就是使企业认识到环保投入对于企业的长远发展和提高竞争力的重要性和经济性。

（二）环境价值理论

西方环境价值理论是构建在效用价值理论基础之上的。根据这一理论，效用是价值的源泉，价值取决于效用、稀缺两个因素，前者决定价值的内容，后者决定价值的大小。在市场经济条件下，市场价格能否充分反映环境资源的稀缺性，引导环境资源进行有效配置，是西方经济学家研究环境价值问题的核心内容。由于在环境资源的内涵、环境资源的稀缺性对经济发展的影响以及市场功能等问题认识上的不同，西方环境价值理论研究经历了从市场供求关系决定环境资源的价值，到根据外部性理论估算环境资源的价值，再到应用可持续发展原理评估环境资源价值的发展过程。

克鲁梯拉（John Krutilla）在1967年9月出版的《美国经济评论》上发表了"自然保护的再认识"一文，提出了"舒适型资源的经济价值理论"[1]。

克鲁梯拉[2]把稀有的生物物种、珍奇的景观、重要的生态系统等环境资源称为"舒适型资源"，并认为这类资源具有如下特性：（1）唯一性。舒适型资源在自然界中的储量是有限的，提供的服务也是不可替代的，因而其供给不可能随着人类需求的增长而无限增长。（2）真实性。舒适型资源是自然力长期作用的结果，人类以目前所掌握的科技水平尚无力复制它们，即使复制，也不可能包含其原有全部信息。（3）不确定性。人类的探索和认识能力是无止境

---

[1] 张培刚：《微观经济学的产生和发展》，湖南人民出版社1997年版，第294~319页。

[2] Krutilla John V. Conservation Reconsidered. Environmental Resource and Applied Welfare Economics. Washington, DC: Resource for the Future, 1988: pp. 263-273.

的,人类只要不放弃探索,总能够从自然界中发现新的信息,获得新的满足。(4)不可逆性。对舒适型资源的破坏是单向的,一旦遭到破坏就意味着永远丧失。如果承认舒适型资源的上述特性,那么就应当重新认识此类资源的价值构成。

克鲁梯拉认为,当代人直接或间接利用舒适型资源获得的经济效益是其"使用价值",当代人为了保证后代人能够利用而做出的支付和后代人因此而获得的效益是其"选择价值";人类不是出于任何功利的考虑,只是因为舒适型资源的存在而表现出的支付意愿,是其"存在价值"。这一理论为后来研究舒适型资源的经济价值奠定了理论基础。

20世纪80年代以后,随着可持续发展思想的广泛传播,越来越多的环境经济学家遵循克鲁梯拉的研究思路,对环境资源的经济价值进行了深入探讨,提出了许多环境价值的新概念。其中,皮尔斯(D. W. Pearce)提出的概念较具代表性。皮尔斯认为,环境资源的总经济价值(Total Economic Value)由使用价值(Use Value)和非使用价值(Non Use Value)组成,下面又可分为直接使用价值(Direct Use Value)、间接使用价值(Indirect Use Value)、选择价值(Option Value)和存在价值(Existence Value)4个构成要素[1]。直接使用价值指环境资源直接满足人们生产和消费需要的价值。以森林为例,木材、药品、休闲娱乐、植物基因、教育、人类住区等都是森林的直接使用价值。间接使用价值指人们从环境资源获得的间接效益,类似于生态学中的生态服务功能,如森林的水源涵养、水土保持、净化空气、气候调节等功能就属于间接使用价值范畴。它们虽然不直接进入生产和消费过程,却是生产和消费正常进行的必要条件。

选择价值指人们为了保存或保护某一环境资源,以便将来用作各种用途所愿支付的数额,如一片森林,一旦开发利用为城市或工矿用地,它在将来就不具有用作其他用途的可能,存在价值与现在的使用或未来的使用无关,是人们对某一环境资源存在而愿意支付的金额。环境存在价值决定了环境必须受到人类的重视,从某种意义上说,环

---

[1] 皮尔斯·沃福德著,张世秋译:《世界无末日:经济学、环境与可持续发展》,中国财政经济出版社1997年版,第116~124页。

境价值理论是产业环保化理论提出的价值基础。

(三) 可持续发展理论

20世纪70年代中期,在国际环境与发展研究所(IIED)的出版物中讲到该研究所的创始人 B. Ward 首先用可持续发展一词来强调环境保护与经济发展之间的联系。1980年,国际自然保护同盟(IUCN)在世界野生动物基金会(WWF)的支持下,制定并发布了《世界自然保护大纲》,这是全球第一个具有可持续发展一词的国际文件,它偏重于自然保护和资源可持续利用等供给方面,基本上没有论及人类的需求水平和需求结构。而这些作为完整的可持续发展概念,是必须要涉足和包含的。

1972年人类环境会议以来,全球的环境污染与生态破坏并没有向好的方面转化,联合国向全球发出呼吁:"必须研究自然的、社会的、生态的、经济的以及利用自然资源过程中的基本关系,确保全球可持续发展"。这句话实际上包括了可持续发展这一概念自然的、社会的和经济的因素。1981年,美国世界观察研究所所长 L. R. Brown 出版了《建设一个可持续发展的社会》,阐明了可持续发展的社会属性。1987年,世界环境与发展委员会出版了《我们共同的未来》,正式推出可持续发展的政治概念。1992年,在联合国环境与发展大会上发表了《关于环境与发展的里约宣言》,制定了全球《21世纪议程》。至此,制定与实施可持续发展战略的旋风在全球掀起,"可持续发展"成为各国经济学界、环境学界的热点话题。可持续发展(Sustainable Development)包含了三个方面的意义:发展的可持续性;发展的协调性;发展的公平性[①]。

产业的可持续发展具有发展度、协调度和持续度的三方面特征[②],如图1-1所示。

---

① 厉以宁:《区域发展》,经济日报出版社1999年版。
② 李训贵主编:《环境与可持续发展》,高等教育出版社2004年版,第42~43页。

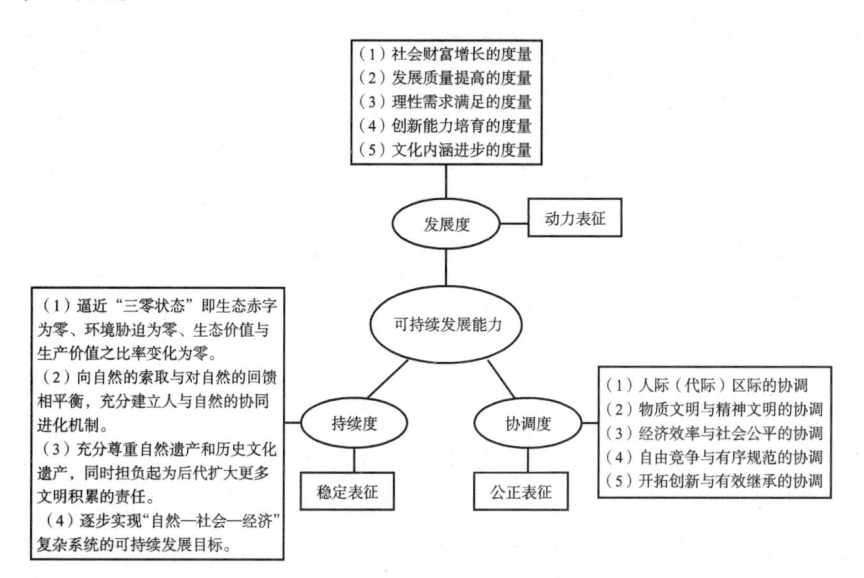

```
                    ┌─────────────────────┐
                    │(1) 社会财富增长的度量│
                    │(2) 发展质量提高的度量│
                    │(3) 理性需求满足的度量│
                    │(4) 创新能力培育的度量│
                    │(5) 文化内涵进步的度量│
                    └─────────────────────┘
                              │
                          ( 发展度 )── 动力表征
                              │
                       ( 可持续发展能力 )
                          /         \
                  ( 持续度 )       ( 协调度 )
                      │                │
                   稳定表征         公正表征
```

（1）逼近"三零状态"即生态赤字为零、环境胁迫为零、生态价值与生产价值之比率变化为零。
（2）向自然的索取与对自然的回馈相平衡，充分建立人与自然的协同进化机制。
（3）充分尊重自然遗产和历史文化遗产，同时担负起为后代扩大更多文明积累的责任。
（4）逐步实现"自然—社会—经济"复杂系统的可持续发展目标。

（1）人际（代际）区际的协调
（2）物质文明与精神文明的协调
（3）经济效率与社会公平的协调
（4）自由竞争与有序规范的协调
（5）开拓创新与有效继承的协调

图 1-1　产业可持续发展特征

其中，发展度以社会财富的增长、理性需求的满足、生活质量的提高为其基本识别[①]。协调度以环境与发展之间的平衡、效率与公平之间的平衡、物质与精神之间的平衡为其基本识别。持续度以人均财富的世代非减、投资边际效益的世代非减、生态服务价值的世代非减为其基本识别。

在产业可持续发展过程中，从二维性的平面到三维性的空间，人类面临着新的选择。产业可持续发展要求产业从经济、社会与环境三个方面达到最优的发展模式，如图 1-2 所示。

1. 产业经济增长目标

产业经济增长是产业可持续发展的目的之一，产业经济增长最优要求函数确定报告期的产出与基期的产出之比达到最大，即[②]：

---

① 中国科学院：《可持续发展战略报告》，www.zhmz.net，2007.02.02。
② 潘文卿：《一个基于可持续发展的产业结构优化模型》，清华大学中国经济研究中心，2000 年 2 月。

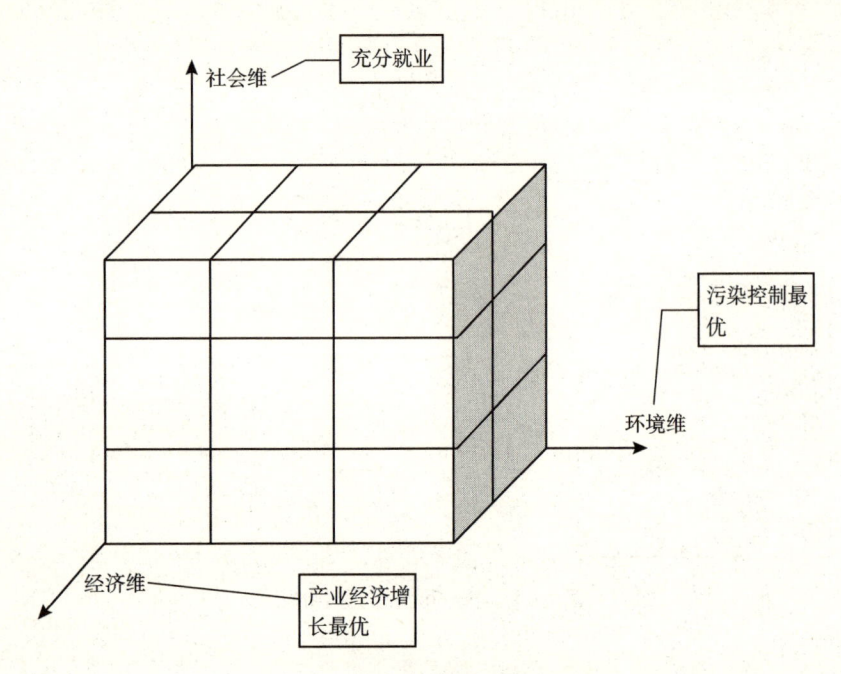

图 1-2 产业可持续发展三维模型

$$\max \theta_1 = \frac{i^T[X(t_m) - A(t_m)X(t_m)]}{i^T[X(t_0) - A(t_0)X(t_0)]}$$

式中，X 为各产业总产出列向量；A 为投入产出直接消耗系数矩阵；t_m、t_0 分别表示报告期与基期；i^T 为以 1 为元素的列向量的转置，即为求和算子。

2. 社会发展目标

经济的增长是为了促进社会的发展，解决社会存在的主要问题。当前与经济发展密切相关的一个社会问题是劳动力就业，为此，社会发展的目标函数中包括了使失业率尽可能小的充分就业目标[①]：

$$\min \theta_2 = \left(1 - \frac{i^T X(t_m)/l(t_m)}{L(t_m)}\right)$$

---

① 潘文卿：《一个基于可持续发展的产业结构优化模型》，清华大学中国经济研究中心，2000 年 2 月。

式中，$L(t_m)$ 表示 t_m 年产业劳动力的总供给量，$l(t_m)$ 为 t_m 年以社会总产值核算的社会全员劳动生产率。

3. 环境控制目标

经济、环境、社会的协调发展是产业环保化战略的主要内涵。保护生态环境，合理开发与利用自然资源将是中国进入 21 世纪后所长期面临的主要问题之一。环境发展的目标函数包括了资源消耗及污染排放的最小化[①]：

$$\min \theta_3 = \sqrt[m]{\frac{(U^K)^T \hat{X}(t_m) F(t_m)}{(U^K)^T \hat{X}(t_0) F(t_0)}}, \quad K = 1, 2, 3$$

式中，$(U^K)^T = (u_{i1}^k, u_{i2}^k, \cdots, u_{in}^k)$ 为各部门第 i 种能源消耗所产生的第 K 种污染物的排放系数，其中元素 u_{ij}^k 表示第 j 部门单位第 i 种能源消耗所排放的第 K 种污染物，$i = 1, 2, 3$ 分别表示煤炭、燃油与天然气，$K = 1, 2, 3$ 表示工业废气、工业废水与固体废弃物；$F(t_m) = (f_{i1}(t_m), f_{i2}(t_m), \cdots, f_{in}(t_m))^T$ 为各部门第 i 种能源的消耗系数，其中元素 $f_{ij}(t_m)$ 表示第 j 部门单位产出所消耗的第 i 种能源的实物量。

经济可持续发展是产业可持续发展的核心内容，这是因为发展过程中出现的各种问题主要是通过加快发展经济来解决。[②] 巴贝尔在《经济、自然资源、不足和发展》一文中，把可持续发展定义为"在保持自然资源的质量和所提供服务的前提下，使经济的净利益增加到最大程度"。皮尔斯则认为，可持续发展是"自然资本不变前提下的经济发展，或今天的资源使用不应减少未来的实际收入"。[③] 如果说传统的经济增长是一种物理上的数量扩张，那么，经济的可持续发展则是一种超越增长的发展，是一种产业发展在质量上、功能上的不断完善。

[①] 潘文卿：《一个基于可持续发展的产业结构优化模型》，清华大学中国经济研究中心，2000 年 2 月。
[②] 李育冬：《基于循环经济的生态型城市发展理论与应用研究》，新疆大学博士学位论文，2006 年。
[③] 刘国光：《21 世纪中国城市发展》，红旗出版社 2000 年版，第 121 页。

社会可持续发展取决于产业可持续发展的社会属性。布朗认为，可持续发展是"人口增长趋于平缓、经济稳定、政治安定、社会秩序井然的一种社会发展"。[①] 环保化最终追求的是"大尺度循环"，即在整个社会经济领域，使工业、农业、服务业的原料、产品、能量都达到循环利用，废弃物资源再生，甚至在工业、农业、生态之间也存在着交叉点、链接点，在交叉点上交叉起来充分利用，这就是大循环。

环境可持续发展作为产业可持续发展的基础，是由人类社会的自然属性所决定的。生态环境资源是人类生存的自然系统中最基本的要素，表现为一定技术条件下能为人类所利用的一切物质、能量和信息，它构成了人类生存的全部物质基础和发展空间。戴利认为，人口增长和生产增长必须不会把人类推向超越资源再生和废物吸纳的可持续环境能力；一旦达到这个临界点，生产和再生产就应该仅仅是替代，物理性增长应该停止，而质量性改进可以继续。[②] 目前，世界人口数量的过速增长和生活消费水平的提高对环境资源形成了巨大的压力，虽然随着科技进步，人类认识、开发环境资源的能力不断加强，但是，地球表层的环境资源容量却不可能无限地增加，某些已经探明的重要的矿物储量将在几百年甚至几十年内耗尽，客观上要求产业可持续发展首先必须满足环境的可持续。[③]

三、产业是产生环境问题的根源

根据环境保护和产业发展的客观规律，把产业与环境结合起来进行产业环保化的理论研究，主要基于产业与环境之间存在密切的、内在的关系。

---

① 郑锋：《可持续城市理论与实践》，人民出版社2005年版，第88页。
② 朱铁臻：《"生态经济市"是未来城市的理想模式》，载于《生态经济》2000年第4期，第87页。
③ 郑锋：《可持续城市理论与实践》，人民出版社2005年版，第309页。

(一) 环境问题主要是由于产业发展引起的

虽然环境问题的出现很早就引起了人们的注意，但在农业革命前后的一段时间里，由于人类的经济活动对环境造成的影响并不突出，因此并没有人过于关注环境污染的问题，而且这时候的污染面积较小，可以依靠大自然的自净能力来维持一定的生态平衡，因此并未成为人类发展过程中的重要问题予以关注。环境污染发展成为威胁人类生存与发展的全球性危机，则是由18世纪的工业革命开始的。在这一时期，各发达国家为了发展各自的经济，纷纷建立以重工业为基础的工业生产体系。煤炭、冶金、化工等重工业的迅速发展，带来的是大量废气废水固体废物的污染日益严重。煤炭的大规模使用使大量烟尘、二氧化硫、二氧化碳、一氧化碳排入大气中；冶金工业的发展使许多重金属污染了土壤和河流。环境污染是工业化发展到一定阶段产生的问题，而产业的发展直接导致了环境污染程度的加剧，环境的污染这时开始真正威胁到人类的生存与发展。在这一时期，发生了众多的公害事件，最有名也是最严重的就是"八大公害事件"，如表1-1所示。

表1-1　　　　　　　　　　八大公害事件

名 称	日 期	国 家	原 因	后 果
马斯河谷事件	1930年12月1~5日	比利时	有害气体和煤烟粉尘污染	3 000人中毒，60人死亡，许多家畜死亡
多诺拉事件	1948年10月26~31日	美国	二氧化硫，金属元素，金属混合物相互作用	6 000人中毒，17人死亡
伦敦烟雾事件	1952年12月5~8日	英国	居民煤炉排放大量二氧化硫，三氧化硫	6天内4 000人死亡，两个月内又有8 000人死亡
洛杉矶光化学烟雾事件	1943年	美国	洛杉矶汽车排放氮氧化物与紫外线作用形成光化学烟雾	城市中大多数人患病，死亡400人
水俣事件	1953年	日本	日本水俣镇氮肥厂把含汞催化剂废水排入海湾，由鱼转入人体，导致人痴呆、耳聋、眼瞎、全身麻木等	导致180人患神经病，22人死亡

续表

名　称	日　期	国　家	原　因	后　果
富山事件	1931 年	日本	日本富山炼锌厂，把含镉污水排入河中由稻米转入人体，受害者神经及周身骨骼疼痛，直至骨骼软化萎缩、疼痛至死	215 人死亡
四日事件	1955 年	日本	日本四日市工厂排放大量二氧化硫，并含有钴锰钛等重金属	500 人患病，36 人死亡
米糠油事件	1968 年	日本	日本爱知县的米糠油被多氯联苯污染	10 000 余人中毒，16 人死亡，数十万只鸡死亡

从表 1-1 可以看出，绝大多数的公害事件都是由重工业产业发展过程中的问题导致的，因此，工业革命时期产业的发展或是重工业产业的发展是导致目前环境问题如此严峻的根本原因。

（二）产业发展所引起的环境问题最突出

环境污染并不都是由产业发展导致，在日常生活中同样会产生许多废弃物和污染物，但是，在所有导致环境污染或能源消耗的因素中，产业发展所带来的能源的消耗量或是环境的污染程度是最突出最严重的。根据《国家"十一五"环境保护规划研究报告》提供的数据，从中选取水污染预测，大气污染预测和固体废弃物污染预测当中的代表性指标来进行分析：

首先，水污染预测部分选取的是全国用水量的需求预测以及全国废水治理投资预测，如表 1-2、表 1-3 所示。

表 1-2　　　　　　　　全国用水总量需求预测　　　　单位：亿立方米

	2003 年	2010 年	2015 年	2020 年
工业	1 176	1 158	1 311	1 558
生活	641	788	866	865
其中：农村	319	322	334	197
城市	322	466	534	568

第一章 绪　论

表1-3　　　　　　　　全国废水治理投资　　　　　单位：亿元

	2006~2010年	2011~2015年	2016~2020年
畜牧业	127	221	369
工业	1 848	2 470	3 149
生活	1 644	1 574	1 721

其次，大气污染预测部分选用的是二氧化硫产生量的预测，如表1-4所示。

表1-4　　　　　　　二氧化硫产生量预测　　　　　单位：万吨

来源		2010年	2015年	2020年
工业	能源燃烧	2 845	3 319	3 827
	生产工艺	967	1 220	1 428
	小计	3 812	4 538	5 255
生活及其他	其他部门	121	101	73
	居民生活	99	90	81
	小计	220	191	154
合计		4 032	4 729	5 409

最后，固体废物预测部分选用的是固体废物的生产量预测，如表1-5所示。

表1-5　　　　　　　我国固体废物产生量预测

产生量	2003年	2010年	2015年	2020年
一般工业固体废物/（万吨/年）	88 731	115 722	1 133 510	147 842
危险废物/（万吨/年）	1 171	1 274	1 517	1 737
生活垃圾/（万吨/年）	14 857	22 029	27 254	32 963
电子废物/（万吨/年）	120	210	278	340
固体废物总产量/（万吨/年）	104 879	139 235	162 559	182 882

根据以上数据，可以看出，在所有废水废气排放及能源消耗的活动中，产业发展所占的比重最大，要远远大于生活产生的环境污染问题，产生这种现象的主要原因是因为产业的发展需要利用大量的能源，因此，由于产业发展所引起的环境问题目前是最多并且最严重。

（三）产业环境问题决定了其他领域的环境问题

产业发展是环境污染的根源，所有的环保问题的产生都是由于产业的发展而产生的，如产业发展导致的能源问题、"三废"问题，等等，尤其作为工业更是如此。产业发展过程中产生的环境问题还会影响到其他领域，一般来说，产业发展过程中设法解决的环境问题越多，在社会生产生活的其他部分所产生的环境问题就越少。例如，作为汽车生产企业，如果在生产线上就能够解决汽车的排气污染问题，那么汽车进入市场之后，自然而然地就"环保、绿色"了，通过这样一个产业链，产业环保的问题就解决了消费领域的环境问题。

专栏1-3

汽车尾气的危害

刘林森

进入21世纪，汽车污染日益成为全球性问题。随着汽车数量越来越多、使用范围越来越广，它对世界环境的负面效应也越来越大，尤其是危害城市环境，引发呼吸系统疾病，造成地表空气臭氧含量过高，加重城市热岛效应，使城市环境转向恶化。欧盟环境空气质量监测机构经研究发现，除气候因素外，空气污染也是主要元凶。其中，汽车尾气难辞其咎，它造成地表空气中臭氧含量过高，使城市热岛效应加重。无数辆行驶在大街小巷的汽车在大量排放有害尾气的同时，还成为惊人的活动散热器，它们和空调、冰箱等制冷电器一起不停地吞能吐热，使城市的"体温"不断升高，温室效应大大增强。

汽车尾气成"致命杀手"。相关研究证实，市区空气中的有害有机物质主要是挥发性有机碳（VOC）和多环芳烃（PAH）。在欧洲许多城市，汽车尾气排放是空气中PAH污染的主要来源，占全年的35%。分析发现：汽车尾气中有上百种不同化合物，其中污染物有固体悬浮微粒、一氧化碳、碳氢化合物、氮氧化合物、铅及硫氧化合物等；1辆轿车1年排出的有害废气可达自身重量的4倍。汽车所排放的尾气会严重影响人类健康。汽车尾气中的一氧化碳与血液中血红蛋白结合的速度比氧气快250倍，即使吸入微量一氧化碳，也可能给人造成可怕的缺氧性伤害，轻者眩晕、头痛，重者脑细胞将受到永久损伤；氮氧、氢氧化合物会使易感人群出现刺激反应，患上眼病、喉炎；氮氢化合物所含苯并芘是致癌物质，它是一种高散度的颗粒，可在空气中悬浮几昼夜，被人体吸入后不能排出，积累到临界浓度便激发形成恶性肿瘤。德国科学家最近的一项研究表明：儿童患癌症几率与汽车尾气造成的空气污染有密切关系，即使孕妇吸入这些废气，其胎儿出世后也更容易患上癌症。值得一提的是，汽车尾气中的铅一般分布于地面上方1米左右的地带，正好是青少年的呼吸带，因而铅污染对青少年的危害更重。

1975~2005年，德国波恩大学的一个科研小组对近3.5万名因患白血病或癌症而死亡的儿童进行了多次调查，他们于今年3月10日发表报告指出：对于儿童来说，汽车尾气中的一氧化碳和1,3-丁二烯是致癌的元凶。研究证实，死亡儿童的居住地点与大气污染有密切的关系：生活在距离长途汽车站或其他交通中心、石油产品储存点等污染源1公里范围内的儿童，患癌症死亡的危险剧增；如果儿童生前或者他们的母亲在怀孕期间生活在距离汽车尾气大量排放地点300米范围内，这一危险进一步增加。

近年来，我国环保产业发展迅速，许多环保技术、环保手段层出不穷。国家对环保产业发展也非常重视。然而从企业层面来说，大多数企业更多地对环保产业的关注主要在对环保产品的购买，对环保技术的应用方面。实际上环保产业的发展与其他产业的发展是广泛协同的，环保产业并非独立于其他产业发展，任何企业都应该在环保问题上做出应对措施，从而推动环保产业发展，而不应该坐等环保产业发展后，再为企业寻求解决方案。

随着对环境保护的重视，环保产业逐渐发展壮大，对环保产业与其他产业发展的关系的分析也日益重要，本书立足于环保产业与其他产业的相关分析，运用系统动力学观点研究产业环保化与环保产业的协同发展模式。

第二章

产业与环境的理论研究与实践

> 在设计与规划经济活动时,必须考虑环境吸纳废弃物的容量。
> ——美国经济学家 肯尼思博尔丁

从英国工业革命开始,人类一直通过技术进步、产品替代和结构转变不断地将有限的自然资源转变为能够为自身服务和消费的产品,不断满足扩展着的基本需要。[①] 尽管社会所面临的大多数最重要发展问题,如人口增长、农业生产和工业化等,都与一个国家的环境条件密切相关,但在 20 世纪早期,除马尔萨斯等少数经济学家从粮食生产与人口增长的关系中强烈意识到人类社会将遭遇不可逾越的发展极限外,大多数主流经济学家看起来都相信不断的经济增长是可持续的,一个增长的经济既不会用尽自然资源,也不会引起太多的环境伤害。但是随着一系列环境问题的暴露,越来越多的经济学家开始将目光转向环境经济相关领域,研究环境资源与经济增长的问题。

一、国外研究:从穆勒、马什到产业生态学的出现

关于经济增长对环境资源的空间影响的探索,较早的有穆勒、马

---

① 叶静怡:《发展经济学》,北京大学出版社 2006 年版,第 210 页。

第二章 产业与环境的理论研究与实践

什等。美国经济学家 J.S. 穆勒（Mill）把自然和气候条件作为经济增长的原因，首次将自然环境纳入经济学分析的视野，他认为经济系统中的土地资源除具有生产功能外，还有人类生存空间和自然景观美的功能①。美国地理学家马什（Marsh. G.）在其被称为西方环境保护的开创性著作《人与自然矛盾》中指出"地球本身不是供人类消费的，也不是用作人类的垃圾桶的"②，成为西方环境保护的早期理论基础。

20 世纪 60 年代以前，由于环境问题不十分突出和发展经济的紧迫，西方发达国家推崇的是英国经济学家凯恩斯的经济发展决定论。但与经济增长同时到来的却是日益严重的、全球性的环境污染问题，这不得不使人类重新审视经济发展模式。

1966 年，美国经济学家肯尼思·博尔丁（Kenneth E. Boulding）③发表了"The Economics of the Coming Spaceship Earth"一文。他依据热力学定律，提出了一个最基本的有关环境与经济发展的问题。即：根据热力学第一定律，生产和消费过程产生的废弃物，其物质形态并没有消失，必然存在于物质系统之内，因此，在设计和规划经济活动时，必须考虑环境吸纳废弃物的容量；另外，虽然回收利用可以减轻对环境容量的压力，但是根据热力学第二定律，不断增加的熵意味着 100% 的回收利用是不可能的。同时，他提出将经济系统视为一个闭环系统考虑。由于资源储存和废物处理能力的有限性，提倡储备型、休养生息型、福利型的经济发展，目的在于建立既不会使资源枯竭，又不会造成环境污染和生态破坏的、能循环利用各种物质的"循环式"经济体系，以之代替"单程式"经济。④

20 世纪 70 年代初期，美国学者克尼斯（Allen V. Kneese）、艾瑞斯（Robert U. Ayres）和德阿芝（Ralph C. d'Arge）出版了《经济学与环境》一书，依据热力学第一定律的物质平衡关系，对传统的经

---

① Mill, J. S., Principles of Political Economy, Longman Press, 1926, P. 749.
② Marsh, G., Man and Nature, Cambridge, Mass, 1965, P. 36.
③ Kenneth E. Boulding. The Economic of the Coming Spaceship Earth. Earth scan Reader in Environmental Economics (Anil Markandya and Julie Richardson, eds.). London: Earthscan Publications Ltd. 1992, pp. 27–35.
④ Boulding K. e, The Economics of the Coming Spaceship Earth Quality in a Growing Economy. New York: Freeman, 1966 In H. Jarret (ed). Environmental.

济系统进行了重新划分，提出了著名的物质平衡模型。

1970年，俄裔美国经济学家里昂惕夫（Leontief, Wassily W.）将废物治理部门引入投入产出表，分析环境治理的经济效益、支付的费用及经济发展对环境的影响。他发明的一种经济分析方法。它用现代数学方法分析国民经济各部门之间在数量上的相互依存关系，用于预测及平衡再生产的综合比例，后用此方法分析改善环境质量带来的效益与支付的费用，及经济发展对生态环境的影响。[①]

1971年，罗马尼亚的著名经济学家尼古拉斯·乔治斯库-罗根（Georgescu-Roegen, Nicholas）运用热力学原理推导出Daly的稳态经济不能从根本上解决问题，而解决经济与资源矛盾的出路在于生产更好耐用性的商品和鼓励太阳能的开发与利用。从环境资源保护的角度，1972年，英籍德国经济学家舒马赫（E. F. Shumacher）提出"小型化经济"，即小型分散工业是保护环境资源的有效途径，[②]反之，美国经济学家威尔弗雷德·贝克曼（Wilfred Beckerman）认为在可预见的未来，不可再生资源短缺问题不存在，而环境污染仅仅是一个管理问题。

1972年英国经济学家B. 沃德和美国微生物学家R. 杜博斯受联合国人类环境会议秘书长的委托，主编出版《只有一个地球》一书，副标题是"对一个小小行星的关怀和维护"。这本书实际上是作为1972年6月5~16日，联合国在瑞典首都斯德哥尔摩召开的人类环境会议的一个非正式报告出现。该报告以地球的前途为着眼点，从社会、政治和经济的角度分析了当今的环境问题，从人口增长过快、滥用资源、工业和技术的影响、发展不平衡及世界范围内城市化困境等诸多方面揭示了人类环境资源的破坏和全球生态系统受损害的原因，提醒人们认识居住地区的有限性和易变性，是现今系统研究生态系统对人类制约的起源。

1973年，美国经济学家克拉克（Clark）强调可更新资源生产方面的同时指出资源保护也是资源群体在一定时间内的最优利用问题，

---

① 翁君奕、徐华著：《非均衡增长与协调发展》，中国发展出版社1996年版，第98~100页。

② Gold Smith E. et al. Blueprint for Survival-The Econlogist, 1972, (2): pp. 1-50.

并将资源保护理论建立在生物过程明确的动态数学模型基础上，并与动态最优问题联系起来，奠定了可更新资源管理的理论基础，并提出可更新资源利用枯竭的原因在于开发者采取高贴现率。

1974年，美国经济学家赫尔曼·德雷（Herman E. Daly）发表了稳态经济的理论，提出经济结构变化对稀缺资源的依赖越来越小，只要经济中的投入水平与外部输入相当，资源就能达到最优利用率。

H. M. A. Jansen等人曾于1977年用60个部门的投入产出表分析经济结构与空气污染的关系；里德克曾用投入产出模型对美国1997~2001年废物增长率进行预测，提出废物在人口和国民收入增长率提高时的增长率。[①]

20世纪70年代后期，美国环境经济学家佩奇（Page. T）[②]研究了技术进步的环境效应，在《环境保护与经济效率》一书中提出了"技术进步的非对称性"的概念，即资源开发技术和环境保护技术的不对称性。研究结果显示，资源开发利用技术的进步是市场自身力量推动的结果，多方位多触角，反应快，周期短，投入产出比高；环境保护的进步是政策干预的结果，非市场经济的自然产物，往往反应慢，时间滞后，周期长，市场效益低。因此技术进步，在客观上可能促进环境资源的开发利用，不利于环境的保护与持续。

20世纪70年代末一些经济学家如印度经济学家帕萨·达斯古普塔（Partha Dasgupta）和美国经济学家杰弗里·希尔（Geoffrey Heal），[③]西蒙（Simon）和卡恩（Kahn）等开始认识到经济增长与环境质量的关系是一种相互促进的和谐关系，经济增长能够在不损害环境的情况下实现。他们认为，伴随着经济增长，当环境和自然资源处于稀缺状态时，价格机制将发挥作用，从而迫使生产者和消费者寻求缓解环境压力的替代物品投入以促进经济增长，同时技术进步将直接使自然资源的利用效率的提高和污染物排放的减少，资源的循环利用

---

① Page. T Conservation and Economic Efficiency, 1977.
② Dasgupta P. S. and Heal G. Economic Theory and Exhaustible Resources. Cambridge, Cambridge University Press, 1979.
③ 赵细康：《环境保护与产业国际竞争力——理论与实证分析》，中国社会科学出版社2003年版，第18页。

亦将缓解经济增长的环境压力。他们认为梅多斯（Meadows）等人的观点缺陷在于忽视技术进步和价格机制这一看不见的手在配置自然资源中的作用。

进入20世纪80年代，酸雨和温室效应已成为全球性问题，环境污染不仅加剧资源的短缺，而且污染物累积量已经直接威胁到人类的生存和发展。因此，污染物累积量与环境吸收废物容量间的关系，成为国际社会的研究焦点。德国环境学家西伯特（Siebert, 1987）研究表明环境对于污染物的容纳能力是常量，这构成了经济增长的极限，而另一些研究者则认为，环境的纳污能力和与污染物的积累量之间存在两种关系：一是环境吸收和降低污染的能力是随污染的积累量增加而增加；二是环境吸收污染物的能力是污染物的积累量的严格凹函数。当第一种关系成立时，污染物积累量不构成对经济发展的威胁，而当出现第二种关系时，仅当污染物积累超过某一阈值时，才可能制约经济发展。

加纳经济学家查尔斯·阿布格雷（Charles Abugre）认为由于对自然资源的滥用，结构调整对环境的影响是显而易见的。他研究了短期宏观经济政策如财政、货币和汇率政策以及长期性的问题如贸易、价格和投资，以及制度性改革，用以说明这些可变量在结构调整意义上是如何影响环境的。坚持这一论断的还有：苏瑞（Suri. V）和查普曼（Chapman. D）（1998），他们认为污染水平的降低是由于服务业在一国总产出中所占比重逐渐增大，而且，污染密集型的生产活动已经被转移到其他低收入国家。

美国经济学家托比（Tobey, 1990）的研究比较系统也较有影响。托比使用一个多因子、多商品的HOV模型，对23个国家1975年的相关数据进行了分析。托比把环境保护强度分为1~7个不同的等级，并依据环境保护强度的大小，把相关的产业分为5个大类。最后，对环境保护强度与5大类产业的净出口进行回归分析。托比发现，环境保护强度的变化并不会改变国家之间的原有贸易格局，即环境保护强度与产业国际竞争力之间并未呈现明显的相关性。其他的一些研究，如 Jaffe 等（1995）、Low（1992）、OECD（1985）、Ratnayake（1998）

等也发现了类似的现象。①

另外一些学者如贝克尔曼（Beckerman，1992）认为，伴随着经济增长，人们对环境质量的需求相应增加将必然导致更为严格的环境保护措施。② 巴莱特（Barlett，1994）甚至认为，过于严格的环境保护将会损害经济增长，最终将会损害环境本身。③

1995年美国经济学家格罗斯曼（Grossman）和鲁格尔（Kreuger）在对66个国家的不同地区多年的污染物排放量的变动情况分析研究后提出，大多数环境污染物质的变动趋势与人均GNP的变动趋势之间呈倒U形关系，即污染程度随人均收入增长先增加，后下降。如果用横轴表示经济增长（GDP或GNP或其人均量等），纵轴表示污染水平（三废排放量等），那么污染水平和经济增长之间的关系曲线呈倒U形。据此，他们提出了环境库兹涅茨曲线（EKC）的假说。④

环境库兹涅茨曲线反映了经济增长不同阶段所对应的环境状况，这一假定，已被发达国家经济与环境发展的历史轨迹所证明。在20世纪70年代末80年代初美国、德国、日本等发达国家分别在人均GDP11 000美元、8 000美元、10 000美元左右时跨越倒U形曲线的顶点，实现环境质量的逐步改善，⑤ 如图2-1所示。

1995年，美国经济学家格罗斯曼和克鲁格（G. M. Grossman and A. B. Krueger）利用GEMS（GlobalEnvironmental Monitoring System）上对多个发展中国家和发达国家城市污染情况的监测数据，回归了城市空气及河流污染与人均收入的关系。⑥ 1998年，西尔顿和列文森

---

① Beckerman W. Economic Growth and the Environment: Whose Growth? Whose Environment? World Development, 1992, 20: pp. 481-496.
② Barlett B. The High Cost of Turning Green. Wall Street Journal, 1994, P. 14.
③ Grossman, Gene M, Alan Krueger. Economic Growth and the Environment. Quarterly Journal of Economics, 1995, 110 (2): pp. 353-373.
④ 姚卫星：《环博斯腾湖地区发展循环经济研究——以湿地恢复、造纸企业为例》，新疆大学博士学位论文，2005年6月。
⑤ Grossman, G. M. and A. B. Krueger (1995), Economic Growth and the Environment, Quarterly Journalof Economics, 110 (2): pp. 353-377.
⑥ Hank Hilton, EG., and A. Levinson (1998), Factoringthe Envrionmental Kuznets Curve: Evidence from Automotive Lead Emission, Journal of Environmental Economics and Management, 35: pp. 126-141.

(Hilton and Levinson) 利用48个国家20年的数据研究了汽车尾气中铅排放与人均收入之间的关系。① 1992年，豪茨和萨尔滕（Holtz-Eakinand Selden）以及1994年萨尔滕和宋（Seldenand Song）等也进行了类似的研究，他们的研究表明，环境污染与人均收入之间存在"倒U"形曲线关系。② 但也有经济学家对这种关系的确切含义表示怀疑（Arrow, K. et al., 1995），他们认为重要的是在达到"倒U"形曲线顶点之前是否就已经超过了环境的阈值。③

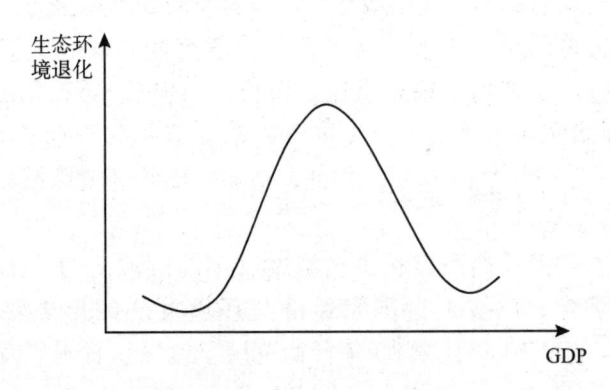

图2-1 环境库兹涅茨曲线

斯坦福大学著名人口学家埃利希（Paul R. Ehrlich）教授于1971年提出一个关于环境冲击与人口、富裕度和技术三因素之间的恒等式。④

$$I = P \times A \times T$$

---

① Holtz-Eakin, D. and T. M. Selden (1992), Stoking, the Fires? CO, Emissions and the Economic Growth, NBER Working Paper No. 4248.

② Selden, T. M. and DaqingSong (1994), Environment Quality and development: Is There a Kuznets Curve for Air Pollution Enissions?, Journal of Environmental Economics and Management, 27: pp. 147 – 162.

Arrow, K. et al. (1995), Economic Growth, Carrying Capacity and Environment, Science 268 (April), pp. 520 – 521.

③ Graadel, T E, Allenby, B. R, Industrial Ecology, 2m edition, New Jetsy. Pretice Hal, 2002, pp. 5 – 7.

④ RAO, P. K, Sustainable development of economics and policy. New Jersy, Blackwel, 2000, pp. 97 – 100.

Weiszsacheg Ernst. U. A. B. Lovins, LH. Lovins Fador. Four. Doubling Wealth Halving Resouce. Us. London, 1995. pp. 21 – 24.

第二章 产业与环境的理论研究与实践

式中：I 代表环境冲击；P 代表人口；A 代表富裕度；T 代表技术。因此，这个公式也被称作 IPAT 公式。环境冲击可用不同的指标表示，如 CO_2 的排放量、物质消耗总量等，A 通常用人均 GDP 表示，T 则主要以单位 GDP 的排放量或消耗量来表示。从公式不难看出，要减少环境冲击，必须控制人口或者提高生产技术水平，控制和减少物质消耗及污染物排放。根据 IPAT 公式，魏兹舍克（Weizsaecker）等于 1995 年提出了 4 倍数理论。[①] 通过计算预测出未来 50 年内全球消费大致增加 4 倍。若不改善技术水平，全球有限资源 50 年内将每年以 2.8% 的速度下降（$1.028^{50}=4$）；或者说全球环境压力每年以 2.8% 的速度指数上升，所以资源生产力必须在 50 年内提高 4 倍。

1989 年，戴维（David Dconnor）针对东亚的环境污染与产业结构变化而提出产业结构阶段模型，该理论认为：东亚国家的工业发展和环境污染程度可分为三个阶段：第一阶段是纺织、服装、食品、饮料等轻工业的发展，这些产业的污染集约度的等级比较低；第二阶段包括铁、非金属、石油化工、非金属矿物那样的中间产品的发展，这些产业的污染集约度等级比较高；第三阶段为电气、电子机械、普通机器、运输机械的发展阶段，这一阶段对环境的影响最低。

针对人类复杂多样的产业活动，特别是工业活动，通过比拟生物新陈代谢过程和生态系统的结构及运作机制。1989 年 9 月美国通用汽车公司的研究部副总裁罗伯特·福布什（Robert Frosch）和负责发动机研究的尼古拉斯·加罗布劳斯（Nicolas Gallopoulos）在《科学美国人》杂志上发表的题为《可持续工业发展战略》的文章正式提出了工业生态学的概念，将现代工业生产过程作为一个将原料、能源和劳动力转化为产品和废物的代谢过程。

后经尼古拉斯·加罗布劳斯（Nicolas Gallopoulos）等人进一步发展，又从生态系统的角度提出了"产业生态系统"和"产业生态学"的概念。1991 年美国国家科学院与贝尔实验室共同组织了全球首次"产业生态学"论坛，对产业生态学的概念、内容和方法以及应用前景进行了全面、系统的总结，基本形成了产业生态学的概念框架。以

---

① 张天柱：《清洁生产概述》，高等教育出版社 2006 年版。

贝尔实验室为代表，认为"产业生态学是研究各种产业活动及其产品与环境之间相互关系的跨学科研究"。

20世纪90年代以来，产业生态发展非常迅速，尤其是在可持续发展思想日益普及的背景下，产业界、环境学界、生态学界纷纷开展产业生态学理论、方法的研究和实践探索。产业生态学思想和方法也在不断扩展。近年来，以AT&T公司，Lucent公司，通用汽车公司和Motorola公司等企业为首的产业界纷纷投资，积极推进产业生态学的理论研究和实践，并以产业生态学的研究作为公司未来发展战略的支柱。由AT&T和Lucent公司资助，美国国家基金委每年设立"产业生态学奖励基金"，奖励在产业生态学领域做出突出贡献的科学家和企业界人士。1997年由耶鲁大学和麻省理工学院（MIT）共同合作，出版了全球第一本《产业生态学杂志》。该主编利弗塞特（Reid Lifset）在发刊词中进一步明确了产业生态学的性质、研究对象和内容，认为"产业生态学是一门迅速发展的系统科学分支，它从局域、地区和全球三个层次上系统地研究产品、工艺、产业部门和经济部门中的能流和物流，其焦点是研究产业界在降低产品生命周期过程中的环境压力中的作用。"[①]

二、国内研究：起步较晚 渐入佳境

我国对于产业环保化的研究，相对来说比较晚。1973年，我国召开了第一次全国环境保护工作会议，1978年才诞生了第一篇题为《应当迅速开展环境经济学的研究》的环境经济论文，同年制定了环境经济学和环境保护技术经济8年发展规划（1978~1985），并开始组织人力研究。

1979年中国环境科学学会成立，进一步推动了环境经济学的研究。在短短的20年左右时间里，我国环境经济学的研究从无到有，从分散研究到整个学科构造的研究，从理论到应用研究，产生了一大

---

① Graedel, TE, Allenby B. R. Industrial Ecology_ New Iersy. Pretice Hall, 1995.

第二章 产业与环境的理论研究与实践

批可喜的成果，出版了一系列环境经济学论著。

根据埃利希（Paul R. Ehrlich）教授提出的 *IPAT* 公式，陆钟武等提出了发展中国家应穿越"环境高山"的思想。该思想认为一二百年来，发达国家的经济增长与环境负荷的升降以及未来的走势形成的曲线犹如一座"环境高山"。（见图 2-2）[①] 如果把图中的曲线比喻成一座"环境高山"，那么发达国家在翻山的前两个阶段的一部分时间中，曾付出了沉重的资源环境代价。发展中国家的经济增长还大多处于工业化早中期阶段，要不蹈发达国家的覆辙，必须从环境高山的半山腰穿过去，变"翻山"为"穿山"。

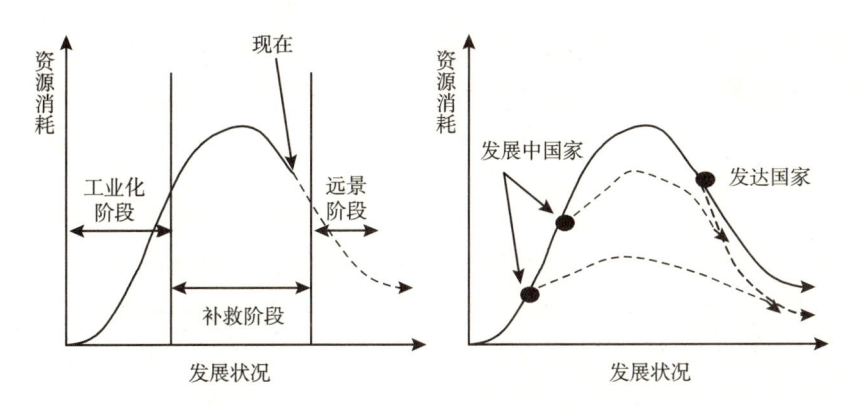

图 2-2 资源消耗与发展状况之间的关系

国内生态经济学者许涤新、陈大珂、马传栋、张帆等围绕经济效益、生态效益和社会效益三者的一致性，在生态经济、资源经济和经济生态理论方面做出有益的探索。

许涤新认为，开展环境污染的治理与发展经济相关，但不要把环境保护和经济发展对立起来。不要只看经济发展对环境的破坏，在现实的环境"公害"面前惊慌失措，悲观失望；也不要只强调经济的发展而忽视了对环境的破坏，忽视环境公害给人类财产所造成的巨大危害。这都是一种片面的观点。他认为，把经济与环保视为势不两立

---

① 陆钟武、毛建素：《穿越环境高山——论经济增长过程中环保负荷的上升与下降》，载于《中国工程科学》2005 年第 5 期，第 36~42 页。

的两个因素，其结果只能是适得其反，不注重发展经济，环境问题就无力解决，"公害"就会愈演愈烈；同样忽视环境保护，经济发展必定受到严重制约，因此，只有全面地辩证地看待经济发展与环境保护的关系，从而促进经济与环境的协调发展，才是处理二者关系的正确途径。[①]

张帆认为，虽然环境污染危害极大，但对于广大的发展中国家和地区而言，在短期内按照可持续发展的要求彻底消除环境污染是不可能的。目前只能将环境污染控制在一定的水平上，他还指出，在利用市场改进环境质量方面，有两种途径：一是对于某些没有市场的环境产品，通过建立市场后来利用市场机制来控制环境污染；二是修正现有的市场机制，由管理部门制定包括资源全部社会价值的市场价。

王惠忠（1992）认为，环境污染的实质是各种经济主体或个人从自身利益最大化出发，在生产和消费过程中尽可能地节约需要支付报酬的资源，而不考虑公正性和整个社会的意愿，无节制地滥用无偿的、但有限的环境资源。面对快速增长的污染物，需要采取各种工程技术措施或增设净化装置等来处理这些各种形式的污染物，因此，社会将承担伴随环境污染而来的巨大社会成本。张敦富（1994）等把环境污染的经济本质概括为六条：（1）环境污染是排污者对环境资源的一种过度利用；（2）环境污染排污者对社会施加的外部不经济行为；（3）环境污染是现代物质生产过程中资源和能源不合理利用的一种表现形式；（4）环境污染是人们利用环境资源时，付出的机会成本越来越大的过程；（5）环境污染是经济增长过程中环境资源出现紧缺的信号；（6）环境污染是对环境资源的主权者——人类利益的损害。

厉以宁（1992）认为，制定环境经济政策要坚持"谁污染，谁治理"的原则与"谁受益，谁分摊"的原则相配合。童宛书（1993）认为，制定环境政策与手段应遵循三条原则："谁污染谁治理"的原则、"谁开发谁保护"的原则、切实可行的原则。沈满洪（1996）把上述两种观点概括起来，认为主要应遵循："谁污染谁治理"的原

---

① 张玉赋、夏太寿、徐晖、徐劲峤、洪青、倪杰：《江苏省高新技术产业污染情况调查及对策研究》，载于《中国科技论坛》2006年第1期。

则、"谁开发谁保护"的原则、"谁受益谁分摊"的原则。

王金南（1994）将环境保护的经济手段分为：（1）收费，包括排污收费、使用者收费、产品收费、管理收费、税收差别等；（2）补贴，包括补助金、长期低息贷款、减免税办法；（3）押金制度；（4）建立市场，包括排放交易、市场干预、责任保险；（5）强制刺激，包括违章罚金、履行保证金等。兰建洪（1994）的分类：（1）财政援助；（2）低息贷款；（3）税收（包括征收排污费）。章铮（1999）的分类：（1）明确自然资源的产权；（2）征收自然资源开发许可证所有者的自然资源租金；（3）实行排污收费；（4）控制污染物排放总量；（5）实行收费退款制；（6）对具有外部效益的产业进行补贴。

学者（如曹利军、邱耕田、王森洋等）（1995）从马克思主义实践观点出发，考察可持续发展的内涵，认为可持续发展作为一种发展观是人们对发展实践经验与教训的总结，对新的发展实践的构想。它包括三种含义：作为观念，可持续发展是人们对社会发展实践的反思、预见和理想；作为一种实践方式，可持续发展是人的社会发展从传统向现代的转换，其本质是人的劳动实践与实践能力的可持续；作为一种战略，可持续发展是人们根据具体情况制定的实现理想、推动社会发展的具体原则、策略，其核心是人的实践方式从传统向现代的转换。

夏光（1995）从处理人类与环境的关系和处理环境问题时如何协调人与人之间的关系两方面提出，把研究人与自然之间的技术经济关系称为"环境的经济"，即关于对环境的经济计量和对环境技术的经济评价等；又可称为"环境技术经济学"，他把研究围绕环境问题和环境决策所发生的人与人之间的经济关系称为"环境与经济"，即关于经济发展与环境保护之间关系的理论性研究，又可称为"环境制度经济学"。

张坤民（1997）在其著作《可持续发展论》中，提到与可持续发展有关的能源利用、清洁生产、消费、技术进步、经济手段、法制建设、指标体系、公众参与、资金来源等众多问题。

潘家华（1997）比较系统地论述了环境与资源的价值原理、持续发展的不同途径及其经济学分析，以及持续发展的市场调控原理与多目标决策，并就土地利用、水资源等问题进行了实证分析。

2001年，姚建在其所著的《环境经济学》中采用成本收益法计算生态环境的费用，是假设将生态恶化所带来的环境成本加入生产成本中，使污染者的生产成本增加，迫使市场主体改进生产工艺或采用先进技术提高资源利用率，减少污染物的排放，提高市场主体的生态环境成本意识，促进经济发展与生态环境的协调发展。成本收益法主要强调从微观上对经济发展与生态环境进行协调，未与宏观相结合对经济发展与生态环境的协调发展作更深一步的研究。

近年来，我国也有学者对高新技术环境问题进行了深入的研究，张婷（2000）在《警惕新的污染源：高技术污染——硅谷大气污染与环境恶化引起的思考》中提出了高技术污染的特点，即：（1）高技术产业普遍采用的生产经营方式的"清洁"意味着"无尘埃"，其目的是在制造半导体的过程中保持原材料、零部件以及机械等都处于"超净"状态，而工作人员及其周围环境的"清洁度"则似乎是另外的问题。（2）除了已经成为环境焦点问题的废水、废气、工业固体废物和垃圾等人们容易见到的物质之外，原料和废液等从"储罐"的泄漏也成为重要的污染源。（3）在向环境和人群污染的途径方面，除了通过河流和大气之外，地下水也出了问题。（4）半导体工业使用多种有毒化学品、气体和放射性物质，这些物质虽属微量，但却具有复合化学污染的潜在危险性。（5）技术变革的速度快。由于生产工艺的变化和"企业秘密"的壁垒，环境保护工作往往跟不上。

张玉赋，夏太寿等进行的江苏省2003年环保科技计划项目《江苏省产业污染情况调查及对策研究》中提出[①]：建立江苏省产业环境防治管理体系和研究体系；坚持"预防为主，防治结合"的环境保护政策。在加强高新技术开发园区环境管理中进一步提出：在产业开发园区建设中，各地要对防止高技术污染的各个方面进行认真研究。产业开发园区环境影响评价的篇章中，要增加有关产业对环境的影响及防止措施的内容，环境规划也要充分考虑高新技术发展的长远影

---

① 张玉赋、夏太寿、徐晖、徐劲峤、洪青、倪杰：《江苏省高新技术产业污染情况调查及对策研究》，载于《中国科技论坛》2006年第1期。

第二章 产业与环境的理论研究与实践

响。同时，要加强园区环境监测工作，及时掌握企业污染状况，对环境质量进行监督，分析和整理检测数据，及时向有关领导及部门通报有关检测数据，提出防治意见。

加大对园区的"三同时"管理。要采用有效的经济手段和法制手段，加强开发园区环境综合整治和集中处理，按功能分区，制定不同的污染排放标准，在区内可以考虑实行高于治理费用的排污标准，建立高污染密集产业特别控制区。

推动园区区域 ISO14000 环境管理体系工作。逐步将高新技术开发园区建设为生态工业区，通过企业和产品之间的副产品和废物交换、能量和废水的逐级利用、基础设施的共享来实现园区在经济效益和环境效益的协调发展。利用市场机制，支持引导环保产业发展，使环保产业成为园区新的产业链和新的经济增长点，积极推进污染治理的企业化、市场化和社会化。

关于可持续发展与环保化关系的问题，国务院发展研究中心的周宏春认为：(1) 产业发展要实现环境成本的内在化，取消扭曲资源价格的补贴，对于减少资源利用上的浪费十分必要。我国对稀缺的水资源实行了补贴政策，这造成了水资源的严重浪费。应当逐步取消导致资源价值低估的价格补贴，开展资源环境的核算，并纳入国民经济核算体系，以引导政府和企业的决策，纠正那种竭泽而渔、片面追求产值而不顾可持续发展的倾向。(2) 要从"末端治理"转向源头抓环境保护，从 20 世纪 80 年代起，西方发达国家就将环境保护从"末端治理"转向"生命周期"管理，如美国的污染预防（Pollution Prevention）、加拿大、挪威等国的清洁生产（Cleaner Production）等。在具体措施上，他们注重在生产过程中提高资源的利用效率，削减废物的产生。我国从 90 年代起也开始推行清洁生产，并在试验点上取得了较好的成效，但还没有普遍推广应用。

因此，国家有关部门应当转变职能，将工作重点从"关闭"污染型企业转向帮助企业提高资源的利用效率上来。这样，既可以减少因关闭企业造成固定资产不必要的浪费，又不会使失业增加出现社会不稳定的潜在因素。①

　　国外对产业环保在20世纪六七十年代就受到经济学家、环境学家的广泛重视，很多重要的理论都在这一时期产生，而我国在这一时期对环保的研究在理论创新等方面与欧美发达国家有很大差距。进入80年代后，国外对环保的研究更是广泛和深入，不少经济学家都将对环保的研究与经济状况、贸易、价格、税收、投资、国家竞争力、企业发展等诸多因素结合企业，取得了丰硕的成果，我国在这一时期对国外的研究成果有所借鉴，但总体研究水平和领域都相差较远。

　　另外，国外更早开始运用统计结果对环境状况进行研究，例如著名的库兹涅茨曲线就是这方面的显著成果。20世纪末开始，我国对环境的重视大大加强，越来越多的学者开始关注环境问题，取得了很多相关理论成果。但从发展速度和成熟度来看，我国仍然还有较长的路要走。

　　总体来说，我国对于环境与经济的研究虽然起步较晚，较之国外的研究深入程度也有所欠缺，但是也取得了不少成果。尤其是近几年来，由于产业发展加速，环境问题加剧，环保问题再次成为研究的热点之一。

三、国外产业环保的特点

　　国外产业环保发展的特点归纳起来有以下几点：环境保护科学技术物化时间大大缩短；管理—技术—产业配合得越加紧密；绿色产品、清洁工艺成为时代的主流；先进技术快速渗入产业环保。

　　目前发达国家环境保护的发展已在三个层面上将生产和消费这两个最重要的环节有机地联系起来：一是产业的内部的清洁生产和资源循环利用，最具代表性的是美国杜邦化学公司模式，通过厂内各工艺之间的物料循环，减少物料的使用，达到少排放甚至"零排放"的

---

　　① 高广阔：《论产业环保化与环保产业化》，载于《山东经济》2003年第4期。

第二章 产业与环境的理论研究与实践

目标；二是共生企业间或产业间的生态工业网络，如著名的丹麦卡伦堡生态工业园，[①] 把不同的工厂联结起来，形成共享资源和互换副产品的产业共生组合，使一个企业产生的废气、废热、废水、废渣在自身循环利用的同时，成为另一企业的能源和原料；三是区域和整个社会的废物回收和再利用体系，如德国的包装物双元回收体系（DSD），[②] 日本的废旧电器、汽车、容器包装等回收利用体系以及日本的循环型社会体系。

从环境保护的绩效来看，日本、德国、美国、英国、荷兰、法国等国家的物质循环利用效率不断提高，这是通过运用物质流分析工具得到了物质流动的初步景象。但在国家尺度上，所有循环物质都没有超过原生物质的10%，以环保实践较为领先的日本为例，2000年总物质投入量约为21.3吨，约1/3以废弃物和二氧化碳的形式排放到环境中，物质循环率仅为10%左右。在其他发达国家，至少有一半以上的资源在采掘后不到一年就回到自然界中。[③] 在物质回收层面，回收率很高。在德国，纸张、玻璃、废旧轮胎和电池等回收率都达到或接近100%，但是收集率还有待提高。如德国纸张与纸板的收集率为87%，玻璃78%，电池35%，废轮胎94%。在元素层面，以循环回收利用率最高的金属元素来看，元素层次的循环回用率也不够高。以美国为例，2001年金属回收的总体水平达到58%，其中铅的循环率最高，为65%，铁60%，锌和锡只有26.3%和27%。[④] 在能源利用上，发达国家和地区的能源利用效率在不断提高。能耗的降低不仅有利于实现能源的可持续利用，而且对于减少外部性污染也具有积极意义。

从环保投入来看，20世纪60年代末期环境保护已是美国公众和政府关注的焦点，1972年第一部联邦环保法律生效时，美国用于污

[①] 沈浇悦、田春秀：《国外环境保护产业发展现状及趋势研究概述》，载于《环境科学研究》1994年第4期。
[②] 冯之浚、张伟、郭强等：《循环经济是个大战略》，载于《光明日报》，2003年9月2日。
[③] Matthews et al. the weight of Nations: Material Outputs form Industrial Economics. World Resources Institute, 2005: pp.6-60.
[④] 石磊：《从物质循环论发展循环经济的必要性》，载于《环境科学动态》2004年第1期。

染控制的总费用约占国民生产总值的 1.5%，20 世纪 90 年代这一比例达到 2%。① 20 世纪 80 年代起，美国开始执行严格的环境保护法规，并且以详尽可行的环境治理付费方法为保障，对已经污染且危险性超标的地点开展了全面治理。美国的环保投入包括几个层次：联邦政府的直接投入（包括相关部、局、基金等）；各州、郡（县）、市政府的投入；公司、企业的投入；各种基金会、机构、非营利组织的投入等。②

各州也重视对环保的投入，以俄亥俄州为例，州环保局 2001 年预算投入 1 166 亿美元，2002 年预算 1 179 亿美元，2002 年环保财政预算比 2001 年增长了 19%。这些经费主要用于环境监测、管理的 10 个计划领域，保护俄亥俄州的土地、空气和水源，控制环境污染等，其中有 56% 用于制定规章和执行规章。

美国还特别重视对环保 R&D 的投入，每年用于环保 R&D 的费用超过 50 亿美元。据国家科学基金会科学资源研究处关于 1999 年、2000 年和 2001 年财政年度联邦政府用于研究与发展资金的调查报告显示，1999 年政府仅用于环境科学研究的经费就达 30 195 亿美元，2000 年达到 31 102 亿美元，2001 年更是上升为 32 143 亿美元，充分体现了美国对于环保产业的重视。

近年来，澳大利亚每年的环境保护投资都超过 85 亿美元，约占 GDP 的 1.6%。政府鼓励企业参与环保产业的开发，对从事环保事业的企业在税收、设施等方面给予优惠，吸引更多的企业投资环保产业。政府还与商业企业合作，推出了"生态商业"计划鼓励商业企业减少水、电、气等资源的使用。③

从环保立法来看，澳大利亚是世界上最早出台环境保护法的国家之一，内容丰富并形成体系。早在 1970 年，维多利亚州就制定和颁布了"环境保护法"。在澳大利亚，联邦和各州、市都有自己的环保

---

① 郭敬：《美国的环境保护费用》，载于《中国人口、资源与环境》1999 年第 10 期，第 25~28 页。
② 吴小玲、李仁杰、康江：《美国环境保护与环境技术产业发展的主要经验和启示》，载于《四川环境》2003 年第 6 期。
③ 李晖：《澳大利亚生态环境保护的经验与启迪》，载于《广东同林》2006 年第 4 期。

第二章　产业与环境的理论研究与实践

法律法规。在联邦层次，有综合立法、专项立法，还有行政法规等；在州层次，以新南威尔士州为例，州政府颁布了《环境保护行政法》、《废物最少化和管理法》、《受威胁物种保育法》、《可持续能源发展法》、《国家公园和野生物法》、《噪声控制法》、《环境规划与评价法》、《农药法》、《海洋公园法》等法规。还有一系列尚未成为法规的，亦具有行为导向意义。

瑞士、法国、德国各级政府均制定了全面的环保法律和法规，并且建立了有利于环境生态的市场经济体系。政府强调企业要在环境污染治理、环境保护中发挥作用。实际上严格的环保立法并没有给企业带来巨大的成本负担，因为严格的环保立法使工业企业在早期就被迫适应总的环保潮流，使之在后来的竞争中处于优势，并着力采取了富有生态效益的解决办法，最终加强了企业的竞争力。从短期看成本较重，但从中长期看，则是对未来竞争力的投资。竞争力是基于对资源更有效的使用和在全球市场上对质量的分辨。因此在欧洲这些人工成本很高的国家，产品的竞争力在于质量而不全在于价格。

企业的目的是营利，不能指望企业主动增加环保投入，也不能仅靠强制手段，必须让企业自身从环保中受益，因此瑞士及法国、德国政府非常重视通过经济手段来促进环境保护的发展。经济手段包括增加能源消费税、颁发消费许可证和补贴等方式。引入经济手段体现了"谁污染，谁治理"，"污染大，花钱多"的原则，使企业在制定发展战略时将环境保护置于其成本中，从而达到自愿减少污染的目的。[1]

欧盟为了限制有害物质在电子电器产品中的使用和透过妥善的回收及处理废弃电子电器产品达到保护人类健康的目的，于2003年颁布2002/95/EC号法令，即电子电器产品之危害物质限用法令。法令规定自2006年7月1日起，所有《电子电器设备指令》（WEEE）中所规范的电子电器产品在进入欧洲市场时，不能够含过量的该法令里所提到的六种危害物质：铅、汞、镉、六价铬、多溴联苯（PBB）及多溴化二苯乙醚（PBDE）。

---

[1] 林艳星：《浅析环境保护理念》，载于《引进与咨询》2006年第9期。

四、我国产业环保发展状况

20世纪70年代初,在联合国人类环境会议的推动下,中国的环境保护事业开始起步。经过30多年的发展,逐步建立了"预防为主、防治结合"、"谁污染、谁治理"和"强化环境管理"三大环境保护政策体系。[1]

2005年3月12日举行的中央人口资源环境工作座谈会上,胡锦涛总书记第一次提出要"努力建设资源节约型、环境友好型社会"。2005年10月11日党的十六届五中全会把"加快建设资源节约型、环境友好型社会"明确地写入《中共中央关于制定国民经济和社会发展第十一个五年规划的建议》。[2]

2005年4月1日,《中华人民共和国固体废物污染环境防治法》开始施行,国家环保总局出台了《废弃危险化学品污染环境防治办法》;修订并颁布了12项进口可用作原料的固体废物环境保护控制标准;制定并颁布了进口可用作原料的固体废物环境保护控制标准——废汽车压件。

2005年,国家质检总局会同国家环保总局等有关部门制定并发布了关于禁止使用废旧玻壳翻新再生显像管的公告;商务部会同海关总署、国家环保总局联合发布了禁止部分商品加工贸易的105号公告,禁止铜废碎料等16种进口废物的加工贸易。

在医疗废物环境管理方面,2005年,国家环保总局与卫生部密切配合,在上年专项检查的基础上,再次组织了对医疗废物的专项检查;国家环保总局与卫生部联合发布了《关于明确医疗废物分类有关问题的通知》,进一步加强和规范医疗废物的管理工作;国家环保总局发布了《医疗废物集中焚烧处置工程建设技术规范》等标准。

在电子废弃物污染防治方面,国家环保总局协同国家发改委、信息产业部指导广东省环保局组织汕头市编制了废旧电器综合利用产业

---

[1] 李训贵:《环境与可持续发展》,高等教育出版社2004年版,第31页。
[2] 蒋莉:《环境友好型社会,中国的必然选择》,载于《科学新闻》2006年第2期。

化示范园区规划,推进了广东省汕头市贵屿镇电子废弃物环境污染的防治工作。

国家环保总局辐射环境监测技术中心和核与辐射事故应急技术中心及全国31个一级站(省、自治区、直辖市)和2个二级站(包头、青岛)陆续投入使用,构成了全国辐射环境监测网络,加强了对重点辐射污染源及其流出物的监督性监测。大部分省市环保局建立了辐射事故应急队伍,编制了应急方案,并在放射源丢失等放射性污染事故发生后,及时开展辐射环境监测,为事故处理提供了及时有效的支持。[1]

在向市场经济过渡中,许多企业为了节约投资,忽略环境保护措施;少数经济界人士认为,发展经济必然带来环境污染;有些地方政府,为了短期利益,存在"先污染,后治理"的思想;有些人对高科技污染的认识几乎为零,把高科技产业误解为清洁工业。这种思想状态,造成我国高科技污染治理没有专门法规措施出台,现有法规不仅不涉及高科技污染,而且法规本身也存在着处罚偏轻、责任不明、执法主体不清等缺陷。例如,《水污染防治法》第53条第3款规定:造成水污染事故,情节严重的,有关责任人员由其所在单位或上级主管机关给予行政处分。此处,何为严重事故,没有量化标准,有关责任人更是指示不明。造成一起事故,责任往往是多方面的,但法规无明确规定,对被处罚对象亦处罚偏轻。[2]

在信息产业中,迄今为止,印制电路行业仍然是重污染、高消耗的行业。不论是在北京,还是在珠三角或长三角,PCB行业的能耗、水耗和物耗都是非常大的,尽管大多数企业非常重视环保,不惜代价治理污染。但是,相当多的企业都是把重点放在尾部治理上,或者是交给第三方治理利用。

根据《中国统计年鉴》关于环境保护的描述数据(见表2-1),2001~2005年我国环境状况有一定的改变,例如环境污染治理投资有很大的提高,这也反映了国家对环境保护事业的重视。但是同时也

---

[1] 国家环境保护总局:《2005年中国环境状况公报》,2006年6月2日。
[2] 闫磊、徐惠娟:《高科技产业发展与环境保护》,载于《无锡轻工大学学报》1997年第4期。

存在一些改善并不理想的方面。

表 2-1　　　　　　　　我国环境保护总体状况

指　标	2001 年	2002 年	2003 年	2004 年	2005 年
水环境					
水资源总量（亿立方米）	26 867.8	28 261.3	27 460.2	24 129.6	28 053.1
地表水	25 933.4	27 243.3	26 250.7	23 126.4	26 982.4
地下水	8 390.1	8 697.2	8 299.3	7 436.3	8 091.1
地表水与地下水资源重复量	7 455.7	7 679.2	7 089.9	6 433.1	7 020.4
人均水资源量（立方米/人）	2 112.5	2 207.2	2 131.3	1 856.3	2 151.8
供水总量（亿立方米）	5 567.4	5 497.3	5 320.4	5 547.8	5 633.0
地表水	4 450.7	4 404.4	4 286.0	4 504.2	4 572.2
地下水	1 094.9	1 072.4	1 018.1	1 026.4	1 038.8
用水总量（亿立方米）	5 567.4	5 497.3	5 320.4	5 547.8	5 633.0
农业	3 825.7	3 736.2	3 432.8	3 585.7	3 580.0
工业	1 141.8	1 142.4	1 177.2	1 228.9	1 285.2
生活	599.9	618.7	630.9	651.2	675.1
废水排放总量（亿吨）	433	439	459	482	525
工业废水排放量	203	207	212	221	243
生活污水排放量	230	232	247	261	281
工业废水排放达标量（亿吨）	173	183	189	201	222
工业废水排放达标率（%）	85.2	88.3	89.2	90.7	91.2
化学需氧量排放量（万吨）	1 405	1 367	1 333	1 339	1 414
工业	608	584	512	510	555
生活	797	783	821	829	859
氨氮排放量（万吨）	125	129	129	133	150
工业	41	42	40	42	53
生活	84	87	89	91	97
大气环境					
工业废气排放量（亿标立方米）	160 863	175 257	198 906	237 696	268 988
燃料燃烧	93 526	103 776	116 447	139 726	155 238
生产工艺	67 337	71 481	82 459	97 971	113 749
二氧化硫排放量（万吨）	1 947	1 927	2 159	2 255	2 549
工业	1 566	1 562	1 792	1 891	2 168
生活	381	365	367	364	381
烟尘排放量（万吨）	1 070	1 013	1 049	1 095	1 183
工业	852	804	846	887	949
生活	218	209	202	209	234
工业粉尘排放量（万吨）	991	941	1 021	905	911
工业二氧化硫去除量（万吨）	565	698	749	890	1 090
工业烟尘去除量（万吨）	12 317	13 998	15 649	18 075	20 587

第二章 产业与环境的理论研究与实践

续表

指　　标	2001年	2002年	2003年	2004年	2005年
工业粉尘去除量（万吨）	5 322	5 570	5 995	8 529	6 454
建成城市烟尘控制区数（个）	3 203	3 369	3 599	3 693	3 452
烟尘控制区面积（万平方公里）	2.2	2.6	3.3	3.7	3.7
固体废物					
工业固体废物产生量（万吨）	88 840	94 509	100 428	120 030	134 449
危险废物	952	1 001	1 170	995	1 162
工业固体废物综合利用量（万吨）	47 290	50 061	56 040	67 796	76 993
工业固体废物综合利用率（%）	52.1	52.0	54.8	55.7	56.1
工业固体废物排放量（万吨）	2 894	2 635	1 941	1 762	1 655
"三废"综合利用产品产值（亿元）	345	386	441	573	756
噪声					
建成城市环境噪声达标区数（个）	3 111	3 128	3 573	3 534	3 565
城市环境噪声达标区面积（万平方公里）	1.5	1.6	2.0	2.1	2.5
生态环境					
森林面积（万公顷）	15 894.1	15 894.1	17 490.9	17 490.9	17 490.9
森林覆盖率（%）	16.55	16.55	18.21	18.21	18.21
当年造林面积（万公顷）	495	777	912	560	365
自然保护区数（个）	1 551	1 757	1 999	2 194	2 349
国家级	171	188	226	226	243
自然保护区面积（万公顷）	12 989	13 295	14 398	14 823	14 995
自然保护区面积占辖区面积比重（%）	12.9	13.2	14.4	14.8	15.0
生态示范区数（个）	215	322	484	528	528
国家级	82	82	82	166	233
湿地面积（万公顷）			3 848.6	3 848.6	3 848.6
湿地面积占国土面积比重（%）			4.0	4.0	4.0
自然灾害					
发生地质灾害起数（次）	5 793	40 246	15 489	13 555	17 751
滑坡	3 034	31 247	10 240	9 130	9 367
崩塌	583	3 097	2 604	2 593	7 654
泥石流	1 539	4 976	1 549	1 157	566
发生地震灾害次数（次）	12	5	21	11	13
5.0级以上	11	4	17	9	11
海洋赤潮发生次数（次）	77	79	119	96	82
森林火灾次数（次）	4 933	7 527	10 463	13 466	11 542
重大	17	24	14	38	16

续表

指 标	2001年	2002年	2003年	2004年	2005年
特大	3	7	7	3	3
森林火灾受灾面积（万公顷）	4.6	4.8	45.1	14.2	7.4
森林病虫鼠害发生面积（万公顷）	839.0	841.2	888.7	944.8	961.0
森林病虫鼠害防治面积（万公顷）	587.3	572.0	582.9	639.5	640.7
森林病虫鼠害防治率（%）	70.0	68.0	65.6	68.0	66.7
环境污染					
环境污染与破坏事故次数（次）	1 842	1 921	1 843	1 441	1 406
水污染	1 096	1 097	1 042	753	693
大气污染	576	597	654	569	538
固体废物污染	39	109	56	47	48
噪声与震动危害	80	97	50	36	63
其他	51	21	41	25	64
污染直接经济损失（万元）	12 272.4	4 640.9	3 374.9	36 365.7	10 515.0
污染事故赔款总额（万元）	2 948.7	2 629.7	1 999.1	3 487.2	2 373.8
污染事故罚款总额（万元）	315.2	511.0	392.4	476.7	708.3
环境污染治理投资					
环境污染治理投资总额（亿元）	1 106.6	1 367.2	1 627.7	1 909.8	2 388.0
环境污染治理投资总额占国内生产总值比重（%）	1.01	1.14	1.20	1.19	1.30
城市环境基础设施建设投资额（亿元）	595.7	789.1	1 072.4	1 141.2	1 289.7
燃气	75.5	88.4	133.5	148.3	142.4
集中供热	82.0	121.4	145.8	173.4	220.2
排水	224.5	275.0	375.2	352.3	368.0
园林绿化	163.2	239.5	321.9	359.5	411.3
市容环境卫生	50.6	64.8	96.0	107.8	147.8
工业污染治理项目当年投资来源总额（亿元）	174.5	188.4	221.8	308.1	458.2
国家预算内资金	36.3	42.0	18.8	13.7	7.8
环保专项资金	8.3	6.8	12.4	11.1	20.6
其他资金	129.8	139.6	190.7	283.3	429.8
工业污染治理项目本年完成投资（亿元）	174.5	188.4	221.8	308.1	458.2
治理废水	72.9	71.5	87.4	105.6	133.7
治理废气	65.8	69.8	92.1	142.8	213.0
治理固体废物	18.7	16.1	16.2	22.6	27.4
治理噪声	0.6	1.0	1.0	1.3	3.1
治理其他	16.5	29.9	25.1	35.7	81.0
实际执行"三同时"项目环保投资总额（亿元）	336.4	389.7	333.5	460.5	640.1

第二章 产业与环境的理论研究与实践

续表

指　　标	2001年	2002年	2003年	2004年	2005年
新建	238.2	238.0	220.1	326.2	467.1
扩建	52.1	67.0	56.7	68.8	111.1
改建	46.5	84.7	56.7	65.5	61.9

注：森林面积和森林覆盖率2001年、2002年为第五次全国森林资源清查数（1994～1998年），包括中国台湾数据；2003～2005年为第六次清查数（1999～2003年），包括中国香港、澳门特别行政区和中国台湾数据；数据来源：《中国统计年鉴》。

根据我国2001～2005年人口变化情况，如表2-2、图2-3所示，综合表2-1数据可进一步得出我国人均农业用水量2001年为299.7立方米，之后略有下降，2005年为273.8立方米；人均工业用水量则有所上升，2001年为89.46立方米，2005年增至98.29立方米，增幅近10%；人均废水排放总量也呈逐年递增趋势，2001年人均废水排放量为33.93立方米，至2005年达到40.15立方米，增幅超过18%；人均废气排放量由2001年的12 604.15标立方米增长至2005年的20 571.75标立方米，增幅达到60%；人均固体废弃物产生量也呈增长趋势，增幅也较大，其中2001年为0.696吨，2005年为1.028吨；由上述数据可以看出，我国产业环保宏观上仍然存在不足，产业环境，尤其是三废的排放情况不容乐观。

表2-2　　　　　我国人口状况（2001～2005年）

年　份	2001	2002	2003	2004	2005
人口数（万人）	127 627	128 453	129 227	129 988	130 756

数据来源：《中国统计年鉴》。

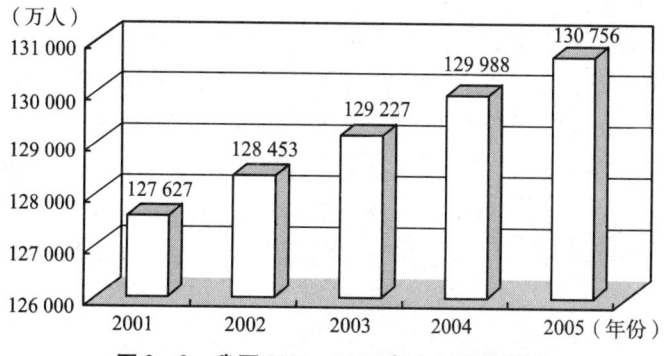

图2-3　我国2001～2005年人口变化情况

五、国内外产业环保发展中的差距

总体来看，中国已经建立了比较完整的污染防治和资源保护的法律体系和政策体系，环境投资逐步增长。用于控制污染的费用已达到了 GNP 的 0.8%。近年来，在淮河等污染防治重点地区，更采取了相当有力的行动。1998 年下半年，中央政府划拨 170 亿元用于环境基础设施建设，加快了环境建设的步伐。

在看到成绩的同时，也应该注意到，连续十几年的经济快速增长，随着人民生活水平大幅提高、综合国力不断增强，对生态资源和环境同时造成了极大的损害。国家环保总局副局长潘岳在 2005 年夏季北京财富论坛讨论"隐性逼近的环境危机"时，列举了一连串惊人数字：中国目前单位产值能源消耗是日本的 7 倍、美国的 6 倍、印度的 2.8 倍；排污量是世界平均水平的十几倍；主要水系的 2/5 成为劣五类水，3 亿多农村人口喝不到安全洁净的水，4 亿多城市人口呼吸着严重污染的空气。如果眼下的污染水平持续下去，对此听之任之，放任自流，那么 15 年后中国的污染负荷将要增加 4~5 倍。[①] 2005 年 11 月吉林石化的爆炸事故对松花江的污染再次敲响了我国环保的警钟，哈尔滨（松花江）的污染事件提醒人们，在经济蓬勃发展之际，中国正面临严峻的环境挑战，快速工业化、人口众多和集约型农业结合在一起，导致了严重的空气污染、淡水匮乏和土壤退化。

与发达国家相比，我国的环保水平还有明显的差距：

首先，中国的环境保护政策体系还不完整。从政策内容来看，不少政策措施还建立在各级政府的传统计划和行政管制的基础上，建立在领导重视的基础上；从政策制定、实施、评估、修正这一循环周期来看，实施、评估、修正各个环节都相当薄弱；在相当多的地区，单靠环境保护部门执法，无法保证各项政策得到实施，直接制约了环境

---

① 《松花江污染敲响中国环保警钟》，载于《参考消息》2005 年第 1 期。

第二章 产业与环境的理论研究与实践

质量的改善。①

其次，从资金投入上看，主要以中央财政为主。近几年中央政府主要通过财政投资、发行国债等方式把大量资金投入生态工程建设。"九五"期间中央财政增发国债资金，加大了城市环境保护投资力度，共安排城市环保基础设施建设、"三河三湖"污染治理、北京市环境综合整治、环保设备国产化等项目543个，总投资1 622亿元，其中，利用国债460亿元，期间环保利用外资40亿美元。"九五"期间，全国环境保护累计投资3 600亿元，年平均达到GDP的0.93%，高于"八五"期间0.73%的水平。2001年，全国环境污染治理投资为1 106.6亿元，比上年增长4.3%，其中中央财政投资占很大比重。全国环境污染治理投资占当年GDP的比例达到1.15%。2002年，全国环境污染治理投资为1 363.4亿元，比上年增长23.2%，其中城市环境基础设施建设投资785.3亿元，占总投资的57.6%，比上年增加了31.8%；工业污染源污染治理投资188.4亿元，比上年增加了8.0%；新建项目"三同时"环保投资389.7亿元，比上年增加15.8%。全国环境污染治理投资占当年GDP的比例达到1.33%。② 环保投入的增加，对改善环境质量、拉动内需和促进经济增长起了很大作用。但是，由于投入方的单一，不能满足全社会对于环保的资金、人力、物力的需求，而且没有鼓励企业投入到环境保护中去，使产业环保化进程推行困难。

再次，在生态环境建设保护方面，与欧美发达国家相比，我国虽然实行了排污收费政策，但刚刚启动，收费标准低，使用效率差，特别是没有要求生产开发者对生态功能的破坏进行任何补偿，从而影响了生态政策的执行效果。另外，我国资源管理部门虽然开征了资源费，但征收面并未铺开，已征得的有限资源费也没有完全用到生态建设中去，造成补偿不到位。③

最后，政府在政策上给予企业支持和鼓励不够，不能从根本上让

---

① 李训贵：《环境与可持续发展》，高等教育出版社2004年版，第34页。
② 杨德勇、王守法：《生态投融资问题研究》，中国金融出版社2004年版，第173~174页。
③ 马国强：《生态投资与生态资源补偿机制的构建》，载于《中南财经政法大学学报》2006年第4期。

企业看到产业环保化的利益所在。目前，环境保护仍然被大多数企业认为是增加成本，没有收益的投入，这除了环保产业的不完善等原因以外，政府的引导和企业自身环保机制没有建立都是不可或缺的因素。

　　国外特别是先行工业国家都发展起来一大批实力大、技术强的环保企业，其他的企业也都在法律约束下自觉自愿地进行着各种环保的努力，这方面我国的差距还很大。我国仍然是政府主导的、以强制管理为主要方式的、把企业作为治理对象的环保机制，离法律健全、政府监管、企业自愿，及社会参与的环保机制还有很大的距离。从2005年对电力企业、2006年对化工行业的重点治理，2007年初首次启动"区域限批"，到年中的"流域限批"。逐步升级的硬措施，表明了环境主管部门的决心，也反映出环保的严峻态势。国家环保总局的一位负责人公开承认，"应该很冷静和清醒地看到一次次环评风暴不能从根本上解决问题。就在我们区域限批的3个月之中，高耗能、高污染的这六大产业又增长了20%"。

　　出于对现实的清醒认识，国家环保总局此次特别强调，不再以限批和简单的整改作为主要目标，而希望能从此次"流域限批"开始，"探索一条能将行政手段、市场力量、公众参与结合起来的流域污染防治新思路"，并开出了"官员问责、流域管理、公众参与、经济手段"的综合药方。[①] 这应当是比"流域限批"更有价值的新思路，它基于对中国现实国情的把握。在这样的情况下，将治理环境的动力，寄托在行政、市场和公众形成的"合力"上，有极大的针对性。如果我们能用行政手段，以环境绩效考核引导官员环保；用市场手段，以经济杠杆遏制企业污染，相信我国的环境问题不会如此痼疾难除。正是在长效机制的缺失下，环保部门不得不诉诸"风暴"的雷霆手段，来一次次提醒我们环境问题的严重性和解决手段的缺乏，一次次呼唤中国环境保护的新思路。这样的提醒，应该引出从制度和机制上解决问题的新举措。

---

① 张建宇：《谁来落实污染防治新思路?》，载于《人民日报》2007年7月5日。

小　　结

　　本章主要就产业环保化的研究背景、发展现状等进行了整理论述，并根据已有理论对我国环保产业和经济的发展进行了分析。从中找到我国和发达国家在发展产业环保化的进程中存在的差距，分析结果显示，我国在对产业发展过程中环保机制的理论研究和实践措施上都需要更大的突破。

第三章

产业环保化理论内涵与特征

> 只有全面地、辩证地看待经济发展与环境保护的关系,从而促进经济与环境的协调发展,才是处理二者关系的正确途径。
>
> ——经济学家 许涤新

产业环保化理论是对产业发展与环境保护之间的辩证关系深层次的理论揭示。了解产业环保化的理论内涵与基本特征需要首先对产业发展与环境的逻辑关系做历史和现实的考察。

一、产业发展与环境关系的历史沿革

表 3-1 显示了产业发展与环境的相关关系。目前,环境问题已经由产业发展水平低下时的微不足道演变为现在呈现出的日益突出恶化的局面,显然,这不是我们在发展经济中希望看到的。我们需要的是一个健康的、持续发展的,有利于人类生存、生产的生态环境,同时能够使环境保护朝着有利于产业可持续发展的方向良性循环。

表 3-1　　　　　　　产业发展与环境问题比较

阶　段	产业发展水平	人与自然关系	环境问题
采猎文明	低	被动依赖	微弱
农业文明	↓	渐不协调	局部呈现
工业文明	↓	矛盾激化	成为公害
新兴工业化时期	高	谋求和谐	出现转机

（一）工业革命前的产业发展与环境的关系

环境问题的历史，可以追溯到遥远的农业革命以前。在农业革命以前，人与自然的关系曾经历了一次历史性的大转折，这次大转折的标志是能够利用"制造工具用的工具"，其中，最重要的工具是火。由于能够利用火这一体外能源，人类结束了被自然奴役的历史，由恐惧、敬畏转向主动改造环境，被动适应和依赖，同时也开始了征服自然、驾驭自然的艰难而漫长的历程。

伴随着火的利用和工具的制造，人类适应自然能力在提高，人类对环境的破坏也出现了。一些学者认为，史前社会许多大型哺乳动物的灭绝，可能与人们过度狩猎有关。不过，在农业革命以前，由于人口很少，人类活动的范围也只占地球表面的极小部分，从总体上讲，人类对自然的影响力还很低，还只能被动地依赖自然环境，以采集和猎取天然动植物为生。因此，此时虽然已经出现了环境问题，但是微不足道，地球生态系统有足够的能力自行恢复平衡。所以，在农业革命以前，环境基本上是按照自然规律运动变化的，人在很大程度上仍然依附于自然环境。

农业革命以后，情况有了很大变化。一是人口出现了历史上第一次爆发性增长，人口数量大大增加，对地球环境的影响范围和程度也随之增大。二是人们学会了驯化野生动植物。随着耕种作业的发展，人类利用和改造环境的力量与作用越来越大，与此同时产生了相应的环境问题。由于生产力水平低，基本是靠天吃饭，人们主要是通过大面积砍伐森林、开垦草原来扩大耕种面积，增加粮食收成，加上刀耕火种等落后生产方式，导致大量已开垦的土地生产力下降，水土流失加剧,大片肥沃的土地逐渐变成了不毛之地。为了农业灌溉的需要,水利事业得到了发展,但又往往引起土壤盐渍化和沼泽化等。而且,在农业社会末期,还出现过大气污染问题。据考证,几千年前,由于我们祖先的采暖和炉灶设施十分简陋,洞穴内充满烟气,呛得令人窒息,人们逃出洞外。又因食物腐烂发出恶臭而令人生厌,于是另迁他处不返。这也许是人类社会空气污染历史的开端。

生态环境问题的局部呈现,不仅直接影响到人们的生活,而且也在很大程度上影响到人类文明的进程。历史上,由于农业文明发展不当带来生态环境变化,从而使文明衰落的例子也屡见不鲜。

总的来说,在工业革命之前,作为人类经济第一次飞跃发展的农业社会,主要是从自然界索取生活资料,尽管对于生态破坏已经呈现出来,局部已经有了相当的规模,但是这种破坏是可逆的、浅层次的。

(二) 工业革命后的产业发展与环境的关系

18世纪兴起的工业革命,曾经给人类带来无限的希望和欣喜。工业化、城市化的发展和科学技术的进步,使人类生活水平大为提高,死亡率不断下降,平均预期寿命不断提高,更多的人享受到生活的便利,更多的儿童能够进入学校接受教育。这个时候的人类文明达到了前所未有的高度。然而,工业革命给人类带来的不仅仅是欣喜,还有诸多意想不到的后果,甚至埋下了人类生存和发展的潜在威胁。

当人类还在陶醉工业革命的伟大胜利时,环境的破坏和污染问题同时也在加速恶化。随着工业化的不断深入而急剧蔓延,在工业发达国家,从20世纪50~60年代开始,"公害事件"层出不穷,导致成千上万人生病,甚至有不少人在"公害事件"中丧生。西方国家首先步入工业化进程,最早享受到工业化带来的繁荣,也最早品尝到工业化带来的苦果,并使之向全世界扩散,使环境污染成为全球性公害。

污染问题之所以在工业社会发展得如此迅速,与工业社会的生产方式、生活方式等有着直接的关系。

首先，工业社会里产业的飞速发展是建立在大量消耗能源、尤其是化石燃料基础上的。这不但造成了自然资源的迅速减少，也导致了严重的环境污染。工业革命初期，各个产业所需的能源主要是煤，直到19世纪70年代以后，石油作为能源也进入了生产体系中。直到今天，产业发展所需能源依然以不可再生能源为主，特别是煤和石油。随着工业的发展，能源消耗量急剧增加，并很快就带来一系列人类始料不及的问题。例如，英国19世纪30年代完成了产业革命，建立了包括钢铁、化工、冶金、纺织等在内的工业体系，导致煤的生产量和消耗量猛增，从500万~600万吨上升到3 000万吨，在能源迅速消耗的同时，大量环境污染问题随之而来。19世纪末，英国伦敦就曾发生过3次由于燃煤造成的毒雾事件，据称死亡人数共计达到1 800多人。

其次，工业产品的原料构成主要是自然资源，特别是矿产资源。工业规模的扩大必然伴随着采矿量的直线上升，例如，日本足尾铜矿的采掘量在1877年只有不足39吨，10年后，猛增到2 515吨，翻了60多倍。大规模的开发与生产，也引起了一系列环境问题，比如地下水系的破坏和土地坍塌等。

再次，环境污染还与工业社会的生活方式、尤其是消费方式有直接关系。在工业社会，人们不再仅仅满足于生理上的温饱需要，追求更高层次的享受成为工业社会发展的动力。于是，汽车等高档消费品进入了社会和家庭，由此引起的环境污染问题日益显著。

最后，环境污染的产生与发展还与人类对自然的认识水平和技术能力直接相关。在工业社会，特别是工业社会初期，人们对环境问题缺乏认识，在发展产业过程中常常忽视环境问题的产生和存在，结果导致环境问题越来越严重。当环境污染发展到相当严重并引起人们重视时，也常常由于技术能力不足而无法解决。

20世纪50年代起，世界经济由第二次世界大战后恢复转入发展时期。西方大国竞相发展经济，工业化和城市化进程加快，经济高速持续增长。在这种增长的背后，却隐藏着破坏和污染环境的更大危机。工业化与城市化的推进，不仅带来了资源和原料的大量需求及消耗，也使得工业生产和城市生活的大量废弃物排向土壤、河流和大气之中,进一步加重了世界环境危机。

20世纪60年代,出现了一些污染严重的新的产业,如石油、化工、电力、汽车等,这些产业的出现使环境污染的情况空前加剧,已从局部地区发展成为社会性公害。这一时期,发达国家政府虽然也实行了一些环境保护措施,但只着眼于解决部门性的污染源,而不能从整体上和防治结合上有效地解决环境问题。

20世纪70年代以后,人们开始认识到:环境问题不仅包括污染问题,同时也应该包括生态问题、资源问题等;环境问题并不仅仅是一个技术问题,也是一个重要的社会经济问题。这个观点在1972年出版的《增长的极限》中有明显的体现。

1972年,在美国麻省理工学院的梅多斯(Meadows D.)等4位年轻科学家撰写的《增长的极限》一书中,明确地将环境问题及相关的社会经济问题提高到"全球性问题"的高度来加以认识。作者认为:"人口、粮食生产、工业化、污染和不可再生资源的消耗还在继续增长。每年它们以数学家称为指数增长的模型增长着。现在几乎所有人类活动,从化肥的施用到城市的扩大,都可以用指数增长曲线来表示。"但是,地球是有限的,如果人类社会继续追求物质生产方面的既定目标,它最后会达到地球上的许多极限中的某一个极限,而后果将可能是人类社会的崩溃和毁灭。因此,作者在该书的最后部分提出"全球均衡状态"的设想。"全球均衡状态的最基本的定义是人口基本稳定,倾向于增加或者减少它们的力量也处于认真加以控制的平衡之中"。在今天看来,这本书中所陈述的观点是值得商榷的,事实上,罗马俱乐部在以后的一份报告《极限之外》中,已经修正了原来的观点。但《增长的极限》这部书当时在社会上产生的巨大震荡却是有目共睹的,许多国家的学术界围绕这部书中的一些观点展开了热烈的讨论,这表明,这部书已经成为"一个里程碑,世界的注意力已经在认真考虑这个报告提出的基本论点了"。

在这一时期,很多国家实行了"预防为主"、"综合防治"的措施。实行区域综合规划,包括土地利用规划,全面解决合理布局问题,做到防患于未然。实行预防为主的环境影响评价制度,使损害环境的工程建设在施工前通过评价得到有效制止。把污染物排放的

"浓度控制"改为"总量控制"。从末端处理改为生产全过程的管理,以及采用无害、低害工艺和闭路循环系统。把污染物的排放量减少到最低限度后,再采用净化处理措施。

工业革命为人类社会带来的经济发展是史无前例的,但同时,它导致的环境问题也是最严重的。由于对经济利益的过分追求,许多发达国家对于环境污染并没有给予足够的重视,这直接导致了许多工业革命时期造成的环境污染的恶果我们今天仍在品尝。

(三) 21 世纪以后的产业发展与环境的关系

工业革命后,人类面临着前所未有的环境危机,这使得越来越多的人认识到,工业革命以来那种不顾地球生态环境的高消耗、高投入、高污染的模式是一种"不可持续的生产与消费模式"。

21世纪以来,一个不容回避的问题摆在面前:如何兼顾环境保护和经济发展。在世界范围的环保运动的影响下,国际公约的出台、国家政策法规的限制、环保组织的呼吁、公众环保意识的增强都使企业感到了巨大的外部压力。

面临经济发展与环境危机的困境,技术进步与环境相联系为人类带来了一线希望。人类对于自然环境的影响从根本上讲是取决于人口、经济增长与技术之间的相互关系。随着环保技术的不断进步,企业间的竞争将不仅仅是产品性能、服务品质、促销手段等方面的竞争,而且是环境保护方面的竞争。企业的生产过程不污染环境,产品有利于环保,企业就能在未来的竞争中占有一席之地。

这期间采取的主要环境保护措施为:制定发展与环境的总体战略,全面调整人类同环境的关系。可持续发展、循环经济等理论成为这阶段经济发展的理论依据,使得产业经济与环境的协调发展成为可能。

综观人类发展史,对于产业发展的重视在大多数的时间里都被放在了第一位,而由此引发的环境污染及其带来的严重后果,却往往不能在同一时间引起人们的警觉。产业的发展到底是否应以环境为代价,这个答案是显而易见的。那么,如何能够在发展经济的同时又能兼顾到环境问题？产业环保化为我们指明了方向。

二、环保化是产业发展的必然选择

理解环保化，首先要对环保有一个概念上的界定。从政策层面上讲，环保是一系列有关环境优化、环境治理、环境监管以及鼓励和限制环境行为的政策、规定、措施的总称，如在我国，环保是一项基本国策，在这一概念下，包含了改善环境的丰富的政策含义。从行为学层面上讲，环保是主体基于一定的价值判断、动机和条件，主动采取措施促使环境优化的行为。政策层面上的环保主要是针对政府和管理部门而言，行为层面上的环保针对的则是所有的行为主体，包括政府、企业、机构和个人。这种主体对环保从无到有、从初级到高级、从被动到主动、从抵制到自觉的过程，即是环保化的过程。可以这样说，环保是环保化的基础，没有环保，就根本谈不上环保化；环保化是实现环保目标的必然要求和手段，没有环保化就不可能从根本上解决环境问题。所以环保化实际上是对环保认识深化的理论描述。

对于产业来说，环保化不仅是必要的，也是一种必然的选择，对于中国的产业发展来说尤其如此。

首先，中国产业发展的资源条件和环境容量面临后发劣势。现行工业化国家对全球性自然资源的掠夺性开发，造成了大量不可再生自然资源的短缺和枯竭。据统计，占世界人口26%的发达国家，不仅消耗着世界75%以上的能源和80%以上的资源，而且还利用在资源占有方面的主动地位，对本国资源实行保护性储备政策，对发展中国家的自然资源进行控制和过度开发，从而使我国产业发展面临更大的资源约束，不允许也不可能在发达国家平均的资源和环境占有条件下发展。

其次，中国自身的资源和环境压力日渐加大。无论是维系人们基本生存的耕地、淡水，还是支撑产业持续增长的能源和矿产资源都相对短缺，如人均矿物资源只有世界平均水平的58%，但水资源是世界平均水平的25%，耕地资源也只有世界平均水平的40%，大江大

第三章 产业环保化理论内涵与特征

河污染事件接连出现,生态环境已十分脆弱。所以,中国不可能继续走靠大量消耗资源能源发展的传统工业化道路,而必须重新审视产业发展与环境的关系,闯出一条以产业环保化提升新兴工业化的产业发展新路。

再次,我国产业发展现状要求产业必然向环保化方向发展。我国的经济发展速度近10年中一直保持在较高的水平,但是,作为经济高速发展的代价,我国的环境污染给国民经济造成了巨大的损失。2006年6月5日,国务院新闻办发表了《中国的环境保护(1996~2005)》白皮书,系统介绍了过去10年间中国为保护环境而进行的不懈努力,同时指出,中国环境形势依然十分严峻。国家环保总局副局长祝光耀在白皮书新闻发布会上说:"生态环境的破坏或者环境污染的影响对国民经济造成的损失到底有多大,相关部门做过研究,上世纪90年代中期的分析结果是占到国内生产总值的8%,而世界银行提出的比例是13%。我们在西部调查的基础上又作了一个分析,损失大约为11%。这几个数字强调的角度不同,差别比较大,总的来说,大概就是10%。"由此可见,环境污染对经济的影响已经达到十分严重的地步,所以,必须通过产业环保化提升经济发展的质量和水平。

最后,我国未来仍然偏重的农业产业结构也要求在产业环保化上做出更大的努力。表3-2为几个代表产业的产出增长速度预测。

表3-2　　　　主要产业总产出增长速度预测　　　　单位:%

产业＼年份	2004	2005	"十一五"期间	"十二五"期间	"十三五"期间
种植业	5.2	4.1	4.0	4.0	3.5
畜牧业	5.4	3.8	3.8	4.0	3.7
其他农业	5.6	4.4	4.4	4.6	4.3
食品烟草及饮料制造业	6.3	5.6	5.0	4.7	4.1
纺织业	2.9	6.6	5.7	5.8	5.7
机械电气电子设备制造业	11.6	10.9	9.8	9.0	8.0
黑色金属冶炼及压延加工业	10.3	10.1	9.4	8.7	8.0
有色金属冶炼及压延加工业	8.7	10.2	9.5	8.7	7.9
石油加工及炼焦业	8.0	8.8	8.2	8.2	7.3
商业饮食业	9.8	9.6	9.3	8.2	6.9

续表

年份 产业	2004	2005	"十一五"期间	"十二五"期间	"十三五"期间
公共环境服务业	8.4	7.8	7.8	7.6	7.2
社会总产出	8.9	8.6	8.1	7.6	6.9

资料来源：邹首民、王金南、洪亚雄：《国家"十一五"环境保护规划研究报告》，中国环境出版社2006年版，第49~50页。

从表3-2可以看出，我国未来15年里，产业结构仍然偏重于农业，食品行业等平均增长幅度大约为4个百分点，比国内生产总值增速低3.5个百分点左右；纺织业增速为5个百分点左右，仍低于国内生产总值增速2.5个百分点；机械电子电器设备制造业增幅达到9个百分点，比国内生产总值高1.5个百分点；黑色金属冶炼、有色金属冶炼行业的增幅达到8.7个百分点，同样高于国内生产总值的增速。由此可以看到，重工业在经济中的比重将慢慢上升，由于重工业是对资源和环境发展要求比较高的产业，因此，我国未来15年发展经济的环境和资源压力仍然较大（如表3-3、图3-1、图3-2所示）。

表3-3　　　　　　　全国水资源、能源消耗量预测

年份 种类	2003	2010	2015	2020
水资源（亿立方米）	5 344	5 825	5 992	6 178
能源（万吨标煤）	148 221（2002年）	227 741	266 082	304 083

资料来源：邹首民、王金南、洪亚雄：《国家"十一五"环境保护规划研究报告》，中国环境出版社2006年版，第51~54页。

预测结果表明，全国的用水总量和能源需求总量在预测期内都是持续增加的，这都是由重工业行业的特点决定的。

根据上述分析，必须有效控制资源和能源的消耗，在产业环保化的过程中提高可持续的能力。否则随着资源的大量消耗，企业的生产成本会不断提高，只有能够保持低成本生产的企业才能够在竞争中获胜。如果不能更加有效地利用资源，产业就不能够发展，产业内的企业更谈不上持续的发展。因此，从我国产业的实际需要和发展趋势看，必须要求企业树立和增强自觉环保的意思，主动采取措施，降低

第三章 产业环保化理论内涵与特征

污染排放，提高资源循环使用率，降低能源消耗。这既是保护环境的社会责任，也是企业自身利益所在，更是产业发展自身发展的必然要求。

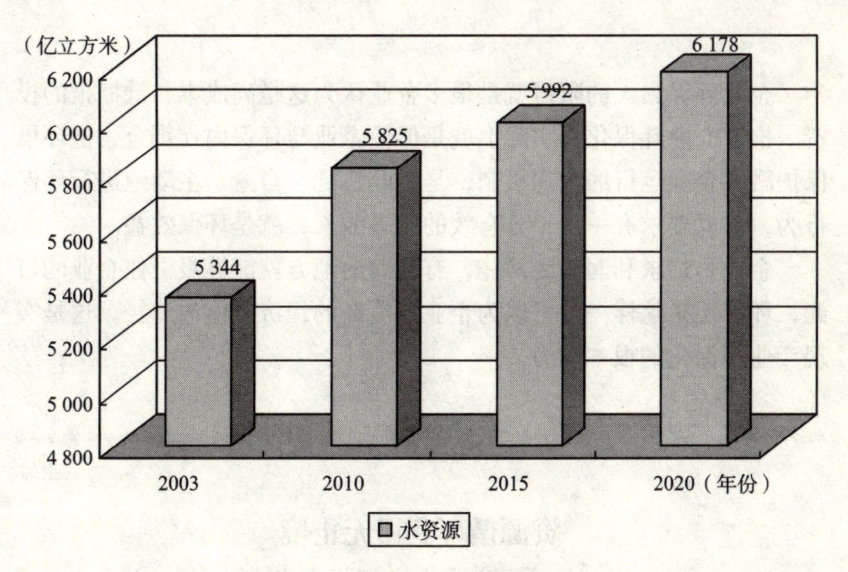

图3-1 全国水资源消耗量预测

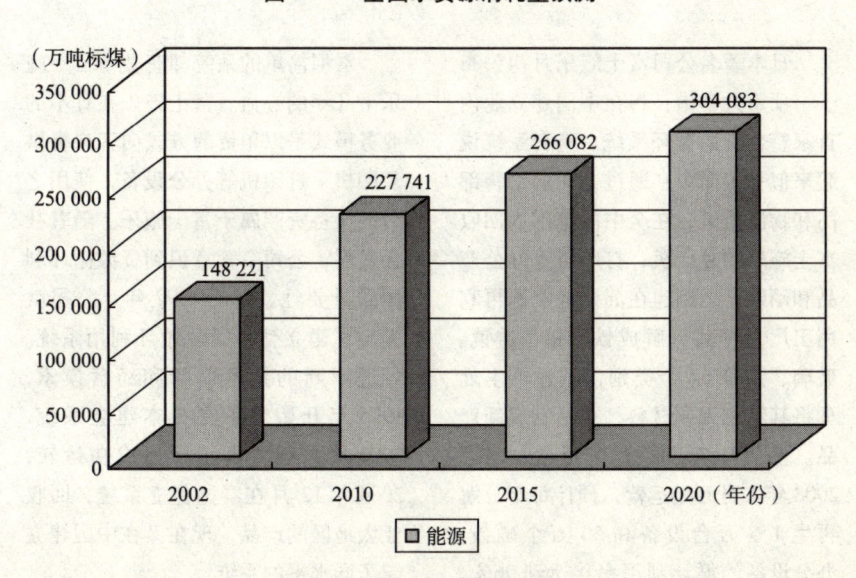

图3-2 全国能源消耗量预测

三、环保效益是产业环保化的内在动力

企业环保最大的阻碍就是很多企业认为这是高成本,低回报的投资。推进产业环保化,实际上就是促使企业与环保内在耦合,把环境保护融入企业运行的内在机制,是企业自觉、自愿、主动地进行环保行为,这就要求有一个十分有效的促进因素,就是环保效益。

企业是追求利润的经济体,有利润的地方就能够吸引住企业的目光,环保正是这样一个可以为企业创造新的经济价值的途径,这是实现产业环保化的根本动力。

专栏 3-1

资源循环利用无止境
——访富士施乐总裁山本忠人

日本著名公司富士施乐月初公布了一项重大举措:将在中国建立业内首家整合资源循环系统。整套系统说起来似乎很简单:通过公司的销售部门和物流渠道,在全中国范围内回收富士施乐的复印机、打印机等办公产品和硒鼓,运到建在苏州的资源再利用工厂,将其分解成铁、铝、透镜、玻璃、铜等 64 个类别,经过再生处理将其转化为原材料,重新制成新产品。整个系统已经万事俱备,工厂 2008 年 1 月开始运营,预计每年分解再生 1.5 万台设备和 50 万个硒鼓,办公设备的循环利用率将达到 96%,硒鼓达到 99.9%。

看似简单的系统却花费了富士施乐十几年的心血。富士施乐在日本的业务模式是以租赁的方式向客户提供复印机、打印机等办公设备,使用之后的设备资产属于富士施乐。随着社会发展,公司高管意识到资源循环利用的重要性。因此 1992 年,公司就提出了建立整合资源循环利用系统。经过不断的技术创新和经营摸索,1995 年开始着手在日本建立系统,2000 年系统才真正开始成功运转,2004 年 12 月在泰国建立系统,回收亚太地区的产品,现在又在中国建立起了同水平的系统。

在富士施乐工作了近 40 年的山

第三章 产业环保化理论内涵与特征

本忠人出自生产和研发部门,深知新生产模式需要的技术含量。山本拿着一瓶矿泉水向记者解释,从事制造或者组装的人,他们所做的工作和将来进行拆解的工作实际上是有关联的。像瓶子上面的这些标识要去掉的话,是非常困难的。这需要我们在生产的过程中就考虑使用一些容易分解的替代材料。这种努力就是创新,这方面的研发工作是今后企业必须下大力气开展的。另外,表面上看来,回收循环利用与企业发展是矛盾的。与循环回收利用相比,无限制地采用原材料,大量的生产产品,不仅操作简单,而且成本不高。日本运行的这套系统运作 8 年之后才开始实现扭亏为盈,中国的系统 9 年之后有望实现回收。循环利用资源是社会提出的要求,企业必须要解决这样的矛盾。山本认为,解决这样一个矛盾,实际上也是创新的过程,这种创新将对企业的可持续发展作出巨大的贡献。

整合资源系统的建立不仅需要先进的技术,也需要政府乃至消费者的配合与努力。山本告诉记者,在日本,电器回收不仅有明确的法律保障,而且回收费用是打在购买电器的价格中的。中国还没有这方面的专门法律,但是中国政府在"十一五"规划中明确提出了建设资源节约型社会和环境友好型社会的目标,在环保事业上迈出了重大的一步。对于目前有些企业有偿回收废旧产品,经过简单处理后返销市场的做法,山本表示:日本也存在这种情况,关键在于使用再生材料的产品质量要和使用新材料的产品完全一样。在准备建立中国系统之前公司在客户中间作了细致的调查。几乎所有中国客户都愿意使用高质量的正品,不愿因为一点小利益或是价格的差异而选择低质量的产品。中国客户已经具有很高的社会公德,能够在无偿的情况下配合回收工作,鼓励资源循环系统的发展。

山本最后充满信心地对记者说,资源循环利用是一场没有终点的战争。富士施乐要尽快启动这一项目,争取在中国成为资源再生的实践者和范本,以此推动无止境的技术创新和观念更新,为中国环境和资源保护事业做出贡献。

资料来源:曹鹏程,《人民日报》,2007 年 8 月 13 日。

环保效益是客观存在的,主要变现为以下几种形式:一是资源回收循环利用带来的环保效益;二是采用性的技术达到节能降耗的环保效益;三是提高产品质量、优质优价、延长产品使用寿命带来的环保效益;四是景观再造、环境修复增值带来的环保效益;五是改善企业形象、增强市场竞争力带来的环保效益;六是基于环境偏好新上产业项目带来的环保效益等。

环保效益的客观存在决定了产业环保化不仅是必要的,更重要地是提供了一种内在的可能性,产生内在的利益动力机制。产业环保化是大势所趋。

四、产业环保化的基本内涵

产业环保化的必要性、必然性是显而易见的。到底什么是产业环保化呢?

清华大学国情研究中心的胡鞍钢教授定义了名为"产业环境化"的概念,指的是国民经济各行业对环境的友好化,"低资本投入、低能源消耗、低环境污染和高经济效益"的"三低一高"模式,是中国未来的产业发展方向。这一定义与"产业环保化"有一定的相似性,不同的是,产业环境化的概念指的是一种发展方式,这里提到的"产业环保化"更强调的是一种动态的过程,是指产业主体基于对环保效益的认识,通过优化产业结构、调整生产方式,在内部动力机制和外部导向机制的双重作用下,使环保内生与产业发展,从而实现产业经济与环境保护的协调发展。

产业环保化不是一朝一夕的问题,这个过程可能需3~5年,也可能需要10~20年才能够实现,这取决于产业内部机制和外部导向机制对于环保的作用强度。一般来说,机制越健全,作用强度越大,产业环保化就更容易、更快地实现。在这一过程中,我们强调两个方面的改进:产业结构的升级及产业内部的调整。

产业环保化表现为产业结构朝着环境友好化方面的优化升级。产业结构是指以产业分类为基础的国民经济中各产业之间的构成及其结合关系。在经济发展过程中,产业结构是动态演进的,优胜劣汰,升级换代是客观规律。正是依靠这种不断更新的机制,才能实现产业的可持续发展。经济的发展落脚于产业结构的科学合理的建立。库兹涅茨和钱纳里说,发展就是经济结构的成功转变。经济的发展关键就是区域产业结构的变化与发展。反过来讲,产业结构转变的目的,是为了实现经济更好地发展,是服务于、隶属于经济发展的。

对于本书所研究的产业环保化来说,符合环保要求和可持续发展的产业结构具有良好的转换能力,能够通过不断的合理化和高级化,推动产业整体竞争优势和生存发展能力的不断提升,推动产业发展与人口、资源和环境之间协调统一关系的不断改善,使可能导致严重环境问题的产业在产业结构中越来越少。一个产业的内部结构是否合理直接影响到其产业的发展和对环境的污染程度。比如环境污染较严重的第二产业,我们可以把它划分为初级产品生产和制造业,制造业及其内部结构的发展,在很大程度上体现了一个国家、一个区域的工业化发展水平,并且它与各地区的增长速度有一定关系。以采掘业为主的初级产品生产业的比重以及制造业的技术水平直接影响到第二产业的环保化状况。在制造业内部,其门类相当庞杂,包括食品、纺织、服装、印刷、石油加工、机械、电子、交通设备等行业。制造业内部主要产业的选择,应尽可能选到高效益产业上,而从各部门的经济效益指标上分析,交通设备、电子电气等部门无论从资源利用率还是劳工生产率,都大大高于纺织、黑色冶金等部门。制造业中还应大力发展专门化程度高的行业,使得产业在环境指标的约束下不断优化,运用高、新技术使得第二产业的能源消耗量越来越低,能源利用率越来越高,废气废水的排放越来越少等。也就是产业内部的环保化过程。

五、产业环保化的五大特征

(一) 产业环保化的可持续性特征

产业环保化具有可持续性是因为产业存在自身的生态经济规律,必须遵守其规律,维护生态环境,才能可持续的、不危害社会的正常生产,走上可持续发展的道路。国民经济各行业只有实行环境成本内生化及全过程控制污染,以"低资本投入、低资源消耗、低环境污染和高经济效益"为运作模式,促进人口、资源、环境、经济社会的协调发展过程，才能实现生态农业、清洁工业、环保化服务业的可持续发展。

（二）产业环保化的阶段性特征

产业环保化是一个长期的过程，世界上的各个国家对环境保护的意识处于不同的阶段。对发达国家而言，虽然其对环境保护已经给予了较高重视，但由于部分发达国家对资源具有掠夺性，导致其产业保护化进程较为缓慢，因此就技术层面而言，其环保化技术还需要进一步提高；对于发展中国家而言，一方面，要发展本国经济，另一方面又要面对某些发达国家的资源掠夺，这就使得发展中以及欠发达国家的环境面临极大的威胁，而为了发展本国经济，往往又忽视对环境的保护。虽然现在越来越多的发展中国家开始注意环保的问题，也相应地采取了一定的措施，某些大型企业已经开始在环境保护的前提下提高自身的效益，将环保内生于企业。但是，要想达到整个国家或者整个区域产业的环保化，需要很长的一段时间，需要对整个国家或区域进行产业结构的优化调整，利用循环经济、清洁生产等理论使产业结构优化，以达到污染最低、效益最高的状态。

（三）产业环保化的动态性特征

产业环保化是一个动态的过程。随着社会的发展，自然环境的变迁，产业环保化的内涵也会不断变化，其实现手段也要不断动态地随之变化，以达到真正实现环境优化以及环境保护可持续性的目的。首先从产业结构角度来看，一个地区的产业是否具有良好的结构转换能力，反映了该地区产业结构的综合素质和产业发展的潜力，对当地经济可持续发展十分重要。产业环保化表现为产业结构合理化和产业结构高度化。促进产业结构的合理化，就是通过产业调整，使各产业实现协调发展，并满足社会经济不断增长的过程。其次从产业内部来看，一个企业只有不断创新技术，提高资源利用率，减少废气废水排放量，才能在环境指标不断优化的前提下，增加自身效益。

(四) 产业环保化的效益性特征

产业环保化可以给国家和企业带来效益，否则产业环保化是难以实现的。由于现在的国家和企业都在不断地追求经济效益，特别是对于发展中国家而言，现阶段抛弃效益去追求环保是不可能的。但是，从上面提到的各个经济和环境理论来看，产业环保化与效益的提高是不矛盾的，相反地，它们是相辅相成的。利用环保的理论（循环经济、工业生态学、清洁生产）来发展经济，可以加快技术发展速度，充分利用资源，降低成本，提高效益；企业效益增加了，也就有了更多的资金进行环保技术创新。

(五) 产业环保化的普遍性特征

产业环保化适用于每一个国家，具有普遍性。无论对于发达国家还是发展中国家而言，产业环保化都是一个不可避免的发展趋势。虽然各个国家的产业结构具有其特殊性，产业环保化的过程也有所不同，但是其目的和结果都是一样的，那就是达到国民经济各行业对环境友好，达到"三低一高"的生产模式，使得人类与环境和谐发展。

第四章

基于可持续发展的产业环保化理论与战略

> 我们今天面临的严峻问题不能用当初问题产生时的思维方式来解决。
> ——爱因斯坦

从产业发展与环境的关系可以发现,产业发展带来的单位 GDP 能源消耗量逐年上升,工业三废也呈波动趋势,总体形势不容乐观。可以说环境已经在多方面影响了产业的发展,尤其是环境污染对于产业发展具有很大的负效应,因此笔者提出基于可持续发展的产业环保化理论,主张全过程控制产业发展的环境污染问题,将可持续发展理论应用与产业发展全过程,促进产业的可持续发展,从而实现"环保化内生于工业化"的新型产业发展模式。

一、新的产业发展模式

从前面的论述中,我们知道产业总是在一定的环境条件下发展,产业发展到一定的历史阶段,必然产生环境问题,环境问题的恶化必然影响到产业发展,因此,产业的健康发展与社会环保问题的解决,必然产生环保化的道路,西方国家在现代化和工业化的过程中曾忽视环保问题而付出沉重代价,我国作为后发展国家,有必要也有可能通

第四章　基于可持续发展的产业环保化理论与战略

过正确的战略选择避免发达国家走过的弯路，探索一条产业发展与环境保护内在协同的新型发展道路。

从以往的研究来看，尽管产业发展离不开环境，环境问题的出现也主要因产业发展而起，但是人们一直把环保作为一个独立的行为外在于产业的发展。长期以来，产业领域中的环保总是被人为地排斥。许多人认为，产业领域是创新价值、实现企业利益最大化的过程，而环境保护是社会的、政府的事情，属于生态伦理道德范畴。因此，产业的发展被描绘成一种外在于环境保护，具有独立性的活动，是一种似乎可以从社会的文化—价值系统脱离出来的过程，是一种只按照技术标准、效率原则、市场供求关系来运转的行为。

这里提出的基于可持续发展的产业环保化发展模式理论是以新型工业化为指导原则，把产业发展与环保观念相结合而形成的具有规模化、效益化的基于环保战略的产业发展理论，是产业实行环境成本内生化及全过程控制污染，以"低资本投入、低资源消耗、低环境污染、高经济效益"为运作模式，促进产业相关的人口、资源、环境、经济、社会可持续发展的理论。同时，以产业环保化为突破，使环保契入产业的发展中，实现产业发展和企业生产经营的环境约束，使产业发展符合生态规律并满足人的生态环境需要的转化。

基于可持续发展的产业环保化发展模式具有以下几方面含义：首先，基于可持续发展的产业环保化是把环保引入产业发展，促使产业与环保协同发展的新型的产业发展模式，因此，基于可持续发展的产业环保化理论反对将产业发展与环境发展割裂开来，单纯追求片面的效益；其次，基于可持续发展的产业环保化是从根本上解决产业发展过程中环境问题的内生机制，通过提出产业环保化的利益机制、技术机制、司法机制等引导产业可持续发展；再次，基于可持续发展的产业环保化是观念确立、机制再造、战略选择、目标实现的过程；最后，基于可持续发展的产业环保化是实现产业科学发展的战略选择。

传统的产业环保观点认为：人类能够通过技术进步找到足够的替代能源，且只要适当调整现代工业社会或后工业社会的发展模式，即把保护环境的思想加进改造自然的思想框架中，不断发展生态技术，用于现有产业发展模式之中，以更好地开发自然，就应该并能够保持经济持续增长。与之对应，新型工业化下的可持续发展的观点认为：技术不能从根本上解决资源和生态问题，生态危机是当代社会发展的机制问题，必须从根本上改变现有的以物质增长为目标的价值观和生产消费模式，此类全球问题才能彻底解决。

可以用一个模型来说明污染对产业发展的副作用力及环保化对产业发展的正作用力的相互作用，二者形成一个作用力场，对于产业环保化及污染的协同作用力场模型如图 4-1 所示。

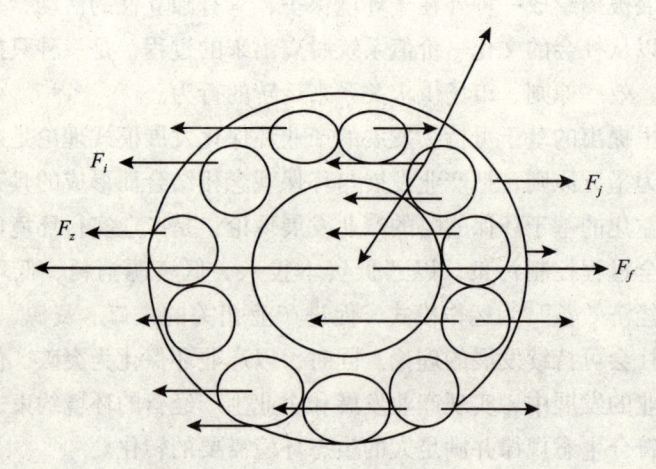

图 4-1 产业环保化力场的滚珠模型

产业的中心和重心位于轴承的轴心，各产业如嵌套在轴承架上，依附在轴承上的各个滚珠，它们一起沿产业轴心一起向前滚动。其运行的推动力为产业环保化实施过程中的各种正向作用力 $\sum F_i$，其合力为 F_z。反向作用力为产业环境问题造成的各种阻力（如：能源消耗、废气、废水、固体废弃物等）$\sum -F_j$，如滚珠间和与主轴间的摩擦力、惯性力、内耗力、离心力，合力为 F_f。如果产业向前运行，必要条件是 $F_z > F_f$。F_z 越大，运行速度越快。也就是说，完善的产业环保化战略能够形成作用力强的正向作用合力，并且大大抵消其自发作用力，从而推动三次产业的加速发展，在这一模型中，环保产业如同这些滚珠间的润滑剂，可以减弱阻力作用。

产业的环保化理论必然需要相应的战略来支持，因此，在下面的

第四章　基于可持续发展的产业环保化理论与战略

论述中提出基于可持续发展的产业环保化战略。

二、基于可持续发展的产业环保化战略

由我国21世纪人口、环境和发展战略可以看出，如图4-2所示，控制环境污染已经成为产业发展的重要因素之一，是产业可持续发展的基础之一。

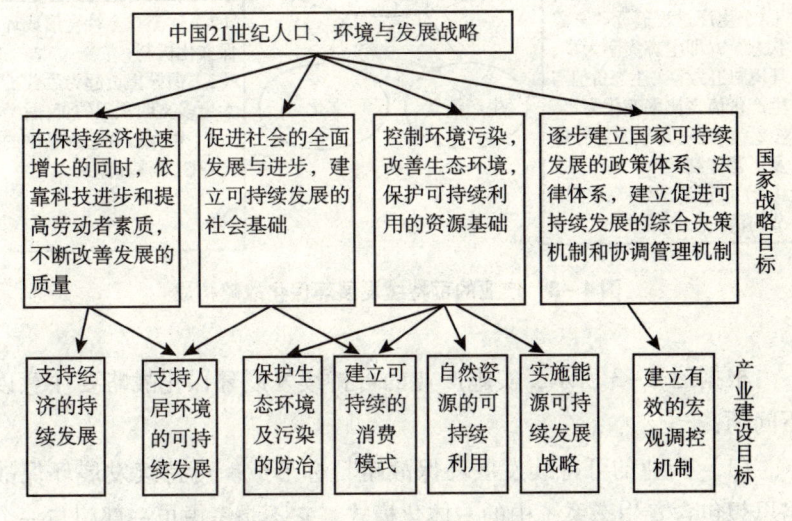

图4-2　中国21世纪人口、环境与发展战略

资料来源：中国国家计划委员会等的《中国21世纪议程——中国21世纪人口、环境与发展白皮书》，中国环境科学出版社1994年版。

以上述人口、环境和发展战略为基础，提出的基于可持续发展的产业环保化战略把作为物质生产为主要内容的产业活动纳入生态系统的循环中，把产业活动对自然资源的消耗和对环境的影响置于环境系统物质能量的总交换过程中，实现产业活动与环境系统的良性循环和可持续发展，实现"环保化推动工业化"的新型工业化道路。基于此提出的产业可持续发展环保化战略结构如图4-3所示。

产业与环境
基于可持续发展的产业环保化研究

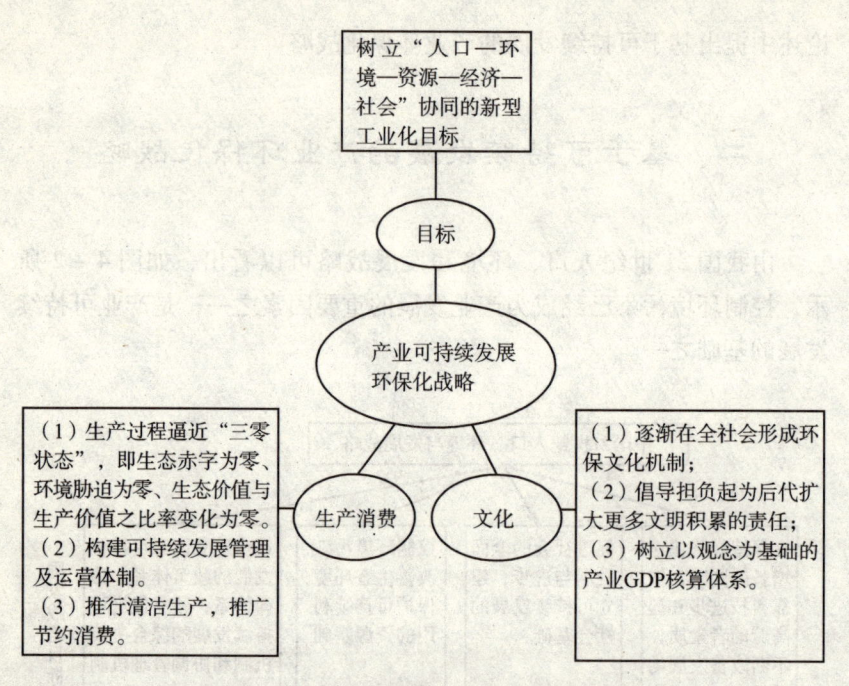

```
                树立"人口—
                环境—资源—经济—
                社会"协同的新型
                工业化目标

                     目标

              产业可持续发展
               环保化战略

(1) 生产过程逼近"三零                    (1) 逐渐在全社会形成环
状态",即生态赤字为零、                    保文化机制;
环境胁迫为零、生态价值与    生产消费  文化   (2) 倡导担负起为后代扩
生产价值之比率变化为零。                  大更多文明积累的责任;
(2) 构建可持续发展管理                    (3) 树立以观念为基础的
及运营体制。                              产业GDP核算体系。
(3) 推行清洁生产,推广
节约消费。
```

图 4-3　产业的可持续发展环保化战略构成

根据图4-3所示,实施产业的可持续发展环保化战略要注意以下问题:

(1) 产业的可持续发展环保战略目标形成。可持续发展环保战略思想包含着生态系统中的一体化模式,它不是考虑单一部门与一个过程的物质循环与资源利用效率,而是一种系统地解决产业活动与社会、资源、环境关系的研究视角,因此,可持续发展环保战略的目标要求产业系统不仅要形成自身的物质循环反馈机制,更要尽可能地纳入生态系统的物质循环系统,实现产业发展的人口、环境、经济、社会协同发展,同时在这一过程中也尽可能地将环保产业与其他各产业的发展协同起来。

(2) 产业的可持续发展生产、消费实现。产业的可持续发展生产、消费实现要求企业在生产中大力推广资源节约型生产技术,建立资源节约型的产业结构体系,减少对环境资源的破坏,倡导绿色环保生产和消费。实际上,不但对于传统产业生产的产品如纺织品、机械

第四章　基于可持续发展的产业环保化理论与战略

产品需要环保生产及消费，高新技术产业产品也面临同样的问题，尤其是硬件设备的生产不但要消耗大量的金属、塑料制品、有机溶剂等原料，由其产品特性决定了其更新换代速度快，因此消费者对电子产品消费频率也异常高，这更加造成了资源的浪费和过度消耗，并且电子产品的废旧产品的处理、回收利用过程的成本和技术需求与一般产业产品相比也较高。因此，产业的可持续发展生产、消费的实现也是其可持续发展环保战略的关键问题。

（3）产业的可持续发展文化推广。产业的可持续发展战略实施也需要在全社会范围内推广可持续发展文化，即：引导生产者、消费者共同关注产业的环境状况、资源状况、产业的环境问题引起的人口、社会问题，引导公众用可持续发展的观念生产、使用产品，倡导社会担负起为后代扩大更多文明积累的责任，另外产业的可持续发展文化还要求推行绿色 GDP 的核算观念，以此逐渐形成社会各界衡量产业发展的标准。

产业存在自身的生态经济规律，必须遵守规律，维护生态环境，才能可持续地、不危害社会地正常生产，走上环保化的新兴工业化的道路。基于可持续发展的产业环保化要求在产业发展中注意以下几方面的问题：

（1）工业布局要与区域经济、社会、生态协调发展。工业布局涉及自然资源、交通、动力、社会经济等多方面，众多因素要优化组合、有机衔接，避免急功近利，要有长远规划与发展计划，使工业布局能够启动不同区域的经济发展，使整个社会经济全局均衡发展。工业企业在可能情况下可考虑相对集中布局，形成工业内部互补优势，并使城市公用基础设施与社会福利设施得以充分发挥效益；工业企业的具体选址也应充分考虑生态因素。

（2）在保护资源的基础上合理地可持续地开发利用资源。目前对可再生资源（太阳、风、水、潮汐、地热、生物）的开发利用程度十分有限，环保化工业追求的目标与方向应是充分利用和开发清洁无污染的可再生资源；而对于不可再生资源（煤炭、石油、各类矿产）开发利用程度不仅力度大，甚至是掠夺性的。环保化工业要有计划、有组织合理布局地节约开发利用，努力提高回采率，不要破坏矿产资源；要充分地综合开发利用，采用以工业为主，通过工业链带动和发展多种产业的全面合理的资源开发模式；要对资源产品进行加工、升值，尽量减少初级产品率，提高资源的加工利用程度，使资源得到充分利用。

（3）对生产工艺进行环保化改进。通过建立工业生产链，将上道产品的"废料"，作为下道生产的"再生"资源或新产品加工的原料，使资源充分利用且减少生产过程中的废物。

（4）对生产方式进行环保化改进。在制造业中，一种新的环保化生产方式——再制生产正在悄然兴起。再制生产即是企业把回收的旧部件，通过严格的检验、翻新，再用于制造新产品的生产方式。

（5）发展"生态工业学"，所谓工业生态学，是指人们通过谨慎的和合理的方法来获得想要的自然生态系统的承载能力，以实现经济、文化和技术的持续进步。工业生态学要求根据可持续发展的原则来设计工业系统，以及工业系统和环境之间的物质流和能源流。过去的模型假定经济在开放体系中运行，即在工业生产中物质一次性投放，产品只占其原料的20%左右，绝大部分作为废弃物排放到环境中，其结果是既浪费了资源，又污染了环境。工业生态学试图改变经济在开放体系中运行的思路，应用基本的物理学的、化学的原理，通过废物、零件、成分及原材料循环、回收和再利用，从开放的物质流体系向封闭性物质体系转变，从而实现物质的永续利用，减缓自然系统中"熵"的加快增长进程。

产业环保化战略的实施，是一个系统工程，既要各行各业的经营者高度重视，积极参与；又要政府有关部门大力扶持和推进。从管理角度看，政府应在以下几个方面推进环保产业的发展：加强环境保护的法制建设，在环境保护立法上体现"污染者付费"的原则，并严格贯彻该原则；依法保护环保企业主的经济权利，环境治理者能够真正得到相应的报酬；以法律形式规定环境保护收益的公平分配和转移制度；在有关环境保护的法规和条例中增加有关保护和鼓励产业环保化发展的条款。

只有随着高新技术、生态资源及环保化战略的结合，走高效环保经济发展之路，才能从根本上加快对产业的良性提升，从量与质两个方面对传统经济进行优化升级，实现新型工业化发展道路。

当今，人对经济的客观了解和主体认识，以及行为方式，起着决定性的作用。环保化与产业发展怎样结合，结合的状态如何，水平怎样，在于人们对于自然和经济社会的认识。所以，要想发展产业环保化，必先强化人们观念的更新，提高对基于可持续发展的产业环保化的认识。

基于可持续发展的产业环保化能有效促进价值的实现。进一步分析，产业环保化价值又是由社会价值、经济价值和环境价值组成，其中，经济价值是中心，包括环保商品及服务的价值实现，环保化作用下的产业的产品质量提高而对产业发展产生正向的作用力，产业耗能的降低而导致的产品成本的降低由此产生间接价值；社会价值链是目的，包括产业环保化下的人口素质的提高，产业环保化提供的新的就业岗位和对就业率的影响；环境价值是基础和条件，包括环境的使用价值（由直接使用价值与间接使用价值构成）和非使用价值（由选择价值、遗传价值与存在价值构成）。

三、基于可持续发展的产业环保化系统优化理论

（一）基于可持续发展的产业环保化系统

基于可持续发展理论的产业环保化系统是在传统产业经济系统模型的基础上引入生态环境，把环境看做整个产业环保化系统的一部分。[1] 在此系统中，环境被视为可以提供各种服务的一种财产，其特殊性在于为人类提供从事经济活动的物质基础，同其他财产一样，人们需要预防这种财产的过渡折旧，以便为人类提供持续的服务。因此产业环保化系统是一个具有自组织功能的综合大系统，各子系统之间相互依赖、相互制约，具有不可分割性。[2] 考虑到基于可持续发展的

---

[1] 姚志勇：《环境经济学》，中国发展出版社2002年版。
[2] 钟水映、简新华：《人口、资源与环境经济学》，科学出版社2005年版。

产业环保化系统的自组织性，这里采用协同学理论对其进行解释。

人类生存的地球及区域环境是由经济发展与生态环境等多因素组成的复合系统，产业经济发展、生态环境都是这个大系统中的子系统，这两个子系统相互联系又相互独立、相互支持又相互制约，每个子系统都有一种自组织能力。当组成经济发展与生态环境大系统中的任何一个子系统发生改变，都会引起其他子系统发生变化，对整个大系统的状态产生影响。在经济发展的过程中，要合理使用和配置资源，在产业发展水平提高的同时，产业发展对生态环境的影响控制在生态环境的承载力之内，使产业发展与生态环境能和谐一致，保持良性循环的状态。

环境系统为人类生产（经济活动）提供原材料、能源，然后经过产业系统中的生产和消费最终又以废弃物的形式返回自然环境。因此，可以看出，产业—环境大系统是一个封闭的系统，没有来自外部的投入，也没有对外部的产出。同时两个子系统的关系受物理学中热力学第一定律和第二定量的约束。热力学第一定律表明，在一个封闭的系统中，能量和物质是不能产生和灭亡的。根据这一定律，从环境中进入经济系统中的原材料和能量，一部分积累起来，一部分则转化为废物返回环境中。因此，由经济增长引起的原材料的需求超过供应时，必然会导致资源耗竭，而经济增长必然造成废弃物排放量的增加，当废物排放超过环境自身容纳能力时，必然引起环境退化。热力学第二定律指出，能量的转化是有方向的，即沿着从有序到无序、从有效能量转化为无效能量的方向转化。对于一个孤立的封闭系统总是沿着一条不可逆转的、混乱、衰败的道路前进，因此，如果没有新的能量从外部投入，一个封闭的系统最终会耗尽其能量，走向灭亡。产业—环境系统也是如此，就能源来讲，地球可以从太阳获得能量，但从长远来讲，地球的发展受到太阳能的限制。[1]

产业系统发展的不协调会造成生态环境系统的失调，使经济发展的基础受到威胁，同时又因生态环境系统的失调造成经济损失，进而使产业发展系统失调。我国每年因环境污染造成的经济损失，在一定

---

[1] 刘小琴：《辽宁环境质量与经济增长关系的实证研究》，大连理工大学硕士学位论文，2006年6月。

程度上已使产业的科学发展理论受到影响。由此看来,协调产业与生态环境之间的关系,保持适度的经济增长速度,使经济发展与生态环境处于良性循环,是一个至关重要的问题。

只考虑产业经济发展系统的变化,或只考虑生态环境系统的变化,而忽视由其引起的相关系统的变化,必然导致产业发展与生态环境的失调。只有在经济发展过程中正确处理产业发展与生态环境的关系,弱化、消除产业发展与生态环境间的消极关系,充分利用和发展其积极关系,使微观层次上的两个子系统都处于协调状态,以及宏观层次上经济发展与生态环境组成的大系统都处于协调状态时,整个系统才能处于协调状态,二者之间才能实现良性循环。[①]

(二) 基于可持续发展的产业环保化系统优化理论的提出

从基于可持续发展的产业环保化系统的结构看,它由几个子系统构成,环境系统和经济系统是其中的两个子系统,但这二者不可能直接发生联系和耦合,而必须通过技术这个子系统作为中介环节。这三个子系统分别由若干部分、成分、因素构成,并因其各自的结构功能的不同,在复合的大系统中处于不同的地位、具有不同的作用。其中,环境系统是基础结构,经济系统是主体结构,技术系统是将二者连接和融合为一体的中介环节。环境系统、经济系统、技术系统三者既相互独立又密不可分,它们通过生产过程融合为一个统一的有机整体——基于可持续发展理论的产业环保化系统[②]。

基于可持续发展理论的产业环保化系统通过物质、能量、信息、价值的流动与转化关系把环境系统与经济系统的各成分、各因素紧紧连接成一个有机整体。社会生产和再生产在产业环保化系统中进行,是物流、能量流、信息流和价值流的不断交换和融合的过程,而且产业环保化系统的运行与发展,要通过这些"流"的运动过程体现出

[①] 蔡平:《经济发展与生态环境的协调发展研究》,新疆大学博士研究生学位论文,2004年6月。

[②] 姚建:《环境经济学》,西南财经大学出版社2000年版,第140页。

来。基于科学发展理论的产业环保化机制要通过这些"流"的不间断运动,逐步最小化污染和损失,实现系统最优化。

(三) 产业环保化系统优化的经济学分析

随着新兴工业化思路的不断发展和应用,原有的旧的经济系统会不断被优化,而新的基于环保化战略的经济系统必然会不断产生,这是产业经济自身发展的规律。产业环保化系统优化并非是杂乱无章的,而是有规律的,不断由低度化向高度化发展的。这一运行轨迹揭示了产业环保化经济是一种不断演进或延伸性的经济,在演进或延伸的过程中,传统的平面性产业必然向立体化的空间性产业转化。空间性产业的出现是产业环保化经济系统优化的产物,空间产业的出现不仅使人类可以摆脱地域的限制,而且有利于经济社会向持续发展逼近。

上面提到环境污染是一种外部不经济性,因为其价值形式不能自动反映在市场运行过程中,从而导致"市场失灵"。物质平衡理论作为环境经济学的基础理论,通过对整个环保化系统物质平衡关系的分析,指出这种"外部不经济性"是普遍存在的,从而揭示了环境污染的经济学本质。同时通过一些模型,推导出有实际意义的结论,这些结论有助于环保化机制的实现。环保化系统优化模型以瓦尔拉—卡塞尔模型为基础,设定资源、资源价格、产量、需求、产品价格为主要变量,主要模型分析如下:

瓦尔拉—卡塞尔模型包括下列变量:

$$\begin{cases} R = (r_1, r_2, \cdots, r_i, \cdots, r_m) \\ V = (v_1, v_2, \cdots, v_i, \cdots, v_m) \\ S = (s_1, s_2, \cdots, s_i, \cdots, s_m) \\ N = (n_1, n_2, \cdots, n_i, \cdots, n_m) \\ P = (p_1, p_2, \cdots, p_i, \cdots, p_m) \end{cases} \quad (4.1)$$

式中:R 表示资源和服务量;V 表示资源价格;S 表示产品生产量;N 表示最终需求;P 表示产品价格。

假设产业环保化系统中有 n 个产业部门,并在其中分配 m 种资源：则有：

$$r_j = \sum_{k=1}^{n} a_{jk} s_{jk} \quad j = 1, 2, 3, \cdots, m \tag{4.2}$$

矩阵形式表示如下：

$$\begin{vmatrix} r_1 \\ \vdots \\ r_m \end{vmatrix} = \begin{pmatrix} a_{11} & \cdots & a_{1n} \\ \vdots & \cdots & \vdots \\ a_{m1} & \cdots & a_{mn} \end{pmatrix} g \begin{pmatrix} S_1 \\ \vdots \\ S_m \end{pmatrix} \tag{4.3}$$

即：

$$R = AS \tag{4.4}$$

式中：A 表示系统中资源消耗矩阵；a_{ij} 表示系统中第 j 个产业部门单位产品消耗资源 i 的量。

根据投入产出模型，中间产品、最终需求和商品生产的关系有：

$$CS + N = S \tag{4.5}$$

即：

$$S = BN \tag{4.6}$$

$$S_j = \sum_{k=1}^{n} b_{jk} n_{jk} \quad j = 1, 2, 3, \cdots, m \tag{4.7}$$

式中：C 为里昂惕夫系数矩阵；CS 为中间投入（或中间产品）；$B = (I - C)^{-1}$。

联立以上方程，得到系统资源投入与最终需求直接相关的方程组，即：

$$S_j = \sum_{k=1}^{n} a_{jk} \sum_{k=1}^{n} b_{kl} n_1 = \sum_{k=1}^{n} a_{jk} b_{kl} n_1 \tag{4.8}$$

矩阵形式表示为：

$$R = ABN \tag{4.9}$$

令：$X = AB$，

$$X = \begin{pmatrix} a_{11} & \cdots & a_{1n} \\ \vdots & \cdots & \vdots \\ a_{m1} & \cdots & a_{mn} \end{pmatrix} \begin{pmatrix} b_{11} & \cdots & b_{1n} \\ \vdots & \cdots & \vdots \\ b_{m1} & \cdots & b_{mn} \end{pmatrix} \tag{4.10}$$

则：

$$R = XN \tag{4.11}$$

把 n 种中间商品的价格同 m 种资源的价格联系起来，即：

$$p_k = \sum_{j=1}^{m} x_i v_j \quad k = 1, 2, \cdots, n \tag{4.12}$$

$$P = [v_1, v_2, \cdots, v_m] \begin{pmatrix} x_{11} & \cdots & x_{1n} \\ \vdots & \cdots & \vdots \\ x_{m1} & \cdots & x_{mn} \end{pmatrix} = VX \tag{4.13}$$

为使产业环保化系统保持投入产出平衡状态，除物质生产部门外还必须引入消耗部门，考虑到环保产业的特殊性，在本系统中还应引入相关的环境产业部门，设消耗部门的物质产出为 s_c，环境产业部门的物质产出为 s_e。

对瓦尔拉—卡塞尔模型做进一步修正，把 R 分为资源 R' 和服务 R'' 两部分，即：

$$R = (R', R'') \tag{4.14}$$

则：

$$V = (V', V''), \quad X = (X', X'') \tag{4.15}$$

得到：

$$R = (X', X'')^T N$$

$$P = (V', V'') \begin{pmatrix} X' \\ X'' \end{pmatrix} = V'X' + V''X'' \tag{4.16}$$

式中 $V'X'$ 为转移到原材料成本的价格，$V''X''$ 为转移到服务费用的价格。

根据里昂惕夫投入产出系数的定义有：

$c_{kj} s_j$ 为从部门 k 转换到部门 j 的（物质）量。

$c_{jk} s_k$ 为从部门 j 转换到部门 k 的（物质）量。

从环境流动到所有其他部门的物质表示为：

$$\sum_{k=1}^{n} c_{ik} s_k = \sum_{j=1}^{1} r_j = \sum_{j=1}^{1} \sum_{k=1}^{n} a'_{jk} s_k = \sum_{j=1}^{1} \sum_{k=1}^{n} x'_{jk} n_k \tag{4.17}$$

即：$\sum_{k=1}^{n} c_{ek} s_k = \sum_{j=1}^{1} \sum_{k=1}^{n} a'_{jk} s_k$，也就是说从环境流入其他产业部门的物质量与所有投入生产的资源量是相等的。

流入和流出最终部门的物质也必须是平衡的，即各产业流入到最终消耗部门的物质量为全部再循环物质与废弃污染物之和：

第四章 基于可持续发展的产业环保化理论与战略

$$\sum_{k=1}^{n} c_{kc}s_c = \sum_{k=1}^{n} c_{kc}s_k + c_{ce}s_e \tag{4.18}$$

式中，c_{kc} 表示 k 产业部门流入最终消费部门的物质系数，$\sum_{k=1}^{n} c_{kc} = 1$，所以：

$$\sum_{k=1}^{n} c_{kc}s_c = 1$$

根据定义，s_c 为最终需求的总和，即：

$$s_c = \sum_{i=1}^{n} n_i \tag{4.19}$$

$$\sum_{k=1}^{n} c_{kc}s_c = \sum_{i=1}^{n} n_i \tag{4.20}$$

把（4.19）式及（4.7）式代入（4.18）式，得到以最终需求方式表达的最终产品部门的物质流动：

$$c_{ce}s_e = \sum_{k=1}^{n} c_{kc}s_c - \sum_{k=1}^{n} c_{kc}s_k = \sum_{k=1}^{n} c_{kc} \sum_{i=1}^{n} n_i - \sum_{k=1}^{n} c_{kc} \sum_{j=1}^{n} b_{kj}n_j$$

$$= \sum_{k=1}^{n} \sum_{j=1}^{n} (c_{kc} - c_{ck}b_{kj})n_j \tag{4.21}$$

流入和流出中间产品部门的物质也是平衡的：

$$\sum_{j=1}^{1} \sum_{k=1}^{n} x_{jk}n_k - \sum_{j=1}^{n} n_j + \gamma \sum_{j=1}^{n} \sum_{k=1}^{n} c_{cj}b_{jk}n_k = \sum_{j=1}^{n} c_{ke}x_e \tag{4.22}$$

这里的系数 γ 与来自最终消费部门循环物质的比例有关。在数值上，$0 \leq \gamma \leq 1$。

流入环境的全部污染物等于中间产品和最终消费部门流出的污染物：

$$c_{te}s_e = \sum_{k=1}^{n} c_{ke}s_e + c_{ce}s_e \tag{4.23}$$

把（4.21）式、（4.22）式代入（4.23）式，可以得到与最终需求相关的总体污染物流的表达式：

$$c_{te}s_e = \sum_{j=1}^{1} \sum_{k=1}^{n} x_{jk}n_k - (1-\gamma) \sum_{j=1}^{n} \sum_{k=1}^{n} c_{cj}b_{jk}n_k \tag{4.24}$$

因此，来自所有部门的总体污染物流与直接需求有关。

通过（4.24）式、（4.17）式所反映的基本物质和污染物流之间的物质平衡关系是：

$$\sum_{k=1}^{n} c_{ke}s_e + c_{ce}s_e = \sum_{j=1}^{1}\sum_{k=1}^{n} x_{jk}n_k - (1-\gamma)\sum_{j=1}^{n}\sum_{k=1}^{n} c_{cj}b_{jk}n_k \quad (4.25)$$

这就是说，来自环境物质流减去连续再循环的产品，等于来自中间产品部门的污染物流加上最终消费产出的污染物流。

实际上，再循环产品的（$1-\gamma$）部分能够作为增加的原材料重新进入系统，最终产品也会增加。利用产业环保化机制，采用先进的环保技术和手段，不但可以增加一次再循环的绝对数量，还可以增加一个生产周期内允许的再循环次数，而再循环可以减少污染物造成的环境破坏，降低原材料开采的环境影响，从而达到对产业发展尤其是环境发展的良性作用。

四、我国产业发展与环境保护关系计量分析

（一）产业发展与环境保护关系计量基础

本部分选取1990~2005年产业的环境经济数据，通过对产业人均GDP与三废排放量的计量分析研究经济增长与环境污染水平之间的关系，探索产业环境与经济发展是否存在环境库兹涅茨曲线关系，分析产业经济增长与环境污染水平的演变规律。为此，笔者建立了三次曲线模型，通过模型计量分析。模型表示如下：

$$Y = a_1 x + a_2 x^2 + a_3 x^3 + \varepsilon$$

式中，Y表示污染物的排放量；x表示人均GDP；a_1、a_2、a_3表示模型参数；ε表示常数项。

环境指标选取能较好地表现环境质量的流量和存量指标：废水与人均废水排放量，废气与人均废气排放量，固体废弃物与人均固体废物发生量，能源消耗和人均能源消耗量；经济指标选取1990年以来

第四章 基于可持续发展的产业环保化理论与战略

的各产业人均GDP。环境与经济指标时间序列数据选择1990~2005年，资料来源为《中国统计年鉴》和《中国环境年鉴》。如表4-1、表4-2、图4-4、图4-5所示。

表4-1　　1990~2005年我国产业环境及经济数据（1）

指标 年份	国内生产总值（亿元）	废水排放总量（亿吨）	废气排放量（亿标立方米）	固体废弃物产生量（万吨）	能源消费总量（万吨标准煤）	人口（万人）
1990	18 667.82	353.80	85 380.00	57 797.00	98 703.00	114 333
1991	21 781.50	235.87	84 653.00	58 759.00	103 783.00	115 823
1994	48 197.86	365.25	113 630.00	61 704.00	122 737.00	119 850
1995	60 793.73	221.89	107 478.00	64 474.00	131 176.00	121 121
1996	71 176.59	205.89	111 196.00	65 897.00	138 948.00	122 389
1997	78 973.03	188.33	113 378.00	65 749.00	137 798.00	123 626
1998	84 402.28	171.24	110 807.00	63 648.00	132 214.00	124 761
1999	89 677.05	160.77	114 721.00	64 905.00	133 830.97	125 786
2000	99 214.55	153.06	123 151.00	66 599.00	138 552.58	126 743
2001	109 655.17	203.00	160 863.00	88 840.00	143 199.21	127 627
2002	120 332.69	207.00	175 257.00	94 509.00	151 797.25	128 453
2003	135 822.76	212.00	198 906.00	100 428.00	174 990.30	129 227
2004	159 878.34	221.14	237 696.00	120 030.00	203 226.68	129 988
2005	183 084.80	243.00	268 988.00	134 449.00	223 319.00	130 756

表4-2　　1990~2005年我国产业环境及经济数据（2）

指标 年份	人均总产值（元）	人均废水排放量（吨）	人均废气排放量（标立方米）	人均固体废弃物产生量（吨）	人均能源消费总量（吨标准煤）
1990	1 644.47	30.94	7 467.66	0.5055	0.8633
1991	1 892.76	20.36	7 308.82	0.5073	0.8960
1994	4 044.00	30.48	9 481.02	0.5148	1.0241
1995	5 045.73	18.32	8 873.61	0.5323	1.0830
1996	5 845.89	16.82	9 085.46	0.5384	1.1353
1997	6 420.18	15.23	9 171.05	0.5318	1.1146
1998	6 796.03	13.73	8 881.54	0.5102	1.0597
1999	7 158.50	12.78	9 120.33	0.5160	1.0640
2000	7 857.68	12.08	9 716.59	0.5255	1.0932
2001	8 621.71	15.91	12 604.15	0.6961	1.1220
2002	9 398.05	16.11	13 643.67	0.7357	1.1817
2003	10 541.97	16.41	15 391.98	0.7771	1.3541
2004	12 335.58	17.01	18 286.00	0.9234	1.5634
2005	14 040.00	18.58	20 571.75	1.0282	1.7079

产业与环境

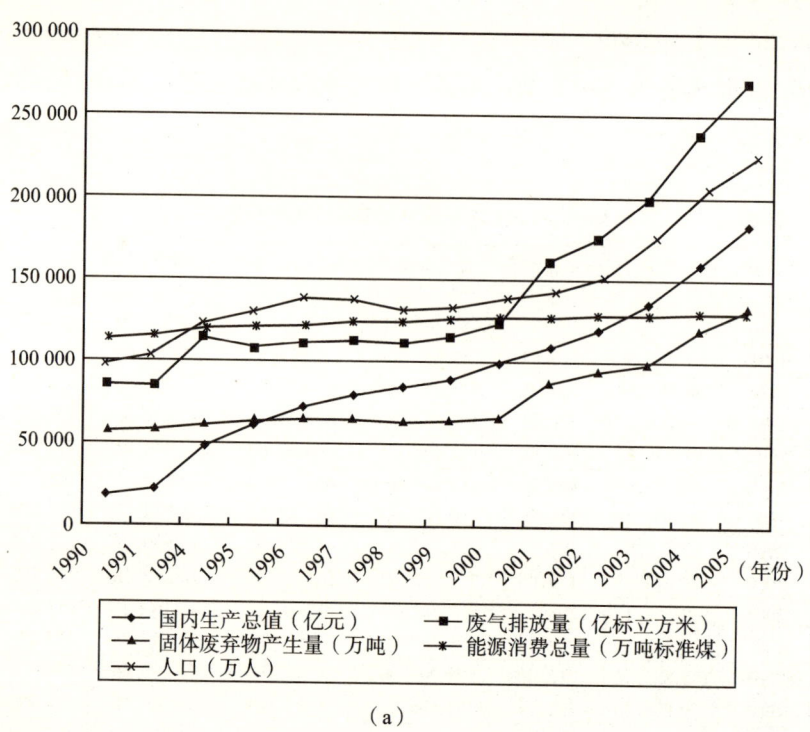

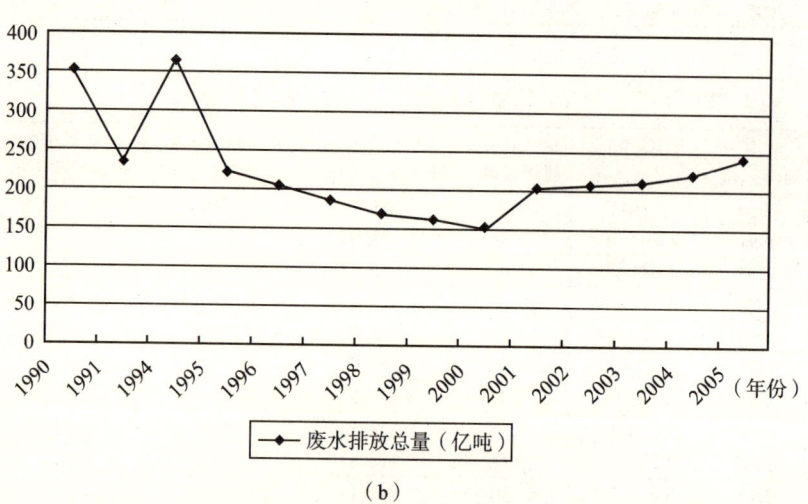

基于可持续发展的产业环保化研究

(a)

(b)

图 4-4　1990~2005 年我国产业环境及经济数据变化趋势（1）

第四章　基于可持续发展的产业环保化理论与战略

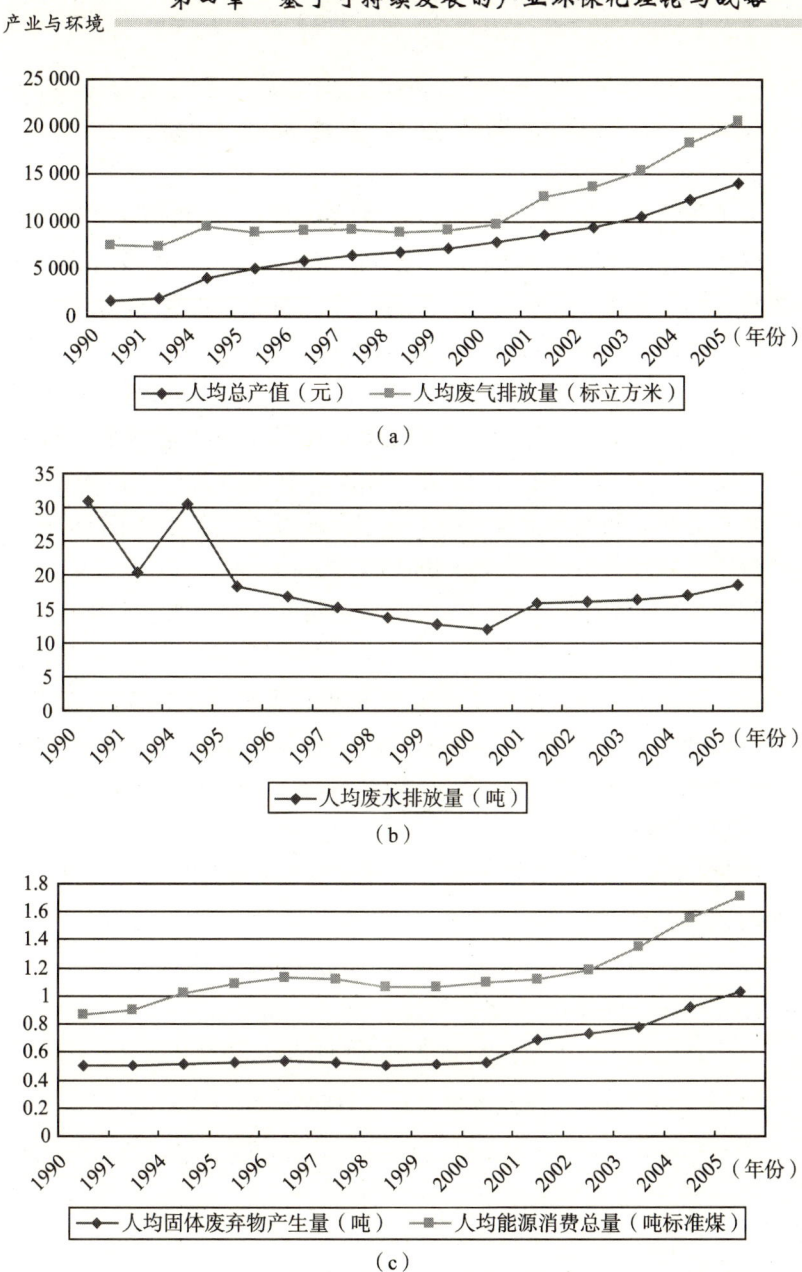

(a)

(b)

(c)

图4-5　1990~2005年我国产业环境及经济数据变化趋势（2）

（二）我国环境库兹涅茨曲线拟合检验

为了描述不同变量之间的关系，笔者采用 SPSS 软件对曲线进行拟合的办法，统计软件 SPSS for Windows 是基于 Windows 操作系统下的统计软件。SPSS 是 Statistical Package for the Social Sciences 英文名称的首字母缩写，即"社会科学统计软件包"。

SPSS 是一个统计功能极强，内容极其庞大的统计软件。从 1968 年三位美国斯坦福大学的学生开发了最早的 SPSS 统计软件系统至今，SPSS 在通信、医疗、银行、证券、保险、制造、商业、市场研究、科研教育等很多领域和行业得到了应用，是当今世界上最流行的三大统计分析软件包（SPSS、SAS、BMDP）之一。

利用 SPSS 提供的 Curve Estimation 功能可以进行曲线拟合，主要步骤为：激活 Statistics 菜单选 Regression 中的 Curve Estimation 项，弹出 Curve Estimation 对话框。从对话框左侧的变量列表中选 y，点击 ▶ 按钮使之进入 Dependent 框，选 x，点击 ▶ 按钮使之进入 Indepentdent (s) 框；在 Model 框内选择所需的曲线模型，调用此过程可完成下列有关曲线拟合的功能：

(1) Linear：拟合直线方程（实际上与 Linear 过程的二元直线回归相同，即 $Y = b_0 + b_1 X$）；

(2) Quadratic：拟合二次方程（$Y = b_0 + b_1 X + b_2 X^2$）；

(3) Compound：拟合复合曲线模型（$Y = b_0 \times b_1^X$）；

(4) Growth：拟合等比级数曲线模型（$Y = e^{(b_0 + b_1 x)}$）；

(5) Logarithmic：拟合对数方程（$Y = b_0 + b_1 \ln X$）；

(6) Cubic：拟合三次方程（$Y = b_0 + b_1 X + b_2 X^2 + b_3 X^3$）；

(7) S：拟合 S 形曲线（$Y = e^{(b_0 + b_1/x)}$）；

(8) Exponential：拟合指数方程（$Y = b_0 e^{b_1 x}$）；

(9) Inverse：数据按 $Y = b_0 + b_1/X$ 进行变换；

(10) Power：拟合乘幂曲线模型（$Y = b_0 x^{b_1}$）；

(11) Logistic：拟合 Logistic 曲线模型 $[Y = 1/(1/u + b_0 \times b_1^X)]$。

本书采用 Cubic 方法，拟合曲线结果如图 4-6、图 4-7、图

第四章 基于可持续发展的产业环保化理论与战略

4-8、图4-9所示。

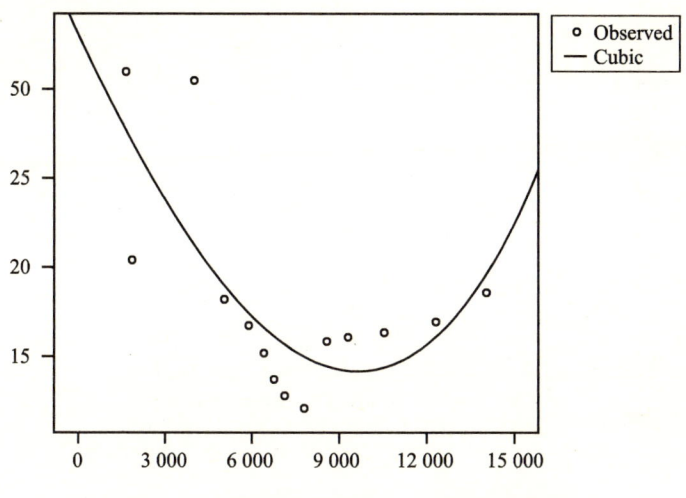

图4-6 人均废水排放量——经济曲线拟合

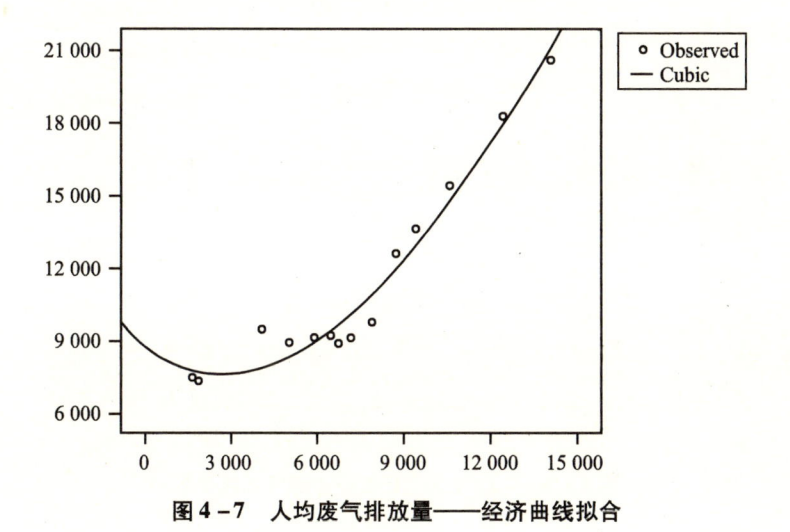

图4-7 人均废气排放量——经济曲线拟合

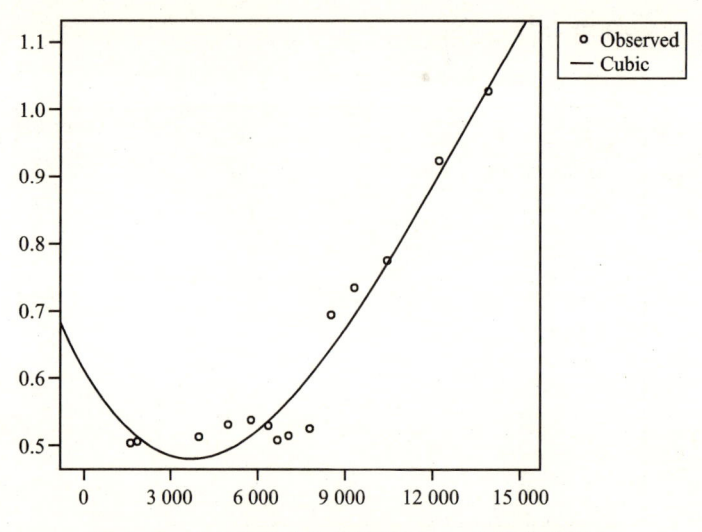

图 4-8 人均固体废弃物排放量——经济曲线拟合

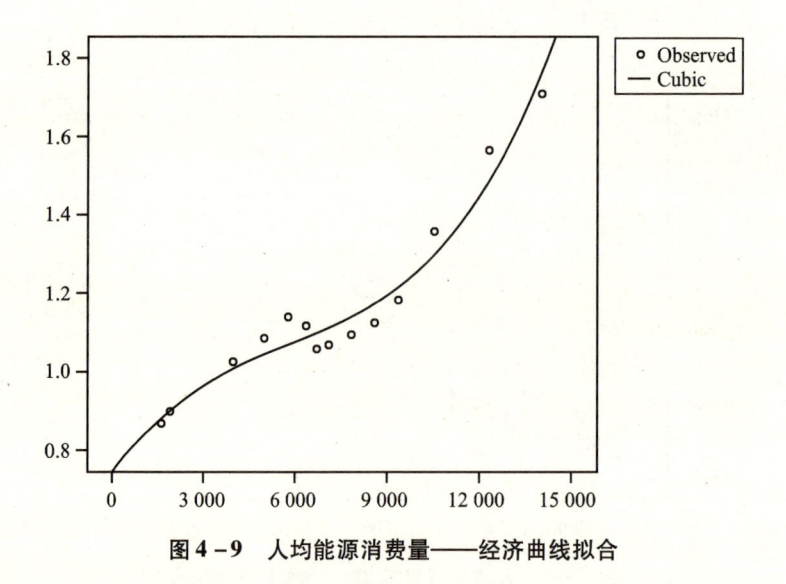

图 4-9 人均能源消费量——经济曲线拟合

由我国产业人均 GDP 污染排放量模型可见，四条曲线的形状各不相同，且与传统的 EKC 曲线不太吻合。其中，废水、废气及固体废弃物曲线为"U"形，近似于环境库兹涅茨曲线近似于倒"U"形 EKC 的左半部分，尚未到达转折点。

废水排放量——经济曲线的第一个转折点约出现在人均 GDP 10 000元，对应的时间在 2002~2003 年，这一时期出现了正"U"形环境库兹涅茨曲线的低谷。此后，废水排放形势进一步恶化。废气排放量——经济曲线的第一个转折点约出现在人均 GDP3 000 元，对应的时间在 1993~1994 年，这一时期出现了正"U"形环境库兹涅茨曲线的低谷，此后，废气排放形势进一步恶化。人均固体废弃物排放量——经济曲线的第一个转折点与废气排放量——经济曲线相似，约出现在人均 GDP3 000 元。

模拟结果较符合实际情况，由于我国近年来工业发展迅速，不少企业以牺牲环境为代价换取经济效益。进入 21 世纪以来，虽然环保产业反展迅速，国家在三废治理方面投资增长较快，但是效果显现较慢，上述结果说明了我国环保问题的重要性日益加重。发达国家多是在曲线出现拐点才开始进行环保化规划的，而对于我国来说，继续走发达国家的老路，等到出现拐点时再重复环保化，还是寻找另外一种新型工业化的路子，是摆在产业发展面前的一个艰巨的问题。

此外，我国人均能源消费情况成逐渐上升趋势，并且上升速度在 2000 年左右之后进一步加快，这说明节约经济、环保经济的推行对我国产业发展刻不容缓。

（三）产业环保化过程模型

从曲线拟合的结果来看，我国产业发展的同时，废气、废水、固体废弃物的排放呈波动状态，并且还有可能继续上升，工业能源消耗量也在近年来逐渐上升，由此可见，我国产业的环保也不容忽视。图 4-10 为环境库兹涅茨曲线未来发展状况的预测。

按照传统的发展模式，遵循发达国家的工业发展规律，我国将在未来经济发展到相当水平时才能出现曲线拐点 T。但是，实际上我国目前很难符合发达国家的库兹涅茨曲线。这主要有三个约束条件的问题：一是资源条件。发达国家出现环境拐点时，资源供给是敞开的、是充分的，即便本国资源不足，也可以从他国掠夺，但我国没有这样的条件，我国目前的资源供给是不充分的，这就会造成拐点前移。二是技术问题。发达国家之所以到达拐点之后再进行环境的治理，是因为那时还没有先进的环保技术的支持，但是现在的环保技术已经足可以支持环境的治理活动，而且人们的环保意识也已经大大地增强了。三是新的发展战略。我国新的科学发展观的发展战略提出后，带来革命性的变革，企业环保观念产生了巨大改变，节能节耗减排的重要性被越来越多的企业所认识。

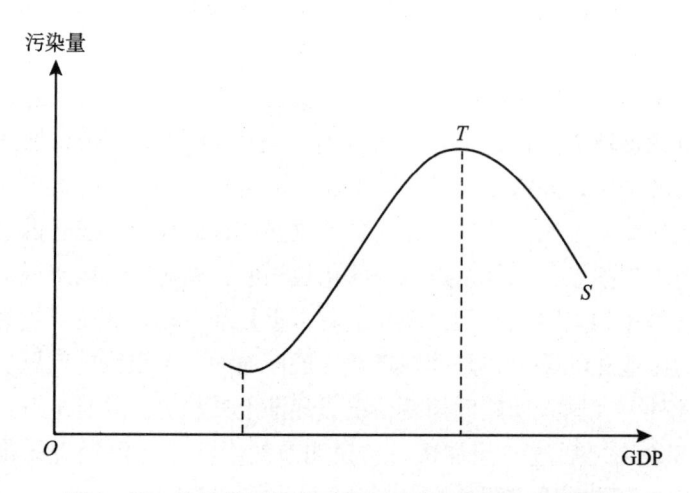

图 4-10　传统发展模式下我国环境库兹涅茨曲线预测

从上述三个因素来看，我国的库兹涅茨曲线是可以改变的，并且是必须改变的。产业的环保化目即实现这种改变。在环保化的制度、技术等作用下，环境库兹涅茨曲线的拐点可以移至目前的状态，也即将污染的最差状况遏制在当前。迫使单位人均产值污染量从当前状况下开始调整。如图 4-11 所示，S 为原状态下的曲线，S^* 为环保化作用下的新的曲线，T^* 为我国产业环保的假想拐点。

假设 T^* 为我国产业环保的假想拐点，假想拐点的产生基于以下两个因素：第一，产业发展的环境问题是可以遏制的，从目前部分发达国家的发展情况来看，环境问题的解决是可以实现的，尤其是目前我们拥有比之前发达国家解决其环境问题时更为先进的技术和经验，生物技术、环境工程技术等的发展带来的新的手段；第二，产业环保化机制的实施是及时的。在工业社会，环境的自恢复能力受到严峻的

第四章 基于可持续发展的产业环保化理论与战略

挑战，因此，一种合理的机制支撑才能实现环境的恢复，并且这种机制应用越及时，越能尽早触发这一假想拐点。

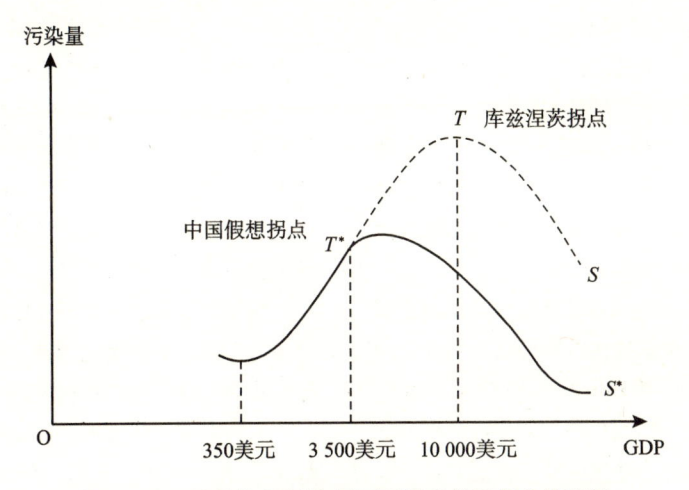

图 4-11 环保化机制作用下环境库兹涅茨曲线预测

与理论拐点相比，假想拐点很明显更利于产业发展，而在同样人均产值的发展情况下，假想曲线 S^* 所产生的污染量要远远小于理论曲线。假想拐点并不是确定的，从前面的论述可知，假想拐点的出现取决于环保投入、环保技术的突破和环保化机制的建立等多种因素，我们认为，参考国内外发展经验，将拐点时的人均产值限定在 4 500 美元是可行的。当然，这还只是一个假想的拐点。但是从山东循环经济的案例分析这种假想有其内在的必然的依据。见专栏 4-1。

专栏 4-1

山东循环经济：跨越库兹涅茨曲线顶点不是梦

循环经济是建设生态省的核心。从理论到实践，山东结合省情，不断对循环经济进行探索和总结，从小循环到中循环再到大循环，由点到线再到面，在全省深入开展了循环经济系统试点，促进了经济结构调整和经济增长方式转变。

清洁生产促进小循环。以企业为

单元，推行清洁生产，建立"点"上的小循环。

企业是经济社会的细胞，是循环经济的实践基点。山东以企业为单元，推行清洁生产，从生产的源头和全过程充分利用资源，使每个企业在生产过程中实现废物最小化、资源化、无害化，建立"点"上的小循环，努力实现企业废物的低排放甚至零排放。

清洁生产是发展循环经济的重要措施。山东省在企业层面大力推行清洁生产、ISO14000环境管理体系认证，从东部到西部、从发达地区到欠发达地区、从重污染行业到其他行业逐步推进，实现企业内部的资源综合利用和循环利用。目前，全省实施清洁生产方案的总数达1 338个，实施清洁生产方案的总投资达19 456.14万元，每年实施清洁生产所获得的经济效益达32 804.98万元、少排废水约1 658万吨、少排废气35 204万立方米、少排固废65 428吨、少排COD 45 418吨、少排二氧化硫5 564吨。全省已有187家企业和8个开发区（旅游区）通过了国家ISO14000环境管理认证，其中3个开发区被批准为"ISO14000国家示范区"，占全国示范区总数的1/3。

日照尧王酒业利用废酒糟、酒泥生产有机肥料，年可利用废酒糟4万吨，生产有机肥1.5万吨，实现税前利润1 000余万元，被纳入中国——欧盟环境友好技术（EST）合作项目。2004年6月，该公司又投资300万元改进了发酵工艺，新建两座3 000立方米污水厌氧处理罐，日产沼气1.5万立方米，分别用于锅炉助燃、肥料烘干和发电，每天节约煤炭10吨，日发电量5 000度，年经济效益达200多万元，同时使废水处理能力和水平大大提高，实现了稳定达标。可以毫不夸张地说，在尧王酒业，现在几乎找不到生产后的废弃物。

典型示范推动中循环。山东省以行业为单元，通过示范带动，标准引导，建立"线"上的中循环。

大力发展循环经济，让废物利用最大化成为可能。山东以行业为单元，按照循环经济和生态工业模式，在企业清洁生产的基础上，使上游企业的废物成为下游企业的原料，不断延长生产链条，实现区域或企业群的废弃物产生量最小化，通过示范带动，标准引导，建立"线"上的中循环，实现经济与环境保护的"双赢"。

山东省分行业制定并实行引导性标准，优化产业和产品结构调整，运用生态经济原理，根据行业间的关联，通过物质、能量和信息集成，拉长和扩大生态工业产业链，形成一个及多个行业组成的生态园区，推进园区中的各个主体形成互补互动、共生共利的有机产业链网。发布实施了水泥、印染、畜禽养殖、生活垃圾填埋等4个行业污染物排放标准。针对造纸行业耗水多、污染重、治污难度大的问题，在全国率先颁布并实施了严

第四章 基于可持续发展的产业环保化理论与战略

于国家的《山东省造纸工业水污染物排放标准》。2003年全省造纸企业年产832.11万吨，利税52.83亿元，排放COD17.6万吨，占工业COD的46.8%，与1998年相比产量和利税增加了198.1%和307%，COD排放量削减了73.0%。泉林集团从源头控制开始，科学调整原料结构，积极利用再生资源开展技术创新，探索污染较轻或容易治理的制浆技术和整套的污染治理技术，制浆废物生产有机肥料，有机肥料用于生态林、芦竹、农作物，林木及芦竹用于制浆造纸，目前，吨浆耗水量由160立方米降到60立方米，黑液的提取率提高到90%，形成"资源、产品、再生资源"的循环流程，使所有物质和能源在不断的循环中得到充分合理的利用，生态纸业展现出美好的发展前景。

从2003年开始，山东省把探索、发展循环经济逐步扩大到纺织印染、石油化工、酿造、淀粉、氯碱、冶金、电子、机械制造、化工、制药等行业，获得经济效益5亿多元，COD排放量平均削减率达40%以上，废水排放量平均削减率达40%～60%，工业粉尘回收率达95%。鲁北企业集团总公司形成磷铵—硫酸—水泥联产、海水—水多用、盐碱热电联产3条绿色产业链，磷铵—硫酸—水泥产业链的水循环利用率达到91.3%，主要装置固体废物利用率达到100%，企业固体废物利用率达到95%，处置率达到100%，污水回用率达到100%，被国家环保总局称为"中国鲁北生态工业模式"，并授予"国家生态工业示范园区"、"国家环境友好企业"称号。潍坊海化努力构建以资源链纵向闭合、横向耦合、区域整合为特征的新型经济发展模式，工业区内20多家化工企业之间都有管道相连，上一种产品和其废物作为下一种产品的原料，整个生产过程基本没有废物排出，实现了海水"一水六用"，开发区的产业特色被中国工程院院士高从堦评价为"在国内外实属罕见，堪称奇迹"。山东省社科院经济研究所所长马传栋对"海化模式"的评价是，海化形成了有机的工业"食物链"，建立了一种区域内的工业生态经济平衡。

社会联动建立大循环。以园区和城市为单元，全面提高资源利用率，建立"面"上的大循环。

发展循环经济，必须逐步构建节约型的产业结构和消费结构，实现社会发展模式全方位、多层次的变革。山东以园区和城市为单元，在社会层面上推行循环经济，用生态链条把工业与农业、生产与消费、城区与郊区、行业与行业有机结合起来，大力发展资源循环利用产业，实现可持续生产与消费，全面提高资源利用率，建立"面"上的大循环，全力构建资源节约和环境友好型社会。

山东省以循环经济理念为指导，以点、线试点为基础，积极开展区域社会层面上的试点，因势利导，稳步扎实地推进社会层面上的循环链接，先期选择了烟台开发区和日照市为试点，取得了明显成效。烟台开发区积极创建生态区，在社会层面大力发展循环经济，在工业企业、服务业中建设区域水循环体系；开展区域能源结构调整，大力提倡使用绿色能源；大力推进区域基础设施和公共服务集成共享，促进区域大循环的形成，把污水处理厂、热电厂、废物处理场等城市建设项目，作为推动循环经济和发展的基础。同时大力实施"设立专业生态园区招商引资"的发展战略，专门建设规划IT产业园、再生资源加工区、汽车工业园等多个循环经济产业园区，实现了从单一链到生态产业群的飞跃，并对园区的基础设施、物料配送和资源需求，提供有针对性的服务管理，使区域内的企业能够更方便、更高效地组合资源，发挥其核心竞争力。日照市大力实施生态建设战略，高起点规划，高标准建设，高效能管理，高水平经营，精心打造生态城市品牌，积极探索经济繁荣、生活富裕、生态良好的和谐发展之路，在全市打造环境友好型产业体系，努力建设循环型社会，大力发展港口经济、大学经济、旅游经济、体育经济、会展经济和房地产业，着力培育具有日照特色的生态产业体系，被列为创建国家循环经济示范市、省循环经济示范市。

山东省还把系列"创建"活动作为建立"面"上大循环的有效载体，培养和树立了一批促进环境与经济社会协调发展的典型，推动区域和谐发展，在全省先后创建国家生态示范区12个，建成国家级自然保护区6个、风景名胜区3个、森林公园26个；10个城市获得国家环境保护模范城市荣誉称号；创建国家级环境优美乡镇7个、省级环境优美乡镇36个；国家级绿色学校9所，省级绿色社区50个；建立省级工业示范园区13个；表彰了90家省级环境友好企业，鲁北化工集团、青岛港有限公司被国家环保总局评为全国首批环境友好企业。

发展循环经济，走可持续发展道路，可以在较低的经济水平和较低的污染程度下（曲线左移的同时纵向下移）积极调整环境库兹涅茨曲线。山东省威海市坚持环境优先原则，把城市定位于保护环境和实现资源可持续发展、永续利用上，走出了一条发展循环经济、实现经济跨越之路，在经济增长速度保持18%的发展条件下，环境质量始终保持着较高水平，荣获首批国家环保模范城市，并建成了我国第一个环保模范城市群，获2003年度"联合国人居奖"。多项数据表明，威海在达到人均GDP4 000美元以前实际上已跨越了环境库兹涅茨曲线顶点，远远低于发达国家历史上经过的最高点。

独具山东省特色的"点、线、面结合，大、中、小循环"经济发展模式，是一个循序递进、相互关联、共生共利的有机整体，构成了山东省经

第四章　基于可持续发展的产业环保化理论与战略

济社会发展中的一道亮丽风景线，成为山东建设生态省、构建资源节约和环境友好型社会的强力助推器。实践证明，循环经济使经济与环境实现了良性互动，循环经济是改良环境库兹涅茨曲线的最佳经济模式。

（2005年8月10日《中国环境报》）

因此，根据产业环保化的理论，我国可以进行主动地选择，在环境拐点还没有到来之前，在资源供给条件发生变化的今天，提前结束曲线上升的发展态势。为产业环保化建立新的生命周期，如图4-12所示，在未来的3~5年时期为环保化萌生期，在这一时期，各产业及企业实施环保化相关措施，降低环境污染水平；之后为环保化的发展期，环保化的作用逐渐大规模显现出来，环境问题得到明显改善，环境库兹涅茨曲线开始下降；最后为环保化的成熟期，各种环境问题得到解决，新产生的行业都遵照环保化的思路发展，国家的环保化水平得到明显改进，环境问题得到根本的解决。

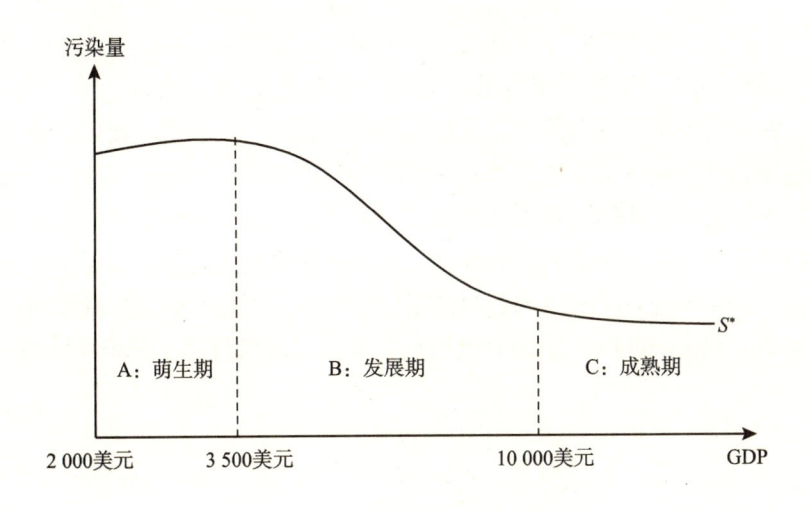

图4-12　产业环保化生命周期

在产业环保化萌生期，各企业可采取积极应对措施，应用各种软硬技术，组织成立环保处室；环保部门也应参照标杆企业，制定相应的考核标准及奖惩措施，并提高检查密度，力争在3~5内使污染增长速度达到较为平稳的状态。

在环保化的发展期，各企业应该已经建立起具有专业环保管理人员及技术人员的环境保护部门，并参与企业的发展战略规划，将环境保护作为企业发展的一项重要任务；环保部门应进一步完善各种法律法规，并完善相应的应急措施，力争这一时期完成从环境污染的上升到下降的趋势的转变。

环保化的成熟期，各企业应不放松警惕，继续制定更高的环保目标，制定企业的环境责任书，对企业未来环境状况做出长远发展规划；环境部门应保持环境监测力度，并形成成熟的环境管理政策与法规。这一时期应实现产业发展环境的平稳下降，并最终达到一个合理的低污染的水平，实现人与社会的和谐发展。

小　　结

目前，生态破坏加剧的趋势尚未得到有效控制，尽快遏制生态环境恶化状况，改善环境质量，走新兴工业化道路已成为"十一五"时期国民经济和社会发展要着重解决的问题之一，笔者提出的产业环保化思路以新型工业化为基础，旨在解决产业环境问题，实施可持续发展战略，切实转变经济增长方式。本章笔者提出了基于可持续发展的产业环保化理论及其发展战略，对环保化系统优化进行了经济学分析，并对产业科学发展问题提出了一些思路。同时，创新性地提出了环境库兹涅茨曲线"中国假想拐点"及产业环保化的生命周期模型。

第五章

产业环保化实现机制：
内在动力机制

> 从源头上减少对环境的破坏，形成一个有利于资源节约和环境保护的产业体系。
>
> ——国务院总理温家宝

产业环保化是一个必要的选择、必然的过程，那么如何加快实现这样一个过程呢？这需要从内在动力和外部导向两个方面进行研究。这一章主要研究促使产业环保化的内在动力机制。

一、产业环保化的利益作用机制

根据前面的理论分析，本部分主要分析环保促使产业获取利益的原理，提出产业环保化实现的利益作用机制。

（一）产业环保利益化的必要性

当前我国对于环境保护建设主要依靠政府监管来推进，因此环境保护行为可以看作一个硬性遵法的过程。但是由于我国环境监管法律的不完善，形成了"违法成本低，守法成本高"的现状，因此当环境问题与企业自身利益相矛盾时,企业行为自然向自己企业的利益(短期利益)倾斜,形成与政府不合作的"博弈"决策,很容易形成"治理反弹",导致"治理难"现象,进一步扩大了治理的难度。在这种情况下,仅靠宣传"造福子孙后代"的理念,或强制补救的法制行为都无法从根本上解决这些内在的矛盾。

众所周知,企业的经营目标是追求利润最大化,"无利不起早"是企业的显著特征。企业的生产行为,一方面受法制监管,另一方面受企业自身的利益驱动。而目前的现状是环保成本高昂、企业利益受损,在这种情况下,企业往往选择的是偏离法治要求、偏离生态规律要求,更不要说将环保行为纳入到企业的日常经营中去。但这一现象也从另一个角度说明,只要能够使企业看到环境保护带来的经济利益,明确了环保利益,就可以推动企业对环境保护的关注和投资。因此,明确产业环保化的利益性,帮助企业找出环保利益化的实现机制是十分必要的。

(二) 产业环保化的必然性

产业环保化的必然性主要体现在产业内部的企业进行的环保活动,并不是纯粹的"公益活动",企业可以从中获得收益。这些收益主要体现在两点:社会收益和经济收益。其中,经济收益更能吸引企业资金的投入。

1. 社会收益

早期对于企业的认识具有强烈的个人本位主义,人们对企业的认识一直停留在把企业看成仅仅是股东们共同出资、共同受益的组织体,追求股东利益最大化和利润最大化也就成了企业的唯一目的,因此企业的定义也往往被说成是依法设立的、以盈利为目的的社团法人或企业法人。

19 世纪末和 20 世纪初,随着企业力量的不断壮大以及工业发展对社会负面影响的日益暴露,企业在创造大量财富的同时也严重地污染着人类的生活和生存环境。种种资料表明,环境污染的最大污染源来自于企业的生产经营活动，企业特别是生产制造企业是环境质量恶化的最大肇事者。据有关专家对综合各种污染来源的分析，目前自然环境所接受的污染物中大约有 80% 来自于企业。既然是企业造成了环境污染，那么它就应当承担起治理污染和恢复环境质量的责任，因此社会对企业的关注程度提高。人们开始探讨企业除了追求自身经济利益最大化以外，还要承担带有一定公共性的社会责任。20 世纪 30 年代以来，由于环境公害频繁发生，社会开始更多地关注企业的环境保护责任。企业作为经济活动的主要参与主体，也开始将环境保护、环境管理纳入企业的经营决策之中，寻求自身发展与社会经济可持续发展目标的一致性。

随着群众生态环境意识愈来愈高，产业界日益认识到，企业生产经营对生态环境的破坏，不仅造成环境恶化，降低了公众的生活质量，损害了人体健康，而且损害企业声誉，影响消费者的选择，不利于市场竞争，最终反过来危及企业的生存和发展基础。企业作为微观生产力存在的形式，是社会的基本单位之一，应在社会发展中承担社会责任。它包括提高社会需要的优质产品和劳务，保障消费者权益；开辟财源，增加社会积累；提高就业机会，促进社会稳定；保护生态环境，维护经济发展生态基础；等等。现代经济社会发展实践表明，关系企业生存与发展的首要社会责任，是保障消费者利益和保护生态环境。这是塑造良好企业形象的关键所在。

除了能够塑造良好的企业形象以外，企业还可以获得许多其他的社会效益。比如企业的环保行为可以为当地的农业、畜牧业、林业、渔业、旅游业等靠环境吃饭的产业带来许多有益的影响；企业的环保行为还可以使附近居民的身体健康产生收益；企业的环保行为可以大大地节约社会资源；企业在进行环保行为的时候，积累了许多的经验技术，不仅为其他企业的相关活动降低了成本，更为本企业赢得了声誉。

2. 经济收益

企业进行任何一项投资活动，从根本上说是受利益驱使的，经济利益对企业环保投资的驱动也是最直接、最有效和最长远的。只有企业把环保活动看作是企业内在的、自发的经济行为，而不是国家强制的政府行为或道德行为时，才能够真正调动起企业参与环保的积极性。

企业的环保化的经济收益，主要可以通过以下几个方面表现：

第一，企业的环保行为可以为本企业提供大量的销售利润，这里主要指的是生产消费型产品的企业。随着环保观念的强化，人们对于企业产品的环保要求越来越高。目前许多企业都宣称自己的产品是"绿色产品"，有的更是赞助绿色活动、制造绿色事件，从中可以看出，有远见的企业家们都认识到了"绿色"对于企业产品销售的重要性。绿色营销的确能够为企业带来更多的收益。举例来说，广州的"花都"牌无公害蔬菜的市场价格比一般同类蔬菜价格高出110%～120%；奥地利的生物小麦（按作物的自然规律生长，不施用任何化肥、农药，营养价值较高的小麦）比传统小麦的价格更是要高出140%之多。由此可见，企业增加环保投资，可以改善产品的环保表现，更可以为企业带来可观的额外收益。

第二，企业进行环保投资是企业提高其产品竞争力的需要。随着人们生活条件的逐步改善，人们环保意识的逐步增强，环保表现不佳的产品势必缺乏竞争力。一方面，随着温饱问题的解决，人们越来越注重对于自身健康、安全的要求，环保表现差的许多产品本身或者包装物、残留物等都有可能会对消费者的健康、安全产生不良影响，势必被排除在越来越挑剔的消费者的考虑范围之外。另一方面，随着社会经济的迅速发展，各国的市场多数都处于买方市场的状态，同一种商品有许多生产商，有许多不同的品牌，消费者可以挑选的余地也很大，在其他因素相同或相近的情况下，环保表现良好的商品自然更容易受到消费者的青睐。

第三，企业的环保活动可以改善综合经营效益。企业的污染排放在多数情况下是要付费的，如果超标排放，还有可能会招致高额的罚款。企业投资治理污染，一方面可以大大地降低在这一方面的支出，另一方面污染的治理，废弃物的回收利用，可以为企业节约成本，增加收入。同时，由于环保投资也会为企业带来许多经营上的好处。例如，国内企业的筹资需要有良好的环境形象，中国人民银行已经就金

第五章 产业环保化实现机制：内在动力机制

融部门在信贷工作中落实国家环境保护政策发出了《关于贯彻信贷政策与加强环境保护工作有关问题的通知》，规定各级银行发放贷款时必须配合环境保护部门把好关，对环保部门未予批准的项目一律不贷款。因而可以说，环保活动也是企业改善自身经营状况的有效途径之一。

第四，从长远来看，企业是否进行环保活动很可能会影响企业的长期发展。国家环境政策建立的时间还不长，一种新的政策刚刚建立时，总有这样或那样的漏洞或不完善的地方，要求也不是很严格。因此如果一个企业在这样的环境之中还能够勉强生存的话，一旦制度健全完善起来，企业的生存前景甚是堪忧。事实上，目前我国的许多排污收费非常低，查处也很不严格，从而造成了一些企业不采取或很少采取治理措施而直接排放。我国是重视环境保护的，我国的环保政策对于企业的要求也势必逐步与目前世界上许多西方国家的标准相接轨，若企业现在不重视环保投资，到那时要么将被关闭，要么将为此付出更大的成本。

第五，企业参与环保活动能够使本企业更加接近国际市场。近几年来，许多国家特别是发达国家，为了保护本国的国内市场，限制外国商品的进入，借助绿色革命全球化的大趋势，构筑了新的贸易壁垒——绿色壁垒。一些国家规定，对无环境标志的产品在进口时要受到许多价格和数量方面的限制。企业若想要打开商品的国际市场，加强环保投资，改善商品的环保表现是非常必要的。

根据国家的相关法律法规的规定，企业在进行生产过程中，参与了环境保护活动，会在政策上有一定补偿，例如，利用"三废"生产产品将会享受到流转税、所得税等税种免税和减税的优惠政策，从而增加税后净收益；从国有银行和环保机关（周转金）取得低息或无息贷款而节约利息支出形成的隐含收益；由于采取某种污染控制措施（如购置设备、环保技术研究等）而从政府取得的无须偿还的补助和价格补贴；有些情况下，企业主动采取措施治理环境污染所发生的支出可能会低于过去交纳排污费、罚款和赔付而赚取的机会收益；等等。

综合上面提到的内容，企业能从环境保护活动中获得的经济效益主要有如下几个方面：

(1) 使用环保技术或进行环保处理后，企业每年可以节约的能源和回收的能源的总价值（S_1），用公式可以表示为：

$$S_1 = \sum_{i=1}^{n} P_i Q_i = P_1 Q_1 + P_2 Q_2 + P_3 Q_3 + LL \quad i = 1, 2, 3, \cdots, n$$

式中：S_1——企业每年可回收（可节约）能源的总价值；
　　　P_1——企业每年从废水中回收（节约）的物质的价格；
　　　Q_1——企业每年从废水中回收（节约）的物质的总量；
　　　P_2——企业每年从废气中回收（节约）的物质的价格；
　　　Q_2——企业每年从废气中回收（节约）的物质的总量；
　　　P_3——企业每年从废渣中回收（节约）的物质的价格；
　　　Q_3——企业每年从废渣中回收（节约）的物质的总量。

(2) 使用环保技术或进行环保处理后，每年节约或回收的能源重新创造的总价值（S_2），用公式可以表示为：

$$S_2 = \sum_{i=1}^{n} p_i q_i = p_1 q_1 + p_2 q_2 + p_3 q_3 + LL \quad i = 1, 2, 3, \cdots, n$$

式中：S_2——废弃物回收后形成的总价值；
　　　q_i——废弃物再利用形成的商品的总量；
　　　p_i——再利用形成的商品的价格。

(3) 由于本企业污染状况有所改善，从而减少的排污费、罚款、资源使用费等（S_3），用公式可以表示为：

$$S_3 = \sum_{i=1}^{n} [p(g_{i2}) - p(g_{i1})] + \sum_{j=1}^{m} [q(t_{j2}) - q(t_{j1})] \quad i = 1, 2, 3, \cdots, n$$

式中：g_{i2}——改善污染状况后废弃物 i 的排放量；
　　　g_{i1}——改善污染状况前废弃物 i 的排放量；
　　　t_{j2}——改善污染状况后废弃物 i 的排放量；
　　　t_{j1}——改善污染状况前废弃物 i 的排放量；
　　　p——政府对企业排废弃物的污染和收费；
　　　q——政府对企业使用资源浪费率的比率。

(4) 企业环保活动成功之后，政府给予的奖励或补贴，由于只有一笔，这里就不用公式表示了。

(5) 企业环保产业的发展，带来的传统企业的销售收入的增加（S_5），用公式可以表示为：

$$S_5 = \sum_{i=1}^{n} [Q_{i2} - Q_{i1} \times (i + t\%)] \quad i = 1, 2, 3, \cdots, n$$

式中：Q_{i2}——与环保相关的 i 产品在投资后的销售收入；

　　　Q_{i1}——与环保相关的 i 产品在投资前的销售收入；

　　　t——企业内与该环保投资不相关的产品的销售收入的增长率。

（6）企业在生产上的环保活动带来的生产环境的改善，如运行费用降低、机器折旧降低、使用寿命延长等，用公式可以表示为：

$$S_6 = \sum_{i=1}^{n} (\alpha_{i1} + \alpha_{i2}) \quad i = 1, 2, 3, \cdots, n$$

式中：α_{i1}——设备延长寿命带来的收益；

　　　α_{i2}——设备 I 年修理费的解决数量。

（7）企业在生产上的环保活动带来的人员健康水平的提高，也可以产生一部分收益，如减少了劳动者患病时候的效益，减少了由于环境保护引起的事故的赔偿金等，用公式可以表示为：

$$S_7 = \sum_{i=1}^{n} A_i + \sum_{i=1}^{n} B_i + \sum_{i=1}^{n} C_i + LL \quad i = 1, 2, 3, \cdots, n$$

式中：A_i——减少劳动者由于环境问题患病带来的劳动生产率的损失所带来的收益；

　　　B_i——减少由于环境问题引起的事故的赔偿金或补助所带来的收益；

　　　C_i——减少因处理环境问题带来医疗费用所带来的收益。

以上初步分析了企业环保化可能带来的经济效益，由此可见，环保化给企业带来的不仅仅是一种责任，更是一个提高经济效益，增加企业利益的机会，环保化成为了企业可以获利的手段，就更加能够激起企业环保的热情，从而使产业内形成环保化成为了可能。

（三）产业环保利益化的作用机理

产业环保化的过程中，降低成本是其发展的动力所在。而降低成本的关键在于发展科学技术，探索生态科技之路。科学技术在企业中的发展和利用在减少生产边际外部费用的同时也有利于边际内部费用的减少。由于废弃物是生产过程中未予充分利用的原材料，因此对废弃物的削减意味着对原材料利用率的提高，边际内部费用减少，因此大力发展科学技术，加大生态科技在企业中的运用，可以有效地减少生产运营成本。如图 5-1 所示，在减少成本的同时也促进了生产内部的经济性。企业在发展自身效益的同时，也增加了环境效益。

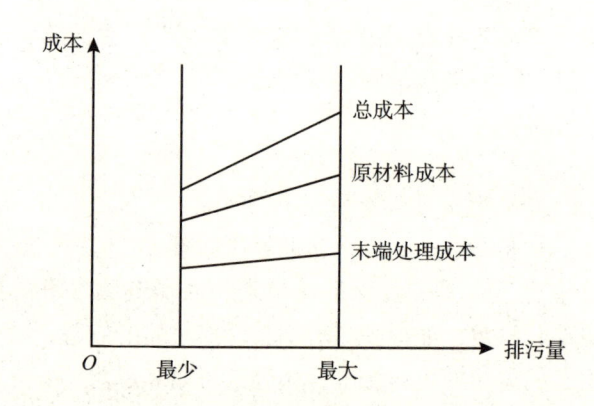

图 5-1　产业环保化技术减少生产边际外部与内部费用

发展环保化科学技术是减少生产边际外部费用和消费边际外部费用的技术。消费边际外部费用的削减将环境技术从企业微观层次提升到整个经济系统，是生产者和消费者共同参与的一种协作运动。因此环保化科学技术不仅是单元技术的生态化，而是技术系统，包括产业结构、技术文化、技术方式、社会价值观的生态化，因此产业环保化技术是一个技术系统。它在操作层次上涉及技术和管理两个方面，前者主要包括生态工艺、生态产品和末端治理技术，后者与环境管理的政策、方法、手段和措施相联系。

环保化科学技术的应用能够提高企业内部经济效益，这里，用下述模型说明：

设 P 为企业收益，则：

$$P = F(W, Q, T, L) = \int_0^t f(q)\mathrm{d}t - \int_0^t g(w)\mathrm{d}t - \int_0^t h(t)\mathrm{d}t + \int_0^t y(l)\mathrm{d}t$$

其中：W 为排污量；Q 为产值；T 为技术投入；L 为减少的污染；P 为企业收益。

第五章 产业环保化实现机制：内在动力机制

则：

$$P = \int [f(q) - g(w) - h(t) + y(l)] dt$$

在技术投入足够的状况下，企业在相同产量状况下，排污量将有大幅度下降，污染处理后的回收利用产值也将相应提高。

$$\Delta P = \int [\Delta g(w) + \Delta y(l) - \Delta h(t)] dt$$

当 $\Delta P > 0$ 时，企业进行技术投入就将有收益的提升，也就是说企业环保技术投入达到一定程度时，收益为正，如果考虑到提高企业的竞争力，那么环保技术投入将是企业更为重要的投入。

从整个产业来看，其效益将是更为明显的，随着环保化的推广，企业对环保技术的重视，环保产业将得到飞速发展，在规模效益下，新的技术将以更低的成本推出。在这样的状况下，企业对同样数量的污染的治理投资投入将大大减少，也就是单个企业的边际成本降低（从 A 到 B 到 C 的变化）。这对企业及产业的发展都是有利的，在环保的同时，达到了企业内部的利益化（见图 5-2）。

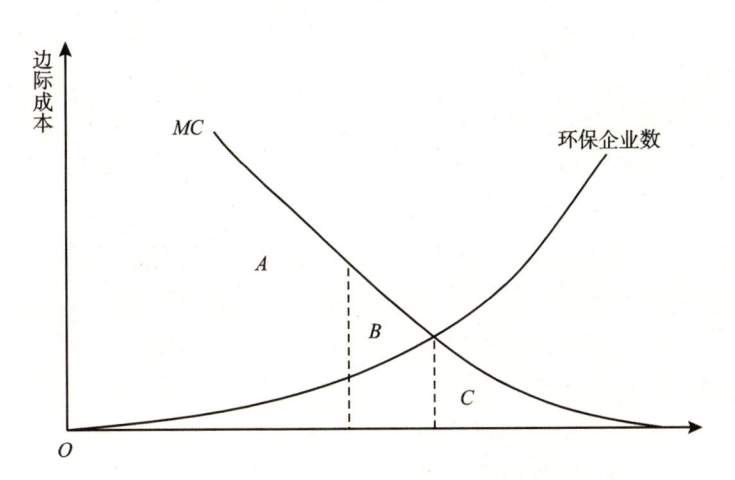

图 5-2 环保技术投入的边际成本递减规律

（四）产业环保化过程中的利益获得

产业的环保化程度是以可持续性来检验的，而实现可持续性需要一个过程。产业环保化的过程中，企业是把实现可持续性作为目标，同时追求经济利益最大化。在产业环保化运作的初级阶段，在向可持续目标发展的过程中，环境可持续性和经济利益化的矛盾是最为尖锐的。为实现产业经济的可持续发展和企业利益化的双重目标，本书提出产业环保化过程利益实现机制：

（1）创新生态技术，使用先进设备，降低环保成本。由于企业是形成环境污染的关键，因此鼓励他们将日常生产行为与环境保护相结合是控制污染源头的有效手段。但是由于目前的环保成本过高，使很多企业都望而却步，因此，只有降低环保的投入成本，才能够使企业投入到环保行为中去。

降低环保成本必须以科技为主要竞争力。关键在于探索生态技术之路，跨越传统工业文明的科技新模式，现在越来越多的政府或企业都在重视废物管理的"三废处理"，而忽视产品生态设计。生态设计过程通常是通过环境功能来控制，而不是通过市场或掌握与产品开发有关的权利的设计者来控制，即企业的自发行为容易偏离生态规律。因而，利用科学技术，加快产业结构调整、产品结构调整的步伐，可以使效率低、技术差、污染严重的企业在企业战略调整中得到优化、改造，从而改变粗放式的生产方式。在企业内部实行科学的管理，充分发挥科技人才在环境建设中的作用。鼓励环保新产品的开发、环保设备的改造、环保技术的改进等，要在生态设计策略的指导下用更少的能量和原材料，降低费用，提高环保质量。

除了探索新的生态技术以外，让先进的设备在环境建设中发挥作用，也是降低环保成本的重要方面。总之，只有环保生产各要素质量的提高和现代化，才能有环境生产力的提高及环保动力的增高，加之依靠科技进步，使各种资源得到合理配置，从而才能降低环保成本。

（2）政府的政策制定应向环保化企业倾斜，力图从职能上体现

第五章 产业环保化实现机制：内在动力机制

对环境问题的预先控制力。由于现在许多环境问题的暴露都具有市场经济的特点，当已经造成污染时，无论企业自己补救还是采取法治手段、强制管理，都将伴随着行政成本和经济成本增大等一系列损失。这种代价无论是由政府还是企业谁来负责，都牵扯到一系列相关利益，并引起管理难的困惑，因此，政府的职能作用就显得尤为重要。通过适宜的制度安排、预先的规划、指标制定、资金投入、公共产品的提供、对环保化企业或项目的适度优惠等都能大大降低企业的环保成本。在政府制定政策时还要加大对基础设施的投入，解决企业在发展环保行为时难以通过自身消除外部不经济的问题，实际上，减轻企业负担本身就调动了企业环保的积极性。

（3）建立环保财政金融机制，帮助企业解决环保资金来源。资金来源是环境建设的重要问题。例如，技术改造，环保产品开发等，都需要相当数目的资金支持，资金不足，动力固然就会削弱。长期以来我国环境负债巨大，企业环保总是资不抵债，违法行为形成恶性循环。另外，国家财政力量有限，资金是解决一切环保矛盾的，建立财政金融机制，保证环保资金来源的持久力，是控制污染的钥匙。为了有效解决环保的资金来源必须建立健全环保财政金融机制，用税收补贴等形式调节环保资金的使用，并制定相应的政策，对污染环境较严重地区的企业，其环保化过程应有特殊的财政支持政策；建立具体的补贴办法、对重大环保项目进行优惠贷款等政策，促进企业环保化过程利益实现机制的建立。

（4）实施绿色营销，加强环保教育，使企业在变化的市场取向中获得利益。企业产品的特征与其营销策略是紧密关联的，比如企业、工厂为增加收益，加大营销力度，大量使用华丽的包装，制作一次性附带产品，向外界环境排放未经处理的废弃物等。政府应该建立和健全绿色法规；在促进绿色营销开展的过程中，给予政策的鼓励和支持，比如，可通过开征绿色税、累进排污收费制以及超提折旧等方式切实减轻绿色产品的价格压力。这样可以加快环保过程利益化在企业中的建立。

二、产业环保化的技术促进机制

(一) 产业环保化技术经济分析

解决现有的环境保护问题必须依靠科学技术,技术在环境保护问题上有着举足轻重的作用。同样,技术进步也为产业环保化的实现提供了技术上的可能性。马克思认为,技术是人和自然的中介,因而把它们归结为工具、机器和装置这些机械性的劳动资料。戴沙沃的狭义定义认为:"技术是通过有目的的形式和对自然资源的加工,而从理念得到的现实。"[1] 埃吕尔把技术广义定义为:"在一切人类活动领域中通过理性得到的(就特定发展状况来说)、具有绝对有效的各种方法的整体","技术接受这样一个哲学原理,即认为能通过经验和理性获得对现实的某些认识,然后去变革现实。"

所谓环境技术,是指那些能保护能源和自然资源,减少人类活动的环境负荷从而保护环境的生产设备、生产方法和规程、产品设计以及产品发送的方法等。环境技术不仅包括硬技术,如污染控制设备、环境监测仪器以及清洁生产技术,还包括软技术(操作及运营方法)、废物管理(物料再循环、废物交换)和那些旨在保护环境的工作与活动(废旧车回收)等。因此,环境技术不仅涉及了一系列技术、技巧(技术、设备和操作规程),也涉及了一系列管理活动(产品设计、环境管理、技术选择、工业系统的设计)。[2] 环境技术的定义主要有宽窄两种,"窄"定义只包括末端治理技术;"宽"的定义除末端治理技术外还包括清洁技术和绿色产品。[3]

产业环保化技术体现了资源的稀缺性和生产因素性,应用产业环

---

[1] J. Ellul, The Technological Society, New York: 1964, P. 183.
[2] 杨发明、许庆瑞:《环境技术与企业竞争优势》,载于《科学管理研究》1996 第 6 期,第 6 页。
[3] 刘小铭、刘志阳:《我国环境技术市场运行障碍分析》,载于《中国人口、资源与环境》2001 年第 5 期,第 1 页。

第五章　产业环保化实现机制：内在动力机制

保化技术的目的实际上是为了减少对环境资源的消耗。从生产的内部性与外部性来看，技术进步可以分为三种类型，即边际外部费用增加的技术、边际外部费用减少的技术和中性技术，在图 5-3 中分别用 X, Y, Z 表示。在现有的技术范式条件下，技术创新都是从企业内部经济性出发，很少考虑生产的外部性问题，技术进步在减少生产的边际内部费用的同时，常常表现出生产边际外部费用的增加，或等比例变化的中性技术。之所以如此，主要是由于长期以来环境资源一直被视为可免费获取的、取之不尽用之不竭的公共物品，而非稀缺资源。环境技术创新则是环境资源出现稀缺的信号。[1]

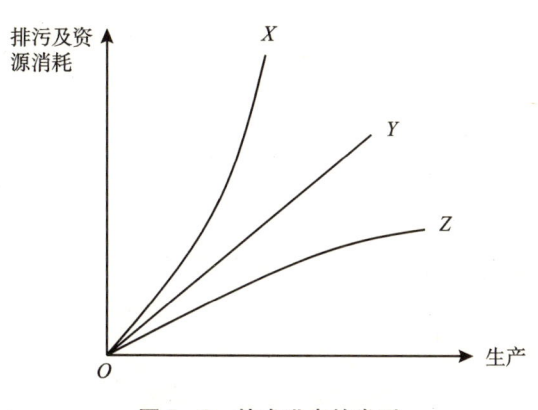

图 5-3　技术进步的类型

产业环保化技术在减少生产边际外部费用的同时也有利于边际内部费用的减少。由于废弃物是生产过程中未予充分利用的原材料，因此对废弃物的削减意味着对原材料利用率的提高，边际内部费用减少，因此产业环保化技术在减少生产的外部不经济性的同时，也促进了生产内部经济性。而且减少生产的外部不经济性与保护环境的行动，就其本质而言是扩大再生产性的资源保护、增殖再生和替代活动，是资源的生产或再生产过程，从这一意义上也可看出，减少生产的外部非经济性与增加内部经济性具有统一性。

---

[1] 许健：《我国环境技术产业化影响因素分析与对策探讨》，中国科学院生态环境研究中心硕士学位论文，1999 年 6 月 1 日。

（二）国外产业环保化技术特点

目前，保护全球环境的热潮，正在冲击着各国：依靠科技进步，解决环境问题的呼声也日益高涨。为了适应环境保护的需要，发达国家环境技术研究开发的方向正在发生着重大变化，"绿色产品、AM—工艺"已成为20世纪90年代的主流。"生态利益至上"正越来越被一些企业接受。"资源综合利用、采用无废少废技术"被提高到战略高度。当前，发达国家环境技术发展有以下特点：

（1）环境技术物化的时间大大缩短。当前发达国家环境技术发展的一大特点是高新技术向环境科学领域渗透，环境技术物化的时间大大缩短。例如，由于科技进步和环境保护发展的需要，电子技术在环境污染防治中的应用越来越广泛，逐渐成为环境技术领域中的一支新生力量。电子技术软件的开发与应用，使污水收集的自动化和自动分析功能大大提高；利用电子技术软件对大气、水质、海洋、热污染及废弃物等各种状况的模拟，可使环境系统的规划能达到最经济、最合理和最有效。电子技术的应用提高了环境污染的防治能力，并使环境技术成果物化的时间大大缩短。

（2）管理—技术—产业配合得更加紧密。目前，发达国家主要靠环境法规进行环境管理，而环境管理必须依靠环境技术的支持，环境技术产业是环境技术物化、解决环境问题的重要手段，因此环境管理—环境技术—环境技术产业是一个有机的系统。1990年7月，克林顿总统向国会提交了大气修正案。克林顿宣称，全国除环境问题最严重的洛杉矶外，必须在2000年达到现行环境标准，洛杉矶在2010年达到标准，而且每年必须削减3%的臭氧含量。为了达到此标准，克林顿建议，每辆汽车的废气中烃含量必须从每公里0.25克减少至0.15克。克林顿总统要求在2000年之前出售50万辆"清洁燃料技术的汽车"。

（3）绿色产品、清洁工艺成为时代主流。全球环境问题的出现使人们认识到：解决环境问题不但要进行末端控制，更重要的是进行源头控制，也就是说最大限度地把污染消除在工艺过程中，充分利用资源和能源,这种工艺称为清洁工艺,而其产品称为绿色产品。此外,绿色消费、绿色标志的兴起也标志着绿色环保世纪的来临,是否具有环境意识将是企业家使其产品能否在市场上生存的关键。目前发达国家正掀起一场绿色环保运动,许多工矿企业积极采取各种环保措施控制和防止公害的发生。法国的电视机制造厂已宣布大量使用无磷酸的洗涤剂,北欧部分造纸厂为避免湖泊污染,大量投资开发不使用漂白剂的造纸设备。

(4)先进技术快速渗入环境技术产业。先进的工艺、高效率设备、高度自动化控制、新型替代材料构成了当代环境技术及其产业发展的特点。例如,德国研究开发的印刷板全套污水处理设备,在进行污水处理后,可使处理后的水通过高精度传感器检查,并能自动控制以最佳反应条件处理,污水治理费用低,效果好;又如日本电气工程公司开发了一种污水处理用的小型装置,这种装置的特点是污水与微生物在流动层中接触,效率高,同时装置小型化、自动化,运转费用低。

(三)我国产业环保化关键技术

国外的产业环保化技术日趋成熟,我国的环保化技术还处在比较初级的阶段。技术是协调经济与环境的最直接手段,我国要想加快产业环保化的进程,关键在于提高产业环保化技术,加快环保化技术的创新发展,尽快与国际高水平的环保化技术接轨。

首先,现阶段的企业为降低生产成本,提高产品的价格竞争力,总是想方设法地降低能源的消耗,从而获取更大的利润。因此,技术创新就成为了降低能耗的首选方法。

其次,不断地发现和发明新的资源也是促进产业可持续发展的另外一个方法。在对现有不可再生资源的储量产生危机感和寻求更加廉价的新资源取代旧资源的驱动下,人们总是利用以技术创新为核心的技术进步去发现和发明新的资源。煤、石油的发现与广泛应用,就是借助于探测、开采、应用等技术的不断创新;电动机技术的发明、核能的应用也都借助于技术创新。

再次，技术进步给环境问题的解决提供了有力的技术支持，使生产过程向低物耗、低排污、高效率、高产出的方向发展，这是解决环境问题而又促进经济发展的主要途径。

可见，技术水平的高低影响到产业环保化的进程。技术水平，包括生产工艺技术水平和对污染物的治理水平。生产工艺技术水平的高低直接影响到污染物排放量的多少，而治理技术的高低则是影响环境质量的一个重要因素，大气质量的改善有待于燃烧技术、回收技术和其他化工技术的突破。水体质量、土壤质量的彻底改善也有待于技术的发展。发达国家资源弹性系数的下降证明了这一点。生产技术的不断进步，也为清洁生产提供了技术保证。清洁生产是20世纪80年代末发展起来的一种新的、创造性的保护环境战略，其中心思想是通过全过程控制达到节能、降耗、减污的目的，具体包括三个方面的内容，即清洁的产品、清洁的生产过程和清洁的能源。

最后，技术的进步也为污染防治、生态保护提供了必要的实用技术。我国产业环保化的关键技术主要有：

1. 预防技术

过去，由于污染预防的应用范围受到许多因素的限制，污染预防技术很大程度上集中在如何减少和控制有毒污染物的排放。控制有毒化学药品的方法包括：增加对化学品的认识；增加有关化学品的信息量；替代含毒的化学药品；对于那些不能被替代的化学药品，确保处理适当并保证不会暴露而危害环境及人类健康。

1992年，英国环保局推行了为环境而设计的计划，把污染综合预防原则运用于化学过程和产品的设计中。通过普及工业有毒污染物的信息，风险性的比较和化学药品性能的比较，帮助工业企业设计出经济可行且环境兼容的产品和生产技术。

预防技术和清洁生产技术是污染防治中一种系统方法，这种方法的原则是整体最优，而不是局部最优，污染综合预防技术主要指污染最小化、循环及再利用，而清洁生产的着重点在生产工艺过程中的物料和能源使用对环境影响应是最小的，即生产出的产品与环境是兼存的。

系统方法认为许多经济竞争因素应与现有的及新的技术相结合，污染综合预防技术并非一项新技术，而是其他技术结合的产物，是清洁产品设计和污染最小化生产过程的结合，这些过程的目的是产出最少的废物或有毒的副产品，许多污染综合预防技术并不复杂，而且比较容易实现，例如，采用先进的监控系统，以减少原料的使用量。污染综合预防的投资可以产生极大的回报。

污染综合预防的概念现在被认为是污染最小化、清洁生产、为环境而设计及产品生命周期分析的结合，是一种可持续发展的概念。因此污染综合预防不仅着重减少污染源及废物，而且是过程优化，原料循环利用，清洁产品及污染治理等过程的结合。[1]

2. 水处理技术

废水处理就是利用各种技术措施将污染物从废水中分离出来，或将其分解、转化为无害和稳定的物质，从而使废水得以净化的过程。根据所采用技术措施的作用原理和去除对象，废水处理方法可分为物理处理法、化学处理法和生物处理法三大类。[2]

（1）废水的物理处理法。废水的物理处理法是利用物理作用来进行废水处理的方法，主要用于分离去除废水中不溶性的悬浮污染物。处理过程中废水的化学性质不发生改变。主要的工艺有筛滤截留、重力分离（自然沉淀和上浮）、离心分离等，使用的处理设备和构筑物有格栅和筛网、沉沙池和沉淀池、气浮装置、离心机和旋流分离器等。

（2）废水的化学处理法。化学处理法是利用化学反应来分离、回收废水中的污染物，或将其转化为无害物质，主要工艺有中和、混凝、化学沉淀、氧化还原、吸附、萃取等。

（3）废水的生物处理法。微生物具有氧化分解有机物并将其转化成稳定无机物的能力，废水生物处理法就是利用微生物的这一功能，并采用一定的人工措施，营造有利于微生物生长繁殖的环境，使微生物大量繁殖，以提高微生物氧化、分解有机物的能力，从而使废

---

[1] 李训贵：《环境与可持续发展》，高等教育出版社2004年版，第267页。
[2] 钱易、唐孝炎：《环境保护与可持续发展》，高等教育出版社2000年版。

水中的有机污染物得以净化的方法。

根据采用的微生物的呼吸特性，生物处理可分为好氧生物处理和厌氧生物处理两大类。根据微生物的生长状态，废水生物处理又可分为悬浮生长型（如活性污泥法）和附着生长型（生物膜法）。主要废水处理技术及其处理对象如表5-1所示。

表5-1　　　　　废水处理方法的分类及去除对象

分类	处理工艺	处理对象	适用范围
物理处理法	调节池 格栅 筛网 沉淀 气浮 离心机 旋流分离器 砂滤池	均衡水质和水量 较大悬浮物和漂浮物 较细小的悬浮物 可沉物质 乳化油、相对密度接近1的悬浮物 乳化油、固体物 较大的悬浮物 细小悬浮物、乳化油	预处理 预处理 预处理 预处理 预处理或中间处理 预处理或中间处理 预处理 中间或深度处理
化学处理法	中和 混凝 化学沉淀 氯化还原 吹脱 萃取 吸附 离子交换 电渗析 反渗透膜	酸、碱 胶体、细小悬浮物 溶解性有害重金属 溶解性有害物质 溶解性气体 溶解性有机物 溶解性物质 可离解物质 可离解物质 盐类	预处理 中间或深度处理 中间或深度处理 中间或深度处理 预处理或中间处理 预处理或中间处理 中间或深度处理 深度处理 深度处理 深度处理
生物处理法	好氧生物处理 厌氧生物处理 土地处理 稳定糖	胶体和溶解性有机物	中间处理 中间处理 深度处理 深度处理

资料来源：刘天齐：《环境保护》，化学工业出版社1998年版。

3. 大气污染治理技术

（1）颗粒污染物的治理，可以通过改变燃料结构、改进燃烧方式和安装除尘装置来对颗粒物污染进行控制。目前，我国的燃料

第五章 产业环保化实现机制：内在动力机制

构成以煤炭为主。煤的灰分为 5%～20%，石油灰分只有 0.2%，因此，煤烟尘的污染比较突出。烟尘包括由于不完全燃烧而形成的粒径微小（0.05～1 微米）的炭黑颗粒和烟气中夹带出的未燃尽的颗粒较大（5～10 微米）的煤粒和飞灰。前者由于颗粒太小，靠一般除尘器无法除去，主要应通过改进燃烧装置及进行合理的燃烧调节来消除。对于颗粒较大的煤粒和飞灰，除了改进燃烧方式外，主要还是靠采取各种除尘装置加以清除。除尘器的种类很多，按原理来分，有重力除尘器、离心除尘器、洗涤式除尘器、静电除尘器等（见表 5-2）。

表 5-2　　　　　主要的防尘器性能与特性

类　型	结构形式	处理的粒度/微米	压力降/帕	除尘效率/%	设备费用程度	运转费用程度
重力除尘	沉降式	50～1 000	100～150	40～60	小	小
惯性力除尘	烟囱式	10～100	300～700	50～70	小	小
离心除尘	旋风式	3～100	500～1 500	85～95	中	中
湿式除尘	文丘里式	0.1～100	3 000～10 000	80～95	中	大
过滤除尘	袋式	0.1～20	1 000～2 000	90～99	中以上	中以上
电除尘		0.05～20	100～200	85～99.9	大	小～大

资料来源：李训贵：《环境与可持续发展》，高等教育出版社 2004 年版，第 277～278 页。

（2）SO_2 废气的治理，主要是指在排烟中去除二氧化硫。目前的排烟脱硫的方法有 80 多种，一般可以分为湿法和干法两种。湿法主要是采用水或水溶液作为吸收剂来吸收烟气中的二氧化硫，采用的湿法有氨法、钠碱法、钙碱法，其中钙碱法又称石灰—石膏法，其主要的副产品可以用作建筑材料的石膏。干法脱硫主要有活性炭吸附、催化氧化、喷雾干燥法。

（3）NO_2 废气的治理方式与脱硫的方式相似，同样可以选择液态或固态的吸收剂或吸附剂来吸收或吸附氮氧化物。若采用吸收法，可以采用碱液、稀硝酸溶液、浓硫酸等作为吸收剂；而采用吸附法时，所采用的吸附剂有活性炭、沸石分子筛等。较为常用的脱氮方法还有非选择性催化还原法，适用于硝酸尾气与燃烧烟气的治理。这种方法一般采用铂作为催化剂，以氢或甲烷等还原性气体作为还原剂，将烟气中的氮氧化物还原成氮气。在采用非选择性催化还原法时，要求要有余热回收装置。[①]

4. 固体废物的一般处理处置技术

（1）预处理。为了便于固体废物的运输、贮存、回收利用和处置，往往需要对固体废物进行预先加工。预处理常涉及固体废物中某些组分的分离与浓集，因此往往又是一种回收材料的过程。固体废物的预处理包括破碎、压实、分选等。

（2）固化处理。固化处理是通过向固体废物中强加固化基材，使废物中的有害物质包容在无害的固化基材中，从而达到无害化、稳定化的目的。根据固化基材的不同，固化处理可以分为水泥固化、沥青固化、玻璃固化、自胶结固化等。

（3）热化学处理。热化学处理是对有机物含量高的固体废物进行无害化、减量化、资源化处理的一种有效方法。它利用高温使废物中的有机有害物质得到分解或转化，从而达到无害化的目的，并充分实现废物的减量化；同时通过回收处理过程中产生的余热或有价值的分解产物使废物中的潜在资源得到再生利用。目前，常用的热化学处理技术主要有焚烧、热解、湿式氧化等。[②]

近年来，环保技术发展速度比较快，除了对传统工业三废的治理技术外，对噪声的控制、对电磁辐射的控制等技术也在日新月异的发展，限于篇幅不再一一赘述。环保技术的发展对产业环保化来说是至关重要的，可以说环保化的实现必须以环保技术为依托。

（四）产业环保化技术应用实例

下面以一组数据来对比沧州大化TDI公司产业环保技术使用前后

---

① 李训贵：《环境与可持续发展》，高等教育出版社2004年版，第277~278页。
② 许健：《我国环境技术产业化影响因素的分析与对策探讨》，中国科学院生态环境研究中心硕士学位论文，1999年。

企业的经济效益情况。

沧州大化 TDI 公司原有年产 2 万吨的甲苯二异氰酸酯（简称 TDI）装置，是国内唯一一家正常连续生产并达标达产的企业。为了提高产品竞争力，降低成本，占有更多市场，2005 年已进行完扩产改造，达到 3 万吨/年的生产能力。公司建立了完善的节能制度，并且建立健全了能源计量网络、能源管理网络、能源消耗台账等。下面就简单地介绍该公司的节能环保技术给公司带来的成本的降低、利益的增加。[①]

1. TDI 生产废水的回用

由于废水的资源化利用是利国利民的大事，为了更好地将高浊度、水质变化大的污水回用于系统，采用超滤（UF）或连续微滤（CMF）膜法水处理就有其较好的处理效果及工艺技术优势。

在化工生产过程中新鲜水的采水量约为 6 750 吨/天，未采用废水回收系统前的年排污水量约为 108 万吨，若按排污费 0.5 元/吨计，年排污费用则为 54 万元。因此每年采水资源费用与排污费用的总和为 254 万~274 万元。

以 UF 或 CMF 运行成本和投资来计算，UF 或 CMF 按 150 吨计，总装置投资费用应为 225 万元。设备折旧费和运行费（能耗费和运行清洗费）的计算以每生产 1 吨清水的处理费用 0.6~0.7 元为标准，且处理能力以 150~200 吨/小时来计算，则年运行总费用为 54 万~75.6 万元。设备每小时回收水量按 150 吨计，则年采水资源费为 108 万元，再加上排污费减少的 54 万元，则单纯从排污和采水费用总计节省 162 万元。通过整体核算可知年节约费用 86.4 万~108 万元。由于政府干预，采水厂今后送水的价格估计要达到 2.3 元/吨，则年节省费用将达到 300 万元以上。

2. 低压凝液的回收利用

TDI 公司常压冷凝液由于含有苯胺类有机物，长期以来不能有效

[①] 贾理珍、冯捷、姜秀云：《浅析清洁生产的潜力和环境保护的关系》，载于《科技情报开发与经济》2005 年第 8 期。

地回收利用，造成了能源上的很大浪费。采用新的技术以后，将 TDI 常压冷凝液回收用于造气炉废锅以及夹套用水，每年节约冷凝水 20 000 吨左右。

3. 提高循环水的浓缩倍数

通过技术改造提高循环水的浓缩倍数，从而降低循环水的补水量，每年可节约水资源 12 万吨左右。循环水浓缩倍数提高后，缓蚀阻垢剂、杀菌剂、氯气等药剂的费用都相应地减少，这样一来每年共可节约 20 多万元。

4. 进行变频改造

水汽锅炉三台鼓风机进行了变频改造，每年可节约电量 568 560 千瓦时；TDI 光化排气压缩机 B6612，原电机功率为 147 千瓦，改变频后运行功率为 80 千瓦，每年可节约电量 50 000 千瓦时。

5. 其他

在满足生产的前提下，307 分变使一台变压器运行，一年节省 8 万千瓦时，节省费用 4 万元。另外，调整生产中的一些操作，例如，根据现场设备运转情况，在用电负荷较低时，采用单台主变带 6 千伏 I、II 段，各分变带采用单台变压器运行，这样每天仅变压器损耗这一项就节约用电 2 644 千瓦时。而且，随季节变化调整伴热所用蒸汽，降低蒸汽的消耗，从而也降低了能耗。

由上可见，通过加强节能管理及技术改造，TDI 产品的消耗有了大幅降低。

要想使企业在市场竞争中站稳脚，就必须继续增强产品的竞争力，一方面继续提高产品质量，另一方面还需降低成本。这就要求企业把提高环保技术当作企业盈利的重要手段来抓，积极探索环保技术改造工作，时刻强化创新意识，通过技术挖潜改造工作，为企业创造更大的效益。

三、产业环保化的绿色生产机制

20世纪80年代末到90年代初,绿色革命在经济发达国家表现得很突出,并已逐渐形成绿色需求:绿色生产、绿色产品、绿色消费、绿色营销、绿色技术、绿色投资……保护环境的观念日益加强。因此,采用清洁工艺、技术,注重资源的节约和利用,向消费者提供安全、卫生的绿色产品,使绿色消费健康发展对产业发展具有重要作用。各产业部门通过采用无毒、少毒的能源和原材料运用清洁生产的方式生产绿色产品、清洁产品,促使生产实现废物产生最少化,环境污染无害化,资源利用最大化,尽量减少对环境污染的过程,也是产业环保化实现的过程。[①] 本部分主要了研究了产业环保化的绿色生产机制,对绿色生产的投入产出模型进行了分析。

(一) 绿色生产

1. 清洁生产

绿色生产也被称为"清洁生产"。"清洁生产"一词是联合国环境规划署(UNEP)1989年首次提出的,并解释为:"清洁生产是对生产过程与产品采取整体预防性的环境策略,以减少其对人类及环境可能的危害:对生产过程而言,清洁生产包括节约原材料与能源,尽可能不用有毒原材料并在全部排放物和废弃物离开生产过程以前就减少它们的数量和毒性。对产品而言,由生命周期分析(Life Cycle Assessment),使得从原材料取得到产品最终处置过程中,尽可能将对环境的影响减至最低。"

目前国际上对清洁生产并未形成统一的定义,清洁生产在不同的地区和国家存在着许多不同而相近的提法,使用着具有类似含义的多

[①] 张天柱:《清洁生产概述》,高等教育出版社2006年版。

种术语。例如，欧洲国家有时称之为"少废无废工艺"、"无废生产"；日本多称"无公害工艺"；美国则称之为"废料最少化"、"污染预防"、"减废技术"。此外，还有"绿色工艺"、"生态工艺"、"环境工艺"、"过程与环境一体化工艺"、"再循环工艺"、"源削减"、"污染削减"、"再循环"等。这些不同的提法或术语实际上描述了清洁生产概念的不同方面。

美国环境保护局对废物最少化技术所作的定义是："在可行的范围内，减少产生的或随之处理、处置的有害废弃物量。它包括在产生源处进行的削减和组织循环两方面的工作。这些工作导致有害废弃物总量与体积的减少，或有害废物毒性的降低，或两者兼有之；并使现在和将来对人类健康与环境的威胁最小的目标相一致。"这一定义是针对有在废弃物而言的。未涉及资源、能源的合理利用和产品与环境的相容性问题，但提出以"源削减"和"再循环"作为最小化优先考虑的手段，对于一般废料来说，同样也是适用的。这一原则已体现在随后的"污染预防战略"之中。

欧洲专家倾向于下列提法：清洁生产为对生产过程和产品实施综合防治战略，以减少对人类和环境的风险。对生产过程来说，包括节约原材料和能源，革除有毒材料，减少所有排放物的排放量和毒性；对产品来说，则要减少从原材料到最终处理的产品的整个生命周期对人类健康和环境的影响。上述定义概括了产品从生产到消费的全过程，为减少风险所应采取的具体措施，但比较侧重于企业层次。

联合国环境规划署将清洁生产概括为：针对生产过程、产品、服务持续实施的综合性预防的以增加生态效率和减少人类和环境风险的策略。对于生产过程，它意味着充分利用原料和能源，消除有毒物料，在各种废物排出前，尽量减少其毒性和数量。对于产品，它意味着减少从原材料选取到产品使用后最终处理处置整个生命周期过程对人体健康和环境构成的影响；对于服务，则意味着将环境的考虑纳入设计和所提供的服务中。根据这一清洁生产的概念，其基本要素可描述为如图5-4所示。①

---

① 冉瑞平：《长江上游地区环境与经济协调发展研究》，西南农业大学博士学位论文，2003年6月。

第五章 产业环保化实现机制：内在动力机制

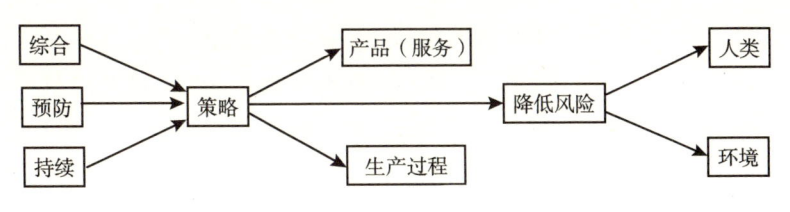

图5-4 绿色生产的基本要素

清洁生产，要求产品在从原料的取得，经过生产成型，直到产品报废和处置的整个生命周期中无污染或少污染，不会危害人体健康，不会对环境造成损害。这就要求各产业部门，在生产过程尽可能做到污染物质的零排放。要实现这一目标，必须有两个前提条件：一是建立起少污染或无污染的技术体系，尽可能减少能源和各种自然资源的消耗，提高单位资源的产出率，减少经济系统污染物产出量；二是建立闭路循环式生产体系，必须建立起具有类似自然界生态系统中的生产者、消费者、分解还原者的产业群落，以实现产品生命周期污染物质的减量化、无害化和资源化。因此，清洁生产不仅内含有科学技术的进步，而且还包含有通过提高资源的综合利用率，以提高经济效益，以及通过污染物质的减量化、无害化和资源化，达到保护生态环境的目的等内容。[①]

清洁生产一方面用节能、降耗、减污降低生产成本，改善产品质量，提高企业的经济效益，增强企业的市场竞争力。另一方面，由于实施清洁生产，可大大减少末端治理的污染负荷，节省大量环保投入（一次性投资和设施运行费），提高企业防治污染的积极性和自觉性。清洁生产可以最大限度地利用资源和能源，通过循环套用或重复利用，使原材料最大限度地转化为产品，把污染消灭在生产过程之中。通过改进设备或改变燃烧方式，进一步提高能源的利用率，既可减少污染物的产生量与排放量，又可节约资源与能源，用较少的投入获得较大的收益，具有显著的经济效益。清洁生产可以避免和减少末端治理的不彻底而造成的二次污染。因为清洁生产采用了大量的源头削减措施，既可减少含有毒成分原料的使用量，又可提高原材料的转化

---

① 熊文强：《绿色环保与清洁生产概论》，化学工业出版社2002年版，第55~58页。

率,减少物料流失,减少污染物的产生量和排放量,因此减少二次污染的机会。清洁生产可最大限度地替代有毒的产品、有毒的原材料和能源,替代排污量大的工艺和设备,改进操作技术和管理方式,从而改善工人的劳动条件和工作环境,提高工人的劳动积极性和工作效率。清洁生产可改善工业企业与环境管理部门间的关系,解决环境与经济相割裂的矛盾。

对于产品,清洁生产意味着减少、降低产品对从原材料使用到最终处置的全生命周期有不利影响的能源,取消使用有毒原材料,在生产过程排放废物之前,减、降废物的数量和毒性。因此,企业实施清洁生产,就是使用清洁的原、辅材料,通过清洁的工艺过程,生产出清洁的产品,企业实施清洁生产要求生产全过程中减少污染物的产生量,并要求污染物最大限度资源化:清洁生产不仅考虑工业产品的生产工艺,而且对产品结构、原料和能源替代、生产运营、现场管理技术操作、产品消费,直至产品报废后的资源循环等诸多环节进行统筹考虑,其目的在于使人类社会与自然和谐发展。清洁生产同时具有经济和环境双重目标,通过实施清洁生产,企业在经济上能赢利,环境也能得到改善,从而达到环境保护和经济发展协调的目的。清洁生产是手段,目标是实现经济与环境协调发展。①

减少污染物对环境的危害,除了对其进行回收利用外,还可以对其进行处理。但处理污染物并不能使污染物消失,而只是改变了污染物存在的形式。例如,如果用湿式去除法净化烟道气,污染物被排入下水道,然后随污水进入河流。结果是当地空气质量得到了改善,代价是污染了河流。同样,如果市政和工业污水的治理水平不高,主要依靠焚烧污泥和固体废弃物,虽然保护了水体和土地资源,却污染了空气。因此,只有当某种环境容量未被充分利用时,末端处理的方法才是有效的,否则,必然会造成某种形式的污染,而不能最终解决环境问题,相比之下,提高污染物循环利用水平和采用清洁生产工艺,才是更为有效的办法。② 用清洁生产思路调整工业及能源结构,将污

---

① 《环境经济学的产生与发展》,www.lyac5.lyac.edu.cn,2006年11月8日。
② 宋鸿:《清洁生产——要留清白在人间》,上海科学技术情报研究所,2000年3月1日。

染消灭在产生之前,是解决环境问题最佳的方案。人类对这一过程的认识可用图 5-5① 表示。

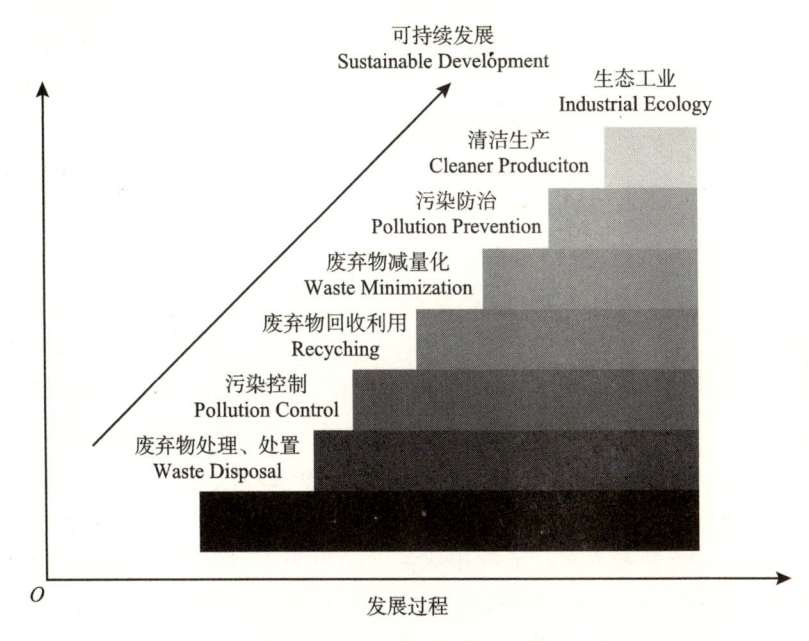

图 5-5 生产模式发展过程

由图 5-5 可知,清洁生产的最终目标是要发展为生态工业形式,来逐步实现产业的可持续发展,生态工业模式下的产业系统称之为产业生态系统。

2. 清洁生产的效益性

推行清洁生产不仅可以提高资源的利用率,减少污染物的排放,促进产业环保化,而且从内部利益化的角度来讲,还可以带来巨大的经济效益。下面从一组数据对比来说明清洁生产带来的环境、经济效益。

(1) 国外实施清洁生产的效益分析:荷兰在 1998 年实施的清洁

---

① 张天柱:《清洁生产概述》,高等教育出版社 2006 年版。

生产项目中，在食品加工、电镀、金属加工和化学工业等5个行业10家企业中开展污染预防研究，结果表明，减少工业废物的产生和排放潜力巨大，仅仅通过"加强内部管理"就能使废物削减25%～30%；通过改进工艺、革新技术，还能进一步削减30%～80%的废物。波兰在1992～1993年间，因实行清洁生产，全国的固体肥料、废水、废气和新鲜用水量分别减少了22%、18%、24%和22%。由于实行清洁生产，美国自1970年以来人口增长了22%，国民生产总值增长了约75%，但是能源消耗却增长不到10%，同时，大气中的铅、烟尘、一氧化碳和二氧化硫等污染物浓度大幅度下降。

（2）国内开展清洁生产的效益分析：自1993年以来，北京、上海、山东、江苏等18个省市的219家企业实施了清洁生产，这些企业自实施清洁生产方案后，每年获得的经济效益达5亿元。环境效益更为明显：山东省自1993年至今，[①] 已在造纸、纺织印染、石油化工、酿造、淀粉、氯碱、冶金、电子、机械制造、化工、制药等10余个行业、60多家企业进行了清洁生产审计。据统计，通过实施清洁生产的无/低费方案，废气排放量削减率为10.0%，万元产值废气排放削减率为9.36%；二氧化硫排放削减率为16.9%，万元产值排放率为34.2%；烟尘排放削减率为17.9%，万元产值削减率为15.1%；废水排放削减率为27.5%，万元产值排放削减率为15.2%，企业年增加经济效益为数百万元到数千万元，经济效益增加率在1%～5%。经济环境效益均十分巨大。

如果继续实施清洁生产的高费方案和持续实施清洁生产，企业的经济、环境和社会效益会进一步增加。

3. 产业生态系统[②]

在系统的进一步进化中，资源逐渐变成有限制的因子，而且系统各组分之间的关系逐渐变得复杂起来，其相互联系组成了一个网络系统，与自然生态系统中各种群相互依赖形成群落的模式相似。从而形成二级生态系统模式（图5-6b）。二级生态系统内的物质

[①] 洪毅、贺德化、昌志华：《经济数学模型》，华南理工大学出版社1997年版。
[②] 陈龙辑：《环保政策带来新的商机》，载于《经济观察》，2005年7月。

第五章 产业环保化实现机制：内在动力机制

循环极为重要，资源和废物的流通量受到资源数量和环境对废物容纳能力的制约。与初级生态系统相比，二级生态系统对资源的利用效率大大提高，但由于物质、资源的流动仍是单向的，因而资源不可避免地会继续减少，同时废物也在不断增加，系统将不能持续下去。为此，产业生态系统应进一步进化，其结果是系统内部资源得到最大化利用，废物不再存在，它被转化为再生资源。从系统投入看，只有能源需要从系统外部输入，这便是理想的产业生态系统状态（图5-6c）。

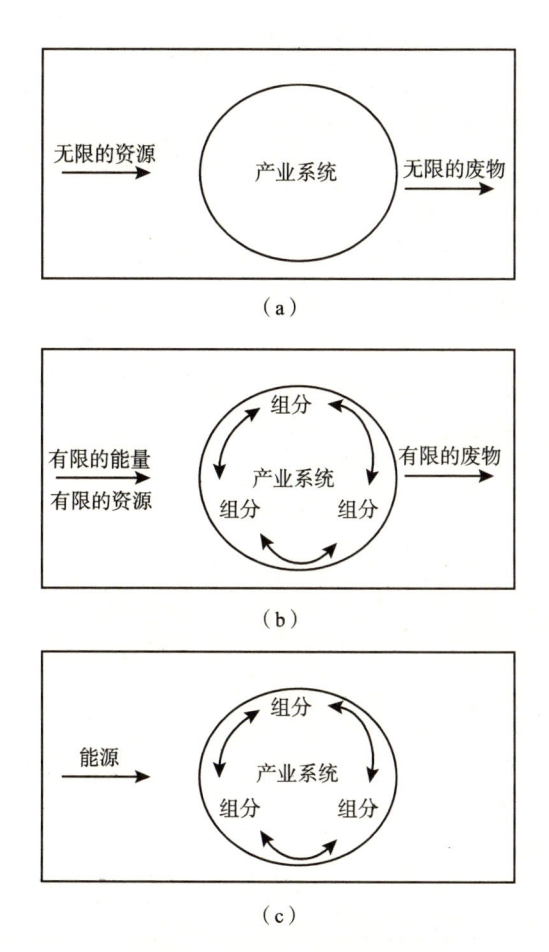

图5-6 产业生态系统的发展

概括来看，由于传统的产业系统中各企业的生产过程相互独立，这是资源能源消耗大，污染产生排放严重的重要原因。产业生态系统仿照自然生态系统的模式，强调实现产业体系中物质的闭环循环。特别地，一个重要的形式是建立产业系统中不同生产过程或不同行业间的横向共生。在单个企业清洁生产的基础上，通过不同企业的共生耦合与资源共享，为"废物"建立下游的"分解者"，形成产业生态系统的"食物链"和"食物网"，实现系统资源的有效利用和废物产生排放的最小化。

（二）绿色生产的投入产出模型

整个国民经济是一个由许多产业部门组成的有机整体，各产业之间有密切的联系。假定整个国民经济分成几个物质生产部门，每个部门都有双重身份，一方面作为生产部门以自己的产品分配给其他部门；另一方面各个部门在生产过程中也要消耗其他部门的产品。如表5-3所示，表中左上角部分（或称第一象限），由几个部门组成，每个部门既是生产部门，又是消耗部门。量 x_{ij} 表示第 j 部门所消耗第 i 部门的产品，称为部门间的流量，它可按实物量计算，也可用价值量（用货币表示）计算。

表5-3　　　　　　　　经济投入产出表

部门 部门间流量 部门		消耗部门				最终产品				总产品
		1	2	…	n	消费	积累	出口	合计	
生产部门	1	x_{11}	x_{12}	…	x_{1n}				y_1	$x_1 S$
	2	x_{21}	x_{22}	…	x_{2n}				y_2	x_2
	N	N	N	N	N				N	N
	n	x_{n1}	x_{n2}	…	x_{nn}				y_n	x_n
净产品价值	劳动报酬	v_1	v_2	…	v_n					
	纯收入	m_1	m_2	…	m_n					
	合计	z_1	z_2	…	z_n					
总产品价值		x_1	x_2	…	x_n					

第五章 产业环保化实现机制：内在动力机制

表 5-4　　　　　　　　　　资源投入产出表

部门 部门间流量 部门		中间存量				最终存量				总产品
		1	2	…	n	消费	积累	出口	合计	
中间存量	1	α_{11}	α_{12}	…	α_{1n}				β_1	α_1
	2	α_{21}	α_{22}	…	α_{2n}				β_2	α_2
		N	N	N	N				N	N
	n	α_{n1}	α_{n2}	…	α_{nn}				β_n	α_n
其他资源	土地资源	f_1	f_2	…	f_n					
	水资源	w_1	w_2	…	w_n					
	合计	s_1	s_2	…	s_n					
所列资源占用		α_1	α_2	…	α_n					

表 5-5　　　　　　　　　　环境投入产出表

部门 部门间流量 部门		产业部门及排污				消费部门及产污				总产出
		1	2	…	N	1	2	…	n	
中间投入	1	λ_{11}	λ_{12}	…	λ_{1n}				μ_1	λ_1
	2	λ_{21}	λ_{22}	…	λ_{2n}				μ_2	λ_2
		N	N	N	N				N	N
	n	λ_{n1}	λ_{n2}	…	λ_{nn}				μ_n	λ_n
污染物	废水	wa_1	wa_2	…	wa_n					
	废气	g_1	g_2	…	g_n					
	固废	wr_1	wr_2	…	wr_n					
总投入		λ_1	λ_2	…	λ_n					

注：环境表的部门分类同经济投入产出表。

表 5-5 中右上角部分（第二象限），每一行反映了某一部门从总产品中扣除补偿生产消耗后的余量，即不参加本期生产周转的最终产品的分配情况。其中 y_1, y_2, …, y_n 分别表示第 1，第 2，…，第 n 生产部门的最终产品，而 x_1, x_2, …, x_n 表示第 1，第 2，…，第 n 生产部门的总产品，也就是对应的消耗产业部门的总产品价值。表 5-3 中左下角部分（第三象限），每一列表示该产业新创造的价值，第 k 部门的净产值为 z_k，包括劳动报酬和纯收入 m_k。

从表 5-5 的每一行来看，某一产业部门分配给其他各部门的生产性消耗加上该部门最终产品的价值应等于它的总产品，即：

$$\sum_{k=1}^{n} x_{jk} + y_j = x_j \qquad j = 1, 2, \cdots, n \tag{5.1}$$

这个方程组称为分配平衡方程组。

从表 5-3 的每一列来看,每一个消耗部门消耗其他各产业部门的生产性消耗加上该部门新创造的价值等于它的总产品的价值,即:

$$\sum_{k=1}^{n} x_{kj} + z_j = x_j \qquad j = 1, 2, \cdots, n \tag{5.2}$$

这个方程组称为消耗平衡方程组。

由 (5.1) 式、(5.2) 式易得:

$$\sum_{j=1}^{n} y_j = \sum_{j=1}^{n} z_j \tag{5.3}$$

即各部门最终产品的总和等于各部门新创造价值的总和(即国民收入)。

第 j 部门生产单位价值产品直接消耗第 k 部门的产品价值量,称为第 j 部门对第 k 部门的直接消耗系数,记为 a_{kj}。

$$a_{kj} = \frac{x_{kj}}{x_j} \qquad 1 \leqslant k \leqslant n, \ 1 \leqslant j \leqslant n \tag{5.4}$$

各部分之间的直接消耗系数构成直接消耗系数矩阵:

$$A = \begin{bmatrix} a_{11} & a_{12} & \cdots & a_{1n} \\ a_{21} & a_{22} & \cdots & a_{2n} \\ \vdots & \vdots & \vdots & \vdots \\ a_{n1} & a_{n2} & \cdots & a_{nn} \end{bmatrix}$$

代入分配平衡方程,得:

$$\sum_{j=1}^{n} a_{kj} x_j + y_k = x_k \qquad k = 1, 2, \cdots, n \tag{5.5}$$

记 $X = (x_1, x_2, \cdots, x_n)^T$, $Y = (y_1, y_2, \cdots, y_n)^T$,

(5.5) 式写成:

$$X = AX + Y \tag{5.6}$$

又由消耗平衡方程组得:

$$\sum_{k=1}^{n} a_{kj} x_j + z_j = x_j \qquad j = 1, 2, \cdots, n \tag{5.7}$$

于是有:

$$x_j = \frac{z_j}{1 - \sum_{k=1}^{n} a_{kj}} \tag{5.8}$$

根据问题的意义显然有：

$$0 \leq a_{kj} < 1, \sum_{k=1}^{n} a_{kj} < 1 \tag{5.9}$$

在此条件下，矩阵 $(I-A)$ 是满秩的，因此（5.6）式有唯一的解：

$$X = (I-A)^{-1}Y \quad 且当 \quad Y>0, X>0 \tag{5.10}$$

a_{kj} 是第 j 部门生产单位价值产品时直接消耗第 k 部门的产品量，但第 j 部门生产产品时，还通过其他部门间接消耗第 k 部门的产品。为了研究两个部门之间的关系，引入完全消耗系数的概念，考虑矩阵 $C = (I-A)^{-1} - I$。

根据矩阵 A 的性质，知 C 的元素非负。

假定第 j 部门最终产品为 1，其他部门最终产品为 0，即 $Y = (0, \cdots, 0, 1, 0, \cdots, 0)^T$，

那么有：

$$X = (I-A)^{-1}Y = (C+I)Y = CY + Y \tag{5.11}$$

即第 k 部门的总产品为 $c_{kj}(k \neq j)$ 或 $c_{jj} + 1(k=j)$。也就是说，为了第 j 部门多生产单位产品，第 k 部门应该多生产周转产品 c_{kj}，c_{kj} 就定义为第 j 部门生产单位产品时对第 k 部门的完全消耗系数。即，第 j 部门生产单位产品时，直接消耗和通过其他部门所消耗的第 k 部门产品量为 c_{kj}。

（三）绿色生产的投入产出分析

由上述分析可知，在产业部门生产中：中间产品 + 最终产品 = 总产品。产业的清洁生产通过原材料（包括能源）的有效使用和替代，尤其是采用二次资源或废物作原料替代稀有短缺资源的使用，生产过程中的废物循环回用等生产模式，包括将废物、废热回收作为能量利用；将流失的原料、产品回收，返回主体流程之中使用；将回收的废物分解处理成原料或原料组分，复用于生产流程中；组织闭路用水循

环或一水多用等，上述手段和措施能够极大提高原料的利用率，增加中间产品量从而增加最终产品的产量，根据上文的投入产出模型可知，在保持最初投入资源不变的情况下，采用清洁手段能够增加总产品生产量。

根据资源投入矩阵，可以计算出资源存量关系为：

中间存量 + 最终存量 = 总存量

即：

$A^c \alpha + \beta^c = \alpha^c$

式中：A^c 为单位产出的中间存量占用系数矩阵；β^c 为最终存量矩阵；α^c 为产品总存量向量；α 为总产出向量。

对于资源消耗方面，对于有限的自然资源及能源，采用清洁生产，通过改进生产工艺等方式可以降低资源的消耗量，通过改革工艺与设备方面实施清洁生产的主要内容，可包括[①]：简化流程、减少工序和所用设备；使工艺过程易于连续操作，减少开车、停车次数，保持生产过程的稳定性；提高单套设备的生产能力，装置大型化，强化生产过程；优化工艺条件（如温度、流量、压力、停留时间、搅拌强度，必要的预处理，工序的顺序等）；利用最新科技成果，开发新工艺、新设备，如采用无氰电镀或金属热处理工艺、逆流漂洗技术等。采用这些手段不断间接地提高资源中间存量，从而达到资源总存量提高的目的。

根据环境投入产出矩阵，可以计算出环境污染量在各产业部门的关系为：

生产部门产污量 + 消费部门产污量 = 总产污

即：

$F\lambda + \mu = W$

式中：F 为单位产出直接产污系数矩阵；μ 为消费部门产污量矩阵；λ 为总产出列向量；W 为总产污列向量。

清洁生产通过改变生产管理手段以及通过推行清洁产品，为环境改善提供强有力的手段。我国产业生产产生的污染，相当程度是由于生产过程中管理不善造成的。实践证明，规范操作强化管理，往往可

[①] 徐波：《中国环境产业发展模式研究》，西北大学博士学位论文，2004年6月。

以通过较小的费用而提高资源/能源利用效率,削减相当比例的污染,因此,国外在推行清洁生产时常把改进操作加强管理作为一项最优先考虑的清洁生产措施。如合理安排生产计划;改进物料贮存方法、加强物料管理;消除物料的跑冒滴漏;保证设备完好等。

产品制取是工业生产的基本目的,它既是生产过程的产出,又是生产过程的输入,因此,清洁产品是清洁的生产过程中的一项基本内容。它可包括改革产品体系,产品报废的回用、再生、产品替代、再设计等方面,如无汞电池的设计制造、延长使用寿命或可拆卸产品的开发等。

上述清洁生产手段极大降低了生产部门排污量及消费部门排污量,根据公式,总的污染产生量在清洁生产作用下也就降低了。

(四)绿色生产应用实例

下面通过一组数据的对比来说明产业环保化生产机制给企业带来的效益。

青特集团有限公司由十四个法人企业组成,是集专用车生产、铸造、锻造、机械加工、房地产开发、工程施工、国际贸易等为一体的多元化、综合性的大型企业集团。集团主要生产各种特种汽车、汽车驱动车桥、支撑车桥及其他汽车零部件。

青特集团围绕提高市场竞争能力,以科技进步、自主创新为支撑,将循环经济、清洁生产等理念与企业的生产过程、管理过程和经营过程紧密结合起来,有效地达到了节约资源、降低消耗、减少污染、增加效益的目的。

(1)采用了工业园绿色工程建设。集团公司引进了世界上最先进的铸造造型生产线——德国KW静压造型线,并将原先的5吨冲天炉更新为环保型的10吨长炉龄水冲天炉,增加了13台通风除尘装置。从根本上解决了铸造造型、熔炼过程中的噪音、粉尘、烟尘等污染问题;节省人工80余人,节约人工费用160万元/年。引进先进的能耗、物耗低的加工制造设备。其中引进的摩擦焊机投入生产后,每天可节约电力15.15万度,节约焊丝225吨,还节约了大量的焊剂、二氧化碳保护气等资源消耗。而且生产出来的桥壳抗疲劳程度明显增强，质量大大提高，节约了桥壳断裂索赔的大量资金，每年节约315.3万元，还减少了资源浪费。

（2）企业实行清洁生产，改进生产流程，提高资源利用率。青特集团在机械加工过程中产生了很多铁屑、边角料、废品件、包装物等废弃物，集团将这些钢材集中回收，实现综合利用和资源化利用。可以利用的下脚料、边角料就尽量利用，不可利用的废弃钢材经收集后送至铸造熔炼铁水，生产其他铸造件。寄托对报废的元器件等采用分解处理，回收利用有效的零部件。例如大量的旧铝线、铜线，这些材料若直接报废，将是一笔很大的浪费，如果工业园的建设中需要搭接各种电路，公司就合理利用这些，仅这一项就节约15万元。公司还建设了一条混凝土砖块生产线，回收利用废弃物，制造新型墙体材料。每年可为集团减排废砂、炉渣、粉煤灰等固体废弃物600吨。

节约资源保护环境是提高企业全球化市场竞争能力的必由之路。青特集团在可持续发展战略思想的指导下，以循环经济和清洁生产理论为基础，开展资源节约型企业，提高资源利用效率，降低污染排放，增加企业效益。

四、产业环保化的环保产业化机制

环保之所以可以成为产业，是因为环保大市场的形成。环保产业化的过程也就是产业环保化的实现过程。自1972年联合国环境大会以来，环境保护逐渐在世界范围内引起政府、企业、民众的关注，并依次带动了一系列与环境保护有关的理论、政策的研究和产业的发展。在这种背景下，环保产业成为与信息技术产业、生物技术产业并列21世纪最有潜力的三大新兴产业之一。发展环保产业是进行环境保护的最佳方式，宏观上看，环保产业的产生与发展不仅成为经济发展的内在的必然要求，也成为产业实现环保化的一个重要影响因素。

（一）环保产业

现阶段，从资源、环境和生态的基础地位出发，促进环保产业的发展可以很大程度上促进经济发展。世界各国的环保产业都在迅速成长，而且其产业构成各具本国特点。

美国的环保产业由三大类构成：服务、设备和资源。第一类包括：分析服务；固体废弃物管理；危险废弃物管理；化学废弃物管理、修复/工业服务；咨询与工程。第二类包括：水处理设备和化学药品；大气污染治理过程与预防技术；废弃物管理设备；环境仪器仪表制造。第三类包括：公共用水；资源恢复；环境能源来源。

加拿大环保产业由下列七大部分组成：固体废弃物处理与治理；大气污染治理技术；供水与污水处理；土地管理与资源保护；环境健康与安全；绿色产品与服务；能源选择和能源保护。

德国环保产业包括以保护环境为目的的设备生产厂家及提供相关商业服务的厂家（例如工程和开发）。而废弃物管理、循环利用、污染土壤及危险废弃物处理、环境保护设备的咨询与维护均不作为环保产业的组成部分。

意大利环保产业被认为是既定的企业经营的特定狭义定义集合，它们是以特定的环境保护为目的的生产、设施和设备建设。它们包括下列几部分：工业和城市排放物的清除；大气污染排放物的减少；城市和工业固体废弃物处理和处置；土地开垦；噪声减少。

挪威的环保产业包括五个主要的环境分部门的设备制造：水污染和排放物处理设备；大气污染治理设备；海洋环境与安全，其中包括石油泄漏处理设备；监测和地理信息系统；废弃物管理和循环设备。此外，还有咨询公司与研究院所为本部门提供的服务。能源增效节约设备与服务不包括在环保产业内。

日本国际贸易与产业省将"生态企业"广义地定义为"潜在的有助于减少环境负担的产业部门"。这一部门应促进与环境保护相一致的工业开发。生态企业被划分为六个分部门：环境保护；废弃物处置和循环利用；环境恢复；有利于环境的能源供给；有利于环境的产品（清洁产品）；有利于环境的生产过程。

由于环保产业的内涵逐渐扩大，环保产业具有广泛的渗透性，为环保产业的产出水平、运行状况、经济影响的统计带来许多不便。为了使统计数据具有可比性，中国在2001年环保产业调查时将环保产业分成五类：环境保护产品生产。包括水污染治理设备、空气污染治理设备、固体废弃物处理设备、噪声振动控制设备、环保药剂材料、环境监测仪器。洁净产品产业。包括低毒低害产品、低排放类产品、节水产品、可生物降解产品、有机食品和其他洁净产品。环境保护服务业，包括环境保护技术科研开发、环境保护产品经销、环境工程设计与施工、环境保护技术服务与咨询、环境治理设施与运营。资源综合利用产业，包括废弃资源回收、固体废物综合利用、废水（液）综合利用、废气综合利用、其他。自然生态保护产业，包括自然保护区建设、生态示范区建设、生态恢复与治理。[1]

（二）环保产业发展现状

世界发达国家的环保产业，近年来一直以高于国民生产总值增长率1~2倍的速度增长，在国民经济中所占的份额逐年上升，并逐步成为支柱产业。经合组织的研究表明，环保产业已与生物技术产业、通讯技术产业并列为当代最具发展潜力的三大技术产业领域，全球环保产业市场在2000年已达到6 000亿美元。

1990年全球用于购买环保新设备的投资为2 000亿美元，1995年达到4 700亿美元，2000年达到6 500亿美元，投资的增长不仅加快了环保产业的发展，而且由于环保投资的增长所产生的庞大国际市场，已日益受到发达国家和发展中国家的共同关注，成为世界主要工业化国家竞争的市场焦点之一，并为发展中国家调整产业结构提供了有利的市场机会。[2]

我国环保产业是自20世纪70年代以来，从无到有，从小到大逐

---

[1] 郑海元、陈祁零、卢佳友：《绿色产业经济研究》，中南大学出版社2000年版，第239页。
[2] 国家环境保护总局：《2005年中国环境状况公报》，第16页。

第五章 产业环保化实现机制：内在动力机制

步发展起来的，现已初具规模。据统计，1996年上半年，全国仅从事环保技术和产品研制、开发、生产和推广的环保工业就达8 000多家，1998年达9 000多家。近年来，资源综合利用和洁净技术产品领域得到快速发展，环境保护服务业也取得较大进展，环保产品品种比较齐全，具备一定的生产配套能力，基本可以满足目前一般环境污染治理的要求，但核心产品的技术水平和可靠性与发达国家相比仍有较大差距。2005年，国家环保总局、发改委、统计局联合开展了以2004年为基准年的全国环保相关产业基本情况调查。结果显示，2004年，全国列入调查的年产值200万元以上的环境保护相关产业从业单位11 623家，产业从业人员159.5万人，产业收入总额4 572.1亿元，实现利润393.9亿元，应交税金总额343.6亿元。出口合同额62.3亿美元，人均收入28.7万元，人均利润2.5万元。

然而，相对于信息技术产业在近20年的迅猛发展而言，环保产业则仍然处于幼稚期。相关环保产业的理论探索和具体实践都没能在整个社会经济生活中占有应有的地位，这在中国表现得尤其明显。因此，把更多精力投向具有战略意义的环保产业研究符合社会发展的客观要求。

（三）环保产业对于产业环保化的重要性

环保产业能够促进环保技术、环保生产能力提高，因此，环保产业在产业环保化过程中，能够发挥很大的作用。在总结过去环境产业得失的基础上，需要理顺与建立新的环保产业体制，并制定适合我国国情与符合环保产业发展规律的各类环境政策。

（1）进一步明确我国发展环保产业的基本思路，主要包括：要坚持以市场为导向、以科技为先导、以效益为中心。强化政策引导，依靠技术进步，培育规范市场，加强监督管理，加大环境执法力度，逐步建立与社会主义市场经济体制相适应的环保产业宏观调控体系，统一开放、竞争有序的环保产业市场运行机制，促进环保产业健康发展，为环境保护提供技术保障和物质基础，以适应日益规范的环保要求对环保产业的需求，并使其成为新的经济增长点。

(2) 优先发展重点领域,参考发达国家的经验,结合我国的产业环保化的思路及我国的实际情况,我国可以重点发展以下几个领域:一是烟气脱硫技术与装备,机动车尾气污染防治技术,垃圾资源化利用与处理处置技术和装备,工业废水处理及循环利用工艺技术,清洁生产技术与装备,生态环境保护技术与装备;二是污染防治装备控制仪器,在线环境监测设备等为主要内容的环保技术与装备,以及性能先进的环保材料及环保药剂;三是"三废"综合利用、废旧物资回收利用为重点的资源综合利用;四是环境咨询、信息和技术服务、环境工程以及污染防治设施运营等为主要内容的环境服务。

(3) 将环保产业作为重点发展领域,纳入国民经济和社会发展计划及远景目标。通过利用价格、税收、信贷、投资,以及采取微观和宏观经济调节等经济杠杆来调整和影响投资者、生产者和污染者对污染防治的决心、信心和行为。环保产业是新兴产业,又是公益性产业,没有政策的扶持、没有利益的驱动,市场很难持久发展。因此,除了用行政手段强制干预外,要使企业更自觉、自愿地进行治理以有效启动市场需求。另外,也需要积极支持鼓励中国环保产业走向国际市场,并制定相关机制和优惠政策。

(四) 环保产业价值分析

环保产业的产值与企业环保化收益密切相关,短期内,企业环保投入增加,相应的环保收益也会增加,从而带动环保产业收益的增加。设企业环保收益为 Y,则:

$$Y = G(S, W) - F(X, W)$$

式中:S 为三废综合利用产品量;X 为环保投入;W 为三废产生量;$G(S, W)$ 为三废综合利用产品产值;$F(X, W)$ 为环保投入。

环保产业内生于企业环保,那么环保产业的产值 Z 即为 Y 的函数:

$$Z = g(Y)$$

随着企业环保收益的增加,环保产业的产值也会相应提高。同

第五章 产业环保化实现机制：内在动力机制

样，环保投入的边际成本也呈下降趋势，如图5-7所示。

目前，环保产业的发展前景十分乐观。以辽宁省沈阳市为例，至2004年，从事环保产业的全部国有及环保产业年销售收入200万元以上（包含200万元）的非国有企、事业单位总计254家，从业人员25 135人，固定资产总额为205亿元，当年环保产业固定资产投资13.6亿元，经营收入140亿元，利润7.4亿元。可见，环保产业对于企业来说是有利可图的，环保产业化实现机制不仅可以促进产业环保化，而且还可以促进经济的快速发展。

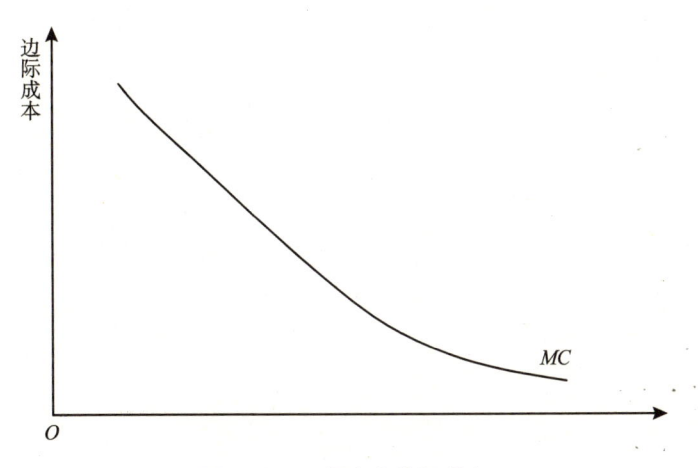

图5-7 环保产业边际成本

环保产业与产业环保化的关系非常紧密，可以说双方唇齿相依，因此必须重视环保产业，促进环保产业的健康快速发展。

小　　结

内在动力机制是环保化能够顺利实现的根本保证，尤其是对于产业发展的微观主体——企业来说，以利益、技术、生产等为核心的内在机制能够为其提供基础支持，获取经济利益；而环保产业在产业环保化中的地位特殊，根据笔者在上文提出的环保产业内生于其他产业的原则，环保产业实际上是产业环保化过程的一个重要影响因素，能从根本上为产业的环保化提供动力支持，因此本章主要针对产业环保化的内在的技术机制、生产机制及环保产业等问题进行了深入的分析与探讨。

第六章

协同发展：产业环保化与环保产业相关性分析

> 要从根本上改善环境状况，实现经济与社会可持续发展，必须加快发展环保产业。
> ——国家11部委《关于印发〈关于加快发展环保产业的意见〉的通知》

在前面的章节中，我们讨论了实现产业环保化的内在动力机制，其中强调了环保产业化在促进环保企业内部利益增大的同时，对于产业环保化具有极其重要的作用。本章作者将运用协同学的主要观点，研究环保产业与产业环保化的重要关系，进一步探讨环保产业的发展对于我国产业环保化的重要意义。

一、协同学理论分析

协同学（Synergetics）由原联邦德国斯图加特大学理论物理学教授哈肯（Herman Haken）创立。1977年，哈肯发表了他的专著《协同学》，1983年，他又发表了专著《高等协同学》，将"Synergetics"解释为"Working Together"，意为共同工作。协同学可以说是"协同合作之学"，强调研究的是"集体行为"，"人们的那些似乎是相互约定的行动"，集体行为形成一种自动反应，使个体不可能逃脱它的摆布。"做出决定的并非是好意或恶意,而是集体形成的条件。"① 作为横断科学"新三论"之一的协同学理论,是研究远离平衡态的开放系统在与外界有物质或能量交换的情况下,如何通过自己内部的协同作用,自发地出现在时间、空间以及功能上的有序结构。

一些学者以现代系统控制科学的最新成果——系统论、信息论、控制论、突变论等为基础,同时吸取了耗散结构理论的精华,采用系统动力学的综合思维模式,通过对不同学科、不同系统的同构类比,提出了多维多相空间理论,并且建立了一整套统一的数学模型和处理方案。在从微观到宏观的过渡过程中,描述了各类有着不同特殊性质的系统从无序到有序转变的共性。

对于协同学具体运用到社会科学之中,曾健、张一方两位教授是这样论述的:社会协同学即"在社会中如何通过对不同的社会领域和社会作用之间的相互协同,以期在社会整体形成在微观个体层次之间的新的结构特征的科学"。② 国内外将协同学应用于经济管理领域的研究处于萌芽时期,主要将协同学的部分原理应用于企业间竞争的初步探讨。

协同作用是任何一个复杂系统都具有的一种自组织能力,也是形成系统有序结构的内部作用力。在复杂性系统中,各要素之间存在着非线性的相互作用,当外界控制参量达到一定的阈值时,要素之间互相联系相互关联代替其相对独立,相互竞争而占据主导地位,从而表现出协调合作,其整体效应增强,系统从无序状态走向有序状态,即"协同导致有序"。系统的有序性是系统内诸要素协同作用所形成的。系统的协同作用不是一两次就能完成的,而是不断在运动中在新的层次上进行的新的协同作用。

人类生存的地球及区域环境是由经济发展与生态环境等多因素组成的复合系统,高新技术产业发展、生态环境都是这个大系统中的子系统,这两个子系统相互联系又相互独立、相互支持又相互制约,每个子系统都有一种自组织能力。当组成经济发展与生态环境大系统中的任何一个子系统发生改变,都会引起其他子系统发生变化,对整个

---

① H.哈肯:《协同学——自然成功的奥妙》,上海科学普及出版社1998年版,第234页。

② 曾健、张一方:《社会协同学》,科学出版社2000年版,第56页。

第六章 协同发展：产业环保化与环保产业相关性分析

大系统的状态产生影响。在经济发展的过程中，要合理使用和配置资源，在产业发展水平提高的同时，产业发展对生态环境的影响要控制在生态环境的承载力之内，使产业发展与生态环境能和谐一致，保持良性循环的状态。

二、产业环保化与环保产业协同发展机制

根据协同学的原理，各类产业间具有产业关联度或潜在关联度。即各产业间存在着物质流和能量流的传递流动关系，或者通过一定环节的补充，能够在各产业间建立起多通道的产业连接，形成互动机制。

机制是复杂系统中各要素之间以及在系统外环境的作用之下产生的内在机能、内在规定性和控制方式。探讨协同发展机制，有利于理清发展中相互之间的关系，从而有的放矢地抓住主要矛盾，解决主要问题，为环保产业与其他产业环保化的协同发展扫清不必要的障碍。

产业环保化与环保产业协同机制是指：产业系统在内外部因素的作用下，环保产业与其他产业环保要素之间以及其与外部环境之间相互作用、相互促进、相互依赖和相互影响，驱使协同系统形成和发展内在机能和控制方式。各种协同发展机制之间既相互区别，又相互联系，交织渗透，构成一个复杂而不断向有序发展的系统网络。产业环保化与环保产业的主要协同机制为：

（一）动力机制

环保产业与其他产业作为开放系统，它时刻受到外部政治波动、经济发展、科技创新等环境变化的影响，而且环保产业与产业环保化之间的相互作用不是简单的"1+1=2"的线性关系，而是发生着复杂的产业关联、资源整合、合作创新、竞争与合作共存、协同提升产业经济水平的"1+1>2"的非线性关系。① 因此，环保产业与产业

---

① 李小玲：《闽台高科技产业互补机制及其对策研究》，福州大学软科学研究所硕士学位论文，2000年，第38页。

环保化协同发展始终是处于一种非平衡的状态，这种状态使得由产业协同作用产生众多的发展小涨落可以相互增强组成产业的巨涨落。

（二）耦合机制

耦合是两个或两个以上的系统或运动方式之间通过各种相互作用而彼此影响以至联合起来的现象，是在各子系统间的良性互动下，相互依赖、相互协调、相互促进的动态关联关系。[1] 这里"耦合"主要是指某一个系统内各子系统相互作用、相互依赖、相互协调、相互促进的动态联系，推进各子系统竞争力互动共增。

产业环保化与环保产业协同发展必然要求环保产业及其他产业在经济发展过程中产生相互增强、耦合互动关系。这种耦合机制从系统内部要素分析，表现为不同产业发展耦合；从系统整体分析，表现为整个国民经济产业作为整体，其内部产业间竞争与合作关系的耦合。

产业环保化与环保产业协同发展的目的是提升全部产业发展水平。它表现为环保产业与其他产业要素通过互补，相互取长补短，耦合成一个整体，发挥出"1+1>2"的协同效益。其他产业的环保化是提升环保产业必要的物质能量条件，包括由废气、废水、工业固体废弃物处理等所构成的污染要素和由能源消耗等所构成的资源要素。[2] 在这些要素的作用下，双方很容易在市场运作条件下，运用比较利益，优势互补，实现环保产业及其他产业环保的耦合互动。

（三）外部环境控制机制

对产业环保化与环保产业共同组成的开放型系统而言，只有在外部环境达到一定的临界状态时，才会导致系统向更为高级的有序结构演变。外部环境的变化对产业起着至关重要的作用，而它的每一次新的"临界值"到来都左右着两种产业协同发展的状态和进程，这些

---

[1] 辞海编辑委员会：《辞海》，上海辞书出版社1977年版，第415页。
[2] 王缉慈：《关于我国区域研究中的若干新概念的讨论》，载于《北京大学学报（哲社版）》1998年第5期，第114~120页。

第六章　协同发展：产业环保化与环保产业相关性分析

外部环境诸如政治环境、人文环境、经济环境、科技发展环境等。外部环境控制机制表现在环境对系统的集合控制。这种集合控制反映为环境对系统的正面控制，即产生促进的作用；或负面控制，即产生抑制的作用。

（四）自组织运行机制

一个协同系统，当它的外部控制参量达到阈值时，就会有一种无形的力量把系统内各要素组织起来，构成一个空间、时间、功能更为有序的结构,[①] 称之为自组织结构。产业环保化与环保产业协同发展最为本质的表现是其运行的自组织机制，当外部环境相互作用达到一定控制程度，必然要求环保产业与其他产业环保之间协同发展起来，在内外动力作用下，环保产业及其他产业环保问题将迅速地自组织成更为有利于提高各产业的结构。这种结构的产生和发展是结构本身具备自组织运行的自我推动、自我开放、自我调控等能力。

三、产业环保化与环保产业互动发展模式

没有环保产业的支撑和推动，产业环保化难以实现。新的发展观已经带来了革命性的变革，以往的伦理学、社会学、经济学、法学、环境科学、生态学等，在理论和实践上都将得到改造、重组和创新。环保产业实际上就是对资源和环境的产业化整合，符合"循环经济"的思想。[②] 环保产业要以环境技术为基础，同时，环境技术又要通过环保产业来应用于产业环保化的过程，并在实践中不断地加以创新。环保产业的发展潜力根本上取决于环保产业市场的开发潜力，有利于促进产业环保化的实现。

环保产业的带动性，体现在环保产业自身的技术进步将推动相关

[①] 谢章澍：《闽台高科技产业竞争力及其区域产业协同发展研究》，福州大学硕士学位论文，2001年，第45~51页。
[②] 李健民、万劲波：《促进环境科技与环保产业协同发展的环境技术政策》，载于《中国科技论坛》2002年第1期。

产业的技术进步。环保产业的发展不仅从技术上保证了经济的可持续发展,并为产业结构调整、产品结构更新提供了新的思路。因此,环保产业是基础性产业,也是战略性产业。环保产业对相关产业的带动作用,将有力地推进国民经济产业结构的升级和发展。

产业环保化与环保产业互动式发展过程中,产业环保化对环保产业所起的作用主要获益于其较强的渗透性以及其产业的高效益性和关联带动作用,而环保产业发展对产业环保化具有逆向支撑和引导作用。其互动模式如图 6-1 所示。产业环保化与环保产业在发展过程中,相互作用、相互促进。

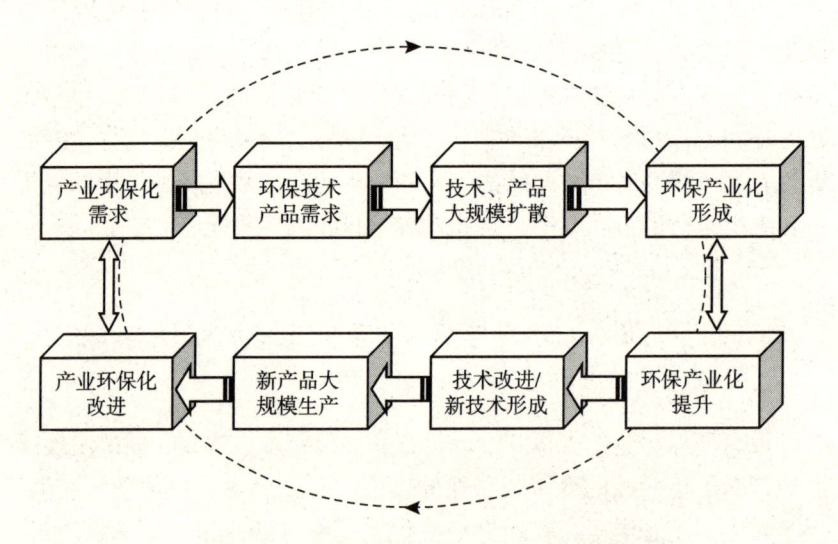

图 6-1 环保产业与产业环保化互动模式

用 x,y 分别表示 t 时刻产业环保化子系统的指数和环保产业子系统的指数,两个子系统各自的相对增长率分别为 $\frac{1}{x}\frac{dx}{dt}$、$\frac{1}{y}\frac{dy}{dt}$,考虑到发展规律和子系统间的相互作用的影响两个方面,故采用动力学方程可描述为:[①]

[①] 张玉祥、王玉浚、韩可琦:《煤炭工业可持续发展的协同学理论及神经控制系统》,载于《中国矿业》1998 年第 2 期。

第六章 协同发展：产业环保化与环保产业相关性分析

$$\begin{cases} \dfrac{1}{x}\dfrac{\mathrm{d}x}{\mathrm{d}t} = f_1(x) + g_1(y) \\ \dfrac{1}{y}\dfrac{\mathrm{d}y}{\mathrm{d}t} = f_2(x) + g_2(y) \end{cases}$$

右端的函数 $f_1(x)$，$g_2(y)$ 分别表示两子系统各自的发展规律所导出的自身指数的相对增长率；$f_2(x)$，$g_1(y)$ 分别表示另一子系统对该子系统影响。这四个函数需根据具体对象和环境确定。为了便于分析，本文采用了伏特拉模型，即假定函数 $f_1(x)$，$g_2(y)$，$f_2(x)$，$g_1(y)$ 都是线性的，故环保化子系统的指数和环保产业子系统相互作用的协同学数学模型为：

$$\begin{cases} \dfrac{\mathrm{d}x}{\mathrm{d}t} = x(a_1 + b_1 x + c_1 y) \\ \dfrac{\mathrm{d}y}{\mathrm{d}t} = y(a_2 + b_2 x + c_2 y) \end{cases}$$

模型中，a_1，a_2 分别是子系统 x，y 的内生增长率，其正负由它们各自内部体系确定。$b_1 x^2$ 和 $c_2 y^2$ 反映的是各子系统内部的制约因素。故 $c_1 xy$，$b_2 xy$ 这两项反映的是各子系统间的相互作用。当 $b_2 \geq 0$，$c_1 \geq 0$ 时，产业环保化与环保产业两个子系统之间对对方的指数增长均起促进作用，双方协同发展，为可持续发展模式。

四、环保产业与其他产业相关关系分析

（一）产业关联

产业关联，就是指产业间以各种投入品和产出品为连接纽带的技术经济联系。这里，各种投入品和产出品可以是各种有形产品和无形产品，也可以是实物形态或价值形态的投入品或产出品。技术经济联系和联系方式可以是实物形态的联系和联系方式，这些难以用计量方法准确衡量，而价值形态的联系和联系方式可以从量化比例的角度来进行研究。

环境产业可以成为拉动经济增长的先导产业，涉及建筑、建材、交通、能源、冶金、轻工、化工、电子、通讯、机械等50多个行业的2 000多个品种。环境产业消费需求的变化，直接刺激其他相关产业消费需求的变化。

对农林牧渔业、制造业、电力、煤气及水的生产和供应业、建筑业等相关产业的分析可见，环境产业的产业关联度非常高，它可以拉动钢铁、水泥、纺织、能源动力等产业；也可以推动电子、通讯、新能源等新兴产业。同样，环保产业的高关联度也同样意味着：如果它发生衰退，那么也就必然伤及与其相关的所有行业。

这里将通过对环保产业与其他产业建立相关分析模型，分析环保产业与其他产业之间的关联存在性。所谓相关就是指事物、现象之间的相互关系。在事物、现象之间，往往存在着一定的关系，一事物的变化，常引起另一事物也发生变化，或者许多事物因受某种因素的影响，同时都在变化，统计学中的相关性就是要从数量方面来研究两种或两种以上变量之间的关系。本部分以环保产业产值与其他产业产值之间的关系作为数量因子来进行相关分析。

相关的种类依照两种变量变动的方向分，有正相关、负相关和无相关（零相关）。其中正相关表示一种变量增加或减少，另一种变量也在增加或减少，两种变量变动的方向相同；负相关表示一种变量增加或减少，另一种变量也在减少或增加，两种变量变动的方向相反；无相关表示在两种变量之间，一种变量变动时，另一种变量毫无变动，即使变动也无一定的规律。

要精确地反映两种变量之间的相关程度，常用相关系数来表示，相关系数就是用来表示相关程度的量的指标，通常以相关系数来代表。对于相关系数的大小所表示的意义，统计学家的意见尚不一致，但通常按表6-1所示解释。

表6-1　　　　　　　　相关系数判别表

γ	相关程度
0.00 ~ ±0.30	微相关
±0.30 ~ ±0.50	实相关
±0.50 ~ ±0.80	显著相关
±0.80 ~ ±1.00	高度相关

第六章　协同发展：产业环保化与环保产业相关性分析

本章采用皮尔逊提出的积差相关对环保产业及其他产业的相关情况进行分析，积差相关是由统计学家提出的，因而又称皮尔逊相关，积差相关系数也称为皮尔逊系数，它是求直线相关的最基本的方法，通常以 g 来表示。计算的公式为：

$$g = \sum xy / NS_x S_y$$

式中：g 为 X 和 Y 两数列之间的相关系数；$x = x - x_0$ 为 X 数列中各量数与其平均数之差；$y = y - y_0$ 为 Y 数列中各量数与其平均数之差；S_x 为 X 数列的标准差；S_y 为 Y 数列的标准差；$\sum xy$ 为各对离差乘积的总和；N 为成对量数的次数（总对数）。

（二）环保产业与其他产业相关分析

根据上面的分析，本部分以环保产业及其他产业的生产总值为基础数据，借助 SPSS 进行分析，主要数据如表 6-2 所示。

表 6-2　　　　环保产业相关分析基础数据　　　　单位：亿元

年份	国内生产总值	第一产业生产总值	工业生产总值	建筑业生产总值	交通运输、仓储、邮政产业生产总值	批发零售业生产总值	人均国内生产总值	环保产业生产总值
1993	35 333.92	6 887.263	14 187.97	2 266.46	2 205.557	3 198.705	2 998.364	311.5
1997	78 973.03	14 264.59	32 921.39	4 621.614	4 593.037	7 314.094	6 420.18	459.2
2000	99 214.55	14 716.22	40 033.59	5 522.285	7 333.363	9 629.7	7 857.676	1 689.9
2002	120 332.7	16 238.62	47 431.31	6 465.46	9 393.444	11 950.93	9 398.054	2 200
2003	135 822.8	17 068.32	54 945.53	7 490.785	10 098.39	13 479.97	10 541.97	3 803.5
2004	159 878.3	20 955.83	65 210.03	8 694.283	12 147.61	15 249.85	12 335.58	4 572.1

SPSS 的相关分析功能被集中在 Statistics 菜单的 Correlate 子菜单中，本部分通过该菜单提供的 Bivariate 过程进行分析，此过程可用于进行两个或多个变量间的参数及非参数相关分析，本模型为多个变量，因此，将给出两两相关的分析结果。主要分析结果如表 6-3 所示。

表 6-3　相关系数表

		国内生产总值	第一产业生产总值	工业生产总值	建筑业生产总值	交通运输、仓储、邮政产业生产总值	批发零售业生产总值	人均国内生产总值	环保产业生产总值
国内生产总值	Pearson Correlation	1	.971(**)	.999(**)	.999(**)	.991(**)	.998(**)	1.000(**)	.938(**)
	Sig. (2-tailed)		.001	.000	.000	.000	.000	.000	.006
	Sum of Squares and Cross-products	9 760 969 000.614	995 563 529.308	3 941 443 670.509	499 615 081.927	809 698 178.666	971 206 821.355	728 216 443.734	359 412 334.059
	Covariance	1 952 193 800.123	199 112 705.862	788 288 734.102	99 923 016.385	161 939 635.733	194 241 364.271	145 643 288.747	71 882 466.812
	N	6	6	6	6	6	6	6	6
第一产业生产总值	Pearson Correlation	.971(**)	1	.976(**)	.974(**)	.938(**)	.960(**)	.974(**)	.849(*)
	Sig. (2-tailed)	.001		.001	.001	.006	.002	.001	.032
	Sum of Squares and Cross-products	995 563 529.308	107 719 089.832	404 544 580.938	51 165 602.355	80 520 683.401	98 120 844.472	74 556 567.232	34 193 821.549
	Covariance	199 112 705.862	21 543 817.966	80 908 916.188	10 233 120.471	16 104 136.680	19 624 168.894	14 911 313.446	6 838 764.310
	N	6	6	6	6	6	6	6	6
工业生产总值	Pearson Correlation	.999(**)	.976(**)	1	1.000(**)	.986(**)	.995(**)	.999(**)	.937(**)
	Sig. (2-tailed)	.000	.001		.000	.000	.000	.000	.006
	Sum of Squares and Cross-products	3 941 443 670.509	404 544 580.938	1 594 346 138.864	202 079 236.331	325 409 755.121	391 390 887.061	294 151 341.049	145 219 314.484
	Covariance	788 288 734.102	80 908 916.188	318 869 227.773	40 415 847.266	65 081 951.024	78 278 177.412	58 830 268.210	29 043 862.897
	N	6	6	6	6	6	6	6	6

第六章 协同发展：产业环保化与环保产业相关性分析

续表

		国内生产总值	第一产业生产总值	工业生产总值	建筑业生产总值	交通运输、仓储、邮政产业生产总值	批发零售业生产总值	人均国内生产总值	环保产业生产总值
建筑业生产总值	Pearson Correlation	.999（**）	.974（**）	1.000（**）	1	.986（**）	.996（**）	.999（**）	.940（**）
	Sig. (2-tailed)	.000	.001	.000		.000	.000	.000	.005
	Sum of Squares and Cross-products	499 615 081.927	51 165 602.355	202 079 236.331	25 618 743.468	41 251 224.441	49 641 401.752	37 283 830.404	18 449 911.312
	Covariance	99 923 016.385	10 233 120.471	40 415 847.266	5 123 748.694	8 250 244.888	9 928 280.350	7 456 766.081	3 689 982.262
	N	6	6	6	6	6	6	6	6
交通运输、仓储、邮政产业生产总值	Pearson Correlation	.991（**）	.938（**）	.986（**）	.986（**）	1	.994（**）	.989（**）	.946（**）
	Sig. (2-tailed)	.000	.006	.000	.000		.000	.000	.004
	Sum of Squares and Cross-products	809 698 178.666	80 520 683.401	325 409 755.121	41 251 224.441	68 347 225.611	80 908 299.670	60 299 814.577	30 356 179.305
	Covariance	161 939 635.733	16 104 136.680	65 081 951.024	8 250 244.888	13 669 445.122	16 181 659.934	12 059 962.915	6 071 235.861
	N	6	6	6	6	6	6	6	6
批发零售业生产总值	Pearson Correlation	.998（**）	.960（**）	.995（**）	.996（**）	.994（**）	1	.998（**）	.936（**）
	Sig. (2-tailed)	.000	.002	.000	.000	.000		.000	.006
	Sum of Squares and Cross-products	971 206 821.355	98 120 844.472	391 390 887.061	49 641 401.752	80 908 299.670	96 973 042.473	72 435 220.524	35 764 521.447
	Covariance	194 241 364.271	19 624 168.894	78 278 177.412	9 928 280.350	16 181 659.934	19 394 608.495	14 487 044.105	7 152 904.289
	N	6	6	6	6	6	6	6	6

续表

		国内生产总值	第一产业生产总值	工业生产总值	建筑业生产总值	交通运输、仓储、邮政产业生产总值	批发零售业生产总值	人均国内生产总值	环保产业生产总值
人均国内生产总值	Pearson Correlation	1.000（**）	.974（**）	.999（**）	.999（**）	.989（**）	.998（**）	1	.933（**）
	Sig. (2-tailed)	.000	.001	.000	.000	.000	.000		.007
	Sum of Squares and Cross-products	728 216 443.734	74 556 567.232	294 151 341.049	37 283 830.404	60 299 814.577	72 435 220.524	54 344 492.425	26 671 177.438
	Covariance	145 643 288.747	14 911 313.446	58 830 268.210	7 456 766.081	12 059 962.915	14 487 044.105	10 868 898.485	5 334 235.488
	N	6	6	6	6	6	6	6	6
环保产业生产总值	Pearson Correlation	.938（**）	.849（*）	.937（**）	.940（**）	.946（**）	.936（**）	.933（**）	1
	Sig. (2-tailed)	.006	.032	.006	.005	.004	.006	.007	
	Sum of Squares and Cross-products	359 412 334.059	34 193 821.549	145 219 314.484	18 449 911.312	30 356 179.305	35 764 521.447	26 671 177.438	15 050 617.820
	Covariance	71 882 466.812	6 838 764.310	29 043 862.897	3 689 982.262	6 071 235.861	7 152 904.289	5 334 235.488	3 010 123.564
	N	6	6	6	6	6	6	6	6

** Correlation is significant at the 0.01 level (2-tailed).
* Correlation is significant at the 0.05 level (2-tailed).

第六章 协同发展：产业环保化与环保产业相关性分析

在上面的结果中，变量间两两的相关系数是用方阵的形式给出的，每一行和每一列的两个变量对应的格子中就是这两个变量相关分析结果，由上表可见环保产业生产总值自身的相关系数均为1，而环保产业生产总值与国内生产总值以及其他几个产业之间的相关系数分别为：0.938，0.849，0.937，0.940，0.946，0.936，0.933，根据相关系数判别表可知，环保产业与其他各产业之间具有极高的相关度。

（三）环保产业经济贡献分析

发达国家的环保产业发展史表明，环保产业对产业经济发展的带动作用表现在三个方面，即：改善经济的环境品质；促进经济增长；提高经济的技术档次。

环保产业有利于改善产业发展的环境品质，这是产生环保产业的首要动因。各类环保产业，无不具有从环境上改善产业经济品质的目的，它们的区别仅在于：末端控制技术和洁净技术所采用的是防御或保护的方式，而绿色产品和环境服务功能还包含创造更高的环境品质的目标。

发达国家的环保产业发展史同样说明，环保产业可以成为带动国民经济的一个新的增长点，这一结论源于以下三个事实：一是环境问题几乎渗透到经济活动的各个方面，从基础产业，到制造业、服务业，无不涉及。从这一角度看，环保产业与国民经济的联系是牵一发而动全身的。二是环保产业从末端控制技术向清洁技术再向绿色产品和环境服务功能的发展，越来越具有正面的经济效益，越来越具有更广阔的市场前景。这种市场前景，不仅在于对传统的不注重环境品质的产品与服务的替代，而且还有新出现的适应和满足更高生活质量需求的产品与服务。三是作为一个派生的但并非不重要的现象是，自20世纪80年代以来，发达国家环保产业的发展与发达国家中大公司的跨国经营是并行不悖的。产业的跨国迁移主要受两种经济成本因素的驱动，一种是人力成本，另一种是环境成本。跨国公司的大规模出现，不仅带动全球经济，而且使跨国公司的母国获得更高的经济效益。当然，不能讲环保产业是跨国公司出现的直接动因，但它至少说明，跨国公司与环保产业是从经济构成上推动发达国家解决环境问题的并行不悖的两只轮子。

另外，环保产业提高了经济的技术层次。日本环保学界认为，解决环境问题是日本经济技术升级的跳板。这种认识，对其他发达国家也是相同的。这种经济技术升级表现为：在经济总体构成上，高科技支持下的服务业增长高于制造业；在制造业中，以传统技术为背景的夕阳产业逐步被淘汰或跨国转移，而以高科技或环境安全技术为背景的朝阳产业则受到鼓励；在市场上，具有绿色产品特征的商品日益成为消费的主流。[①]

五、产业环保化与环保产业协同发展的系统动力学分析

本部分运用系统动力学方法对我产业环保化与环保产业的协同性进行分析，系统动力学[②]是由美国麻省理工学院史隆管理学院（Massachusetts Institute of Technology, MIT, Sloan School of Management）教授 Jay W. Forrester 在研究社会系统复杂性，总结了传统的管理方法之后创立的新方法，它是研究社会大系统的计算机仿真方法。

（一）系统动力学理论

系统动力学在国外的发展已具相当的规模，目前世界上几十个国家的数以百计的著名院校与科研机构讲授系统动力学的课程或开发理论与应用研究工作，数以千计以系统动力学为主修方向的硕士、博士

[①] 王旭东：《中国实施可持续发展战略的产业选择》，暨南大学博士学位论文，2001年5月。
[②] 肖广岭：《可持续发展与系统动力学》，载于《自然辩证法研究》1997 年第 4 期，第 37~41 页。

第六章 协同发展：产业环保化与环保产业相关性分析

研究生已从各国毕业。迄今有关系统动力学的国际性学术会议已召开了十余次，在现实问题中，其中以罗马俱乐部的世界模型和美国的全国模型的应用比较出名。

系统动力学在国内的发展起步较晚，比美国晚 25 年，比日本约晚 15 年，甚至比东南亚某些国家也晚。国内的系统动力学主要是由上海交通大学教授杨通谊进行传播的。自从进入国内以来，不论是发展该学科的客观物质条件，还是专业队伍的学术水平与国外先进水平都有很大差距。发展系统动力学必需的软件与相应的硬件尚在引进或等待配套，虽然从事系统动力学专业人员已初具规模，但多数尚处培训阶段。目前在国内系统动力学的研究方面，复旦大学的王其藩教授做出了相当大的贡献，他自 1983 年来不仅为系统动力学理论与应用研究方向的研究生讲授系统动力学系列课程，还出版并编写了大量的相关书籍，并利用系统动力学对相关问题进行了研究。

系统动力学理论的基本点鲜明地表明了唯物的系统辩证的特征，它强调系统、整体的观点和联系、发展、运动的观点。从系统方法论来说，系统动力学的方法是结构方法、功能方法和历史方法的统一，系统动力学研究处理复杂系统问题的方法是定性与定量结合，系统综合推理的方法。因此，本部分按照系统动力学的理论与方法建立的模型，借助系统动力学分析软件模拟，定性与定量结合的研究产业环境保护的系统问题。

（二）产业环保化与环保产业系统动力学模型

根据产业环保化与环保产业动力系统的动力机制，把整个系统分成社会、经济、资源和环境等四个子系统，它们既有各自的内部运行机制，同样也可以组合在一起形成一个耦合的结构流程图。以下则分别讨论每一个子系统的闭合逻辑关系以及组合在一块是如何形成一个完整的结构系统。

产业环保化与环保产业动力系统是一个复杂大系统，各个子系统有序运行是大系统发挥整体功能的基础，而大系统综合目标最优则是个子系统发展的目标。系统发展的整体性主要体现在两个方面：一是系统内各子系统是相互关联而非孤立存在的。利用贝塔朗微分方程组描述：

$$\begin{cases} \dfrac{\mathrm{d}X_s}{\mathrm{d}t} = f_1(X_s, X_{ec}, X_r, X_{en}) \\ \dfrac{\mathrm{d}X_{ec}}{\mathrm{d}t} = f_2(X_s, X_{ec}, X_r, X_{en}) \\ \dfrac{\mathrm{d}X_r}{\mathrm{d}t} = f_3(X_s, X_{ec}, X_r, X_{en}) \\ \dfrac{\mathrm{d}X_{en}}{\mathrm{d}t} = f_4(X_s, X_{ec}, X_r, X_{en}) \end{cases}$$

这里的 X_s，X_{ec}，X_r，X_{en} 分别表示社会、经济、资源、环境子系统的一种度量。二是各子系统相互作用的综合结果并非各子系统的简单相加，产业环保化与环保产业动力系统的整体性表明，各子系统的有序运行和协同作用是这一复合系统发挥整体功能的基础；子系统的发展并不能使系统整体功能最大，但子系统的变化，将影响整个系统功能。只有社会、经济、资源、环境各子系统协调发展，才能发挥系统整体功能之和大于各子系统功能之和的特征。

1. 社会子系统

社会子系统以就业人口总数为核心因素，产业环保化与环保产业为环保产业内部及其他产业内部提供了更多的就业机会，因为两个子系统的协同发展，使双方的产出增加。产出多，就业率高；就业人口增多，产出增多，由此形成正反馈，如图6-2所示。

2. 资源子系统

资源是产业发展的重要基础，产业环保化要求减少资源的浪费，其推行的集约化生产也旨在降低对资源的过度消耗，环保产业则可以达到把一部分废弃的资源重新利用的目的，如图6-3所示。

3. 经济—环境子系统

产业环保化与环保产业系统中，经济的增长是系统协同发展的目的之一，由于产业环保化对三废处理量的需求加大，促进了环保产品

第六章 协同发展：产业环保化与环保产业相关性分析

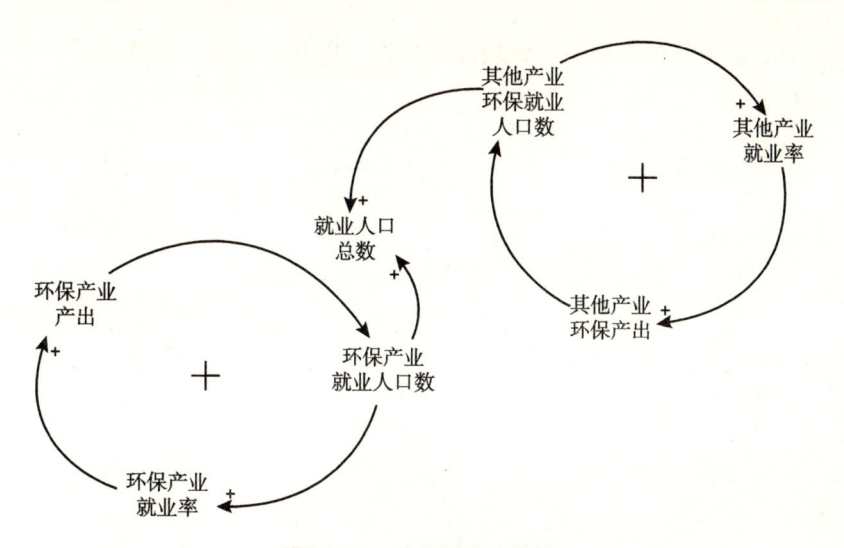

图 6-2 社会子系统结构

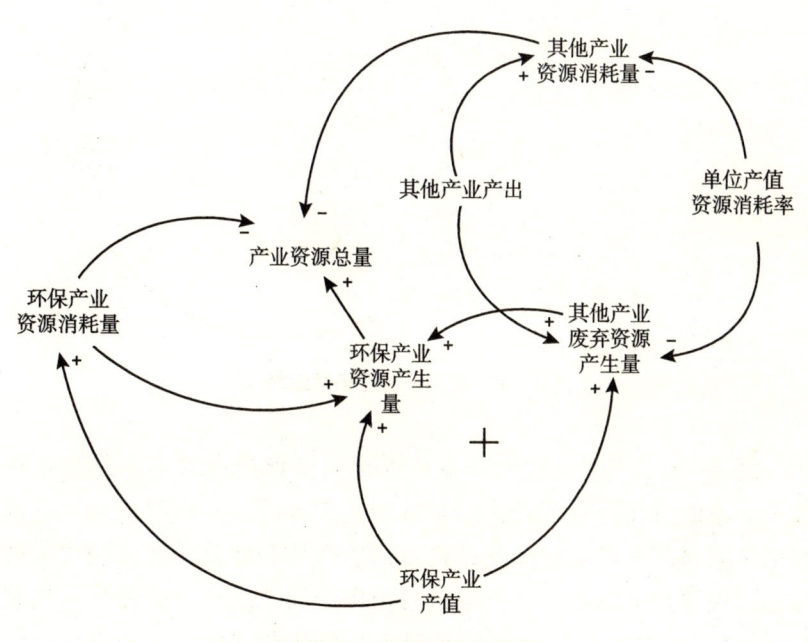

图 6-3 资源子系统结构

和服务的需求增加，从而作用于环保产业的发展，导致环保产业 GDP 增长率提高，进而促进了环保产业的发展，同时其他产业环保化的结果也使产业发展可持续能力加大,提升了产业的发展质量,如图6-4所示。

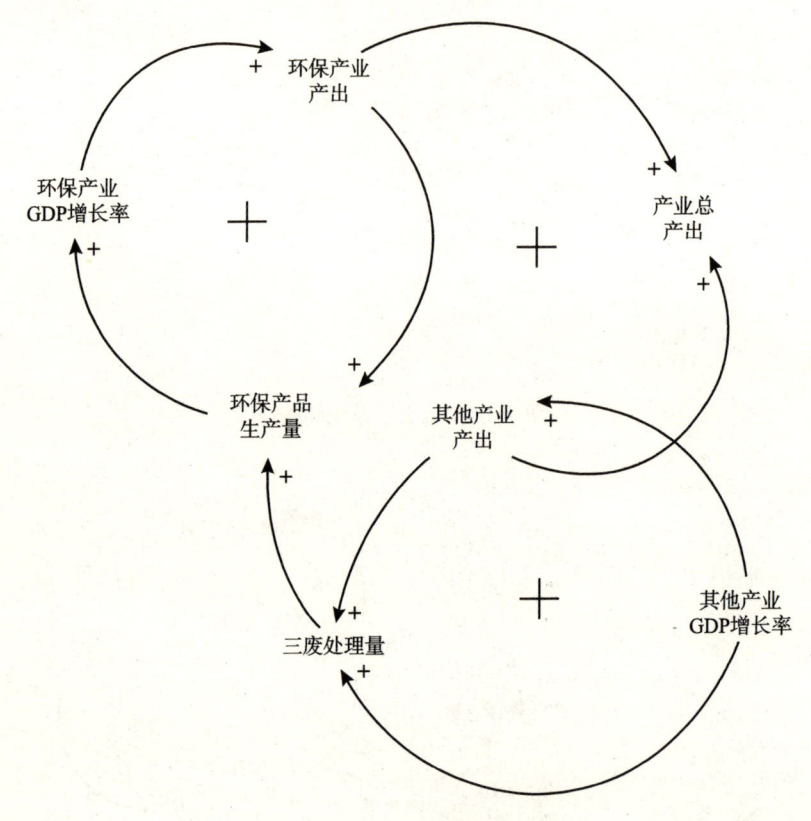

图6-4 经济—环境子系统结构

图6-5表示的是我国产业环保化与环保产业的基本结构系统流图。系统流图是系统动力学基本变量表示符号的有机组合,它反映因果关系图中没能反映出来的变量的性质和特点,使系统内部的作用机制更加清晰明了,然后通过流图中的关系进一步量化,实现仿真目的[①]。产业环保化与环保产业系统基本结构流图是将社会子

---

① 张惠丽、郭进平:《中国铁矿石需求预测系统动力学模型研究》,载于《金属矿山》2006年第2期。

第六章 协同发展：产业环保化与环保产业相关性分析

系统、资源子系统与经济子系统耦合而成的总体结构流图，该图中将产业发展的主要相关要素：产值、就业情况、资源消耗情况以及环境保护因素中的三废处理情况、三废排放情况进行了综合考虑。

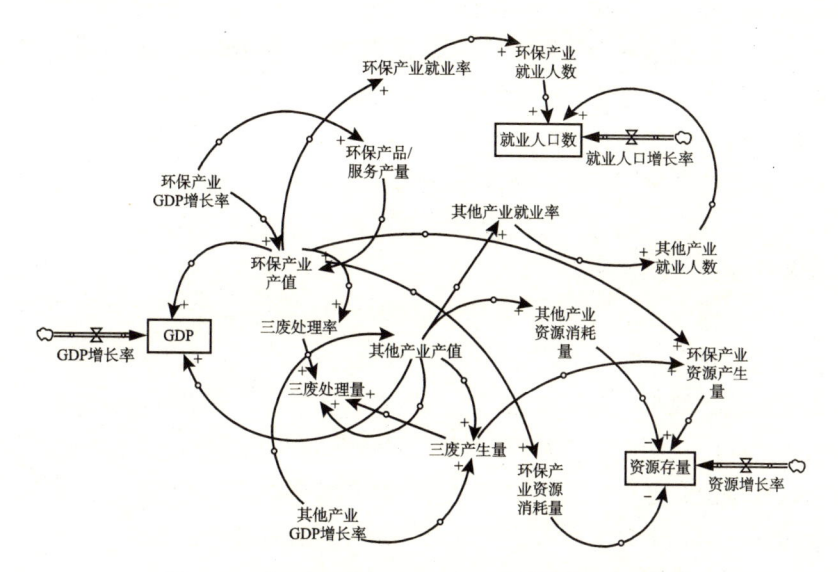

图 6-5 产业环保化与环保产业系统基本结构流图

（三）产业融合发展

上述系统动力学分析结果表明，环保产业与产业环保化的发展是息息相关的，两者之间有相互的正向作用力，因而有必要实现两者的系统发展，以此来推动环保产业与其他产业的共同提高，进而推动整个国民经济的发展，产业融合可以说是这种协同作用的必然结果，产业融合是为了促进产业增长而发生的产业边界收缩或消失。

产业融合是一种新的产业创新方式，它拓宽了产业发展空间，促使产业结构动态高度化与合理化，进而推进产业结构优化与产业发展。产业融合能够通过建立与实现产业、企业组织之间新的联系而改变竞争范围，促进更大范围的竞争。①

产业融合能够改变传统的增长机制与方式，实现产业跳跃式发展和创新。在技术创新和技术融合基础上产生的产业融合是"对传统产业体系的根本性改变，是新产业革命的历史性标志"，成为产业发展及经济增长的新动力。②欧洲"绿皮书"指出，如果通过创造一个支持甚至把握这种变化进程的环境来迎接这一变化，那么就将为增加就业、促进经济增长、提高消费选择和促进文化繁荣创造一个强有力的发动机。产业融合对产业发展已产生巨大影响和重要作用，产业融合的新趋势对我国经济在新世纪的发展具有极其深远的意义。为了顺应产业融合这一趋势，我国政府应制定相应的措施来促进我国产业融合及产业的健康发展。

产业融合是21世纪产业发展的新趋势，产业融合的基本特征在于新兴产业对传统产业部门的吸纳、融合，新兴产业技术对于传统产业的渗透、改造，新兴产业之间的渗透。环境产业发展可以借鉴电子信息产业的成功经验，紧跟21世纪产业发展的新趋势，积极利用产业融合手段，通过提高环境产业对传统产业部门的渗透速度、拓宽融合领域、优化融合手段，通过环境产业与其他新兴产业的融合，使广义环境产业快速、可持续发展。

产业融合是社会生产力进步与产业发展高度化的必然趋势，环境产业与其他产业的高度关联性和企业对经济效益的追求是环境产业与其他产业融合的内在动力；可持续发展思想的广泛接受和企业社会责任承担意识的增强是环境产业与其他产业融合的外部推动力量；技术创新和制度创新是环境产业与其他产业融合的催化剂。③

产业融合从产业领域看，融合的方向首先是与电子、信息产业等高新技术产业的融合，结合点是环境信息产业，重点产品为环境监测设备、仪器。其次是电力、能源、机械制造行业，环保产业与这些产业部门加速融合，既实现了对传统部门的环保化改造，优化产业结

---

① 陈柳钦：《产业发展的集群化、融合化和生态化分析》，www.66wen.com，2007年3月18日。
② 周振华：《信息化与产业融合》，上海人民出版社2003年版。
③ 徐波：《中国环境产业发展模式研究》，西北大学博士学位论文，2004年6月20日。

第六章 协同发展：产业环保化与环保产业相关性分析

构，又推动环境产业的技术开发更具有针对性，促进环境产业有效需求增加。再次是环境产业与基础设施产业融合，形成新的环境基础设施投资运营部门，一方面解决环境基础设施供给不足，效率低问题，另一方面解决环境投资效益不高的问题。

小 结

环保产业有其特殊性，根据在第三章中对产业环保化理论的界定，环保产业要内生于其他各产业的发展才能在环保化过程中发挥其作用，本章利用协同学的理论，深入研究了产业环保化与环保产业的协同发展模式，并进一步从产业融合的角度论证了环保化过程中的环保产业发展思路。

第七章

产业环保化实现机制：外部导向机制

> 落实科学发展观，更需要一系列的制度设计。
>
> ——国家环保总局副局长　潘岳

环境问题的出现，不单单是由企业本身的内部机制不健全所导致的，在许多情况下，即使企业有完善的内在动力机制推动产业环保化，外部约束机制的不完善仍会使企业的环保行为处于孤立无援，事倍功半的局面。因此，来自于国家、政府和社会的约束也是产业环保化的基础。在此把产业环保化的外部约束机制划分为三种：政策导向机制、司法监管机制和文化激励机制。

一、产业环保化政策导向机制

（一）环境外部性与政策导向

外部性的概念是由剑桥大学的马歇尔和庇古在 20 世纪初提出的，外部性是指在两个当事人缺乏任何相关的经济交易的情况下，由一个当事人向另一个当事人所提供的物品束。这个外部性的定义所要强调

第七章 产业环保化实现机制：外部导向机制

的是在两个当事人之间的转移是在他们之间缺乏任何经济交易的情况下发生，也就是说，关于外部性的范围和任何补偿性支持，供应者和接受者之间最起码在事实发生之前缺乏任何谈判。经济理论对于外部性在污染控制的政策设计方面论述比较完全，因为环境污染在很多情况下实质上是一种环境外部性表现。生产者或消费者在自己的活动中产生了一种有影响的利益（或收益）、损失（或成本）都不是消费者或生产者本人所获得的或承担的。

环境外部性包括环境问题的技术外部性和公共物品外部性，而外部经济性是指第一个厂商的活动对第二个厂商有益，不经济性则会影响第二个厂商的经济效益，这种成本或收益均没有被第一个厂商考虑到。用 MC 表示污染物处理的边际成本，随着污染物量的增大，治理需要的投入就越多，因此，可以看出 MC 是开始平缓的，然后会急速上升，如图 7-1 所示。

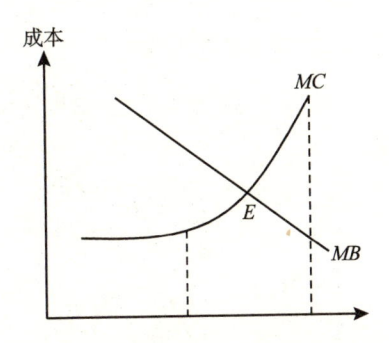

图 7-1 边际成本、边际收益曲线

那么厂商投入大量资金处理污染物，减少了环境污染，以达到提高环境效率的改善。目前很少资料表明环境改善的边际效益，但环境改善一点，效用是巨大的。环境经济学家就是给社会足够的信息，如边际效用（MB）和达到某种均衡的边际成本（MC）（如图 7-1 中 E 点）。某种程度上经济学家对 E 点收集了足够信息，即使不精确，至少在一定价值波动范围内。假如不能在环境市场上达到 E 点，那么市场就是不经济的。

图 7-2 中，MR 为增加清洁度而带来的收益，P，P' 为成本与收

益的边际交点,即最佳污染水平控制度,收益 $S_{ABC} = S_{OPBC} - S_{OPBA}$,$S$ 为面积,收益率 $e = S_{ABC}/S_{OPBA}$,假若目前污染治理的技术水平仅仅达到 k,每吨水处理成本为 $I = C$ 元,要达到处理率 k',则治理投入的资金为 $(C + \Delta k) A$ 元,这里近似地计算,斜率 $x = (k - k')/(MR' - MR)$。将 MC 和 MB 的所有数据经过核算,确定相应的斜率,以此来计算改善环境或治理污染带来的环境效益(朱国伟,1997)。①

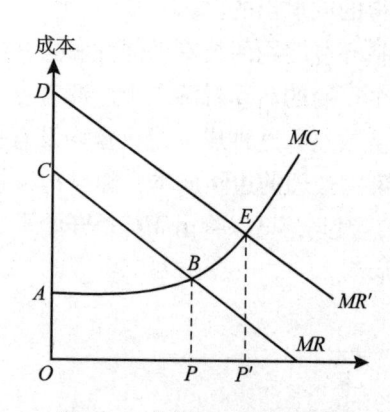

图 7-2 不同边际收益曲线

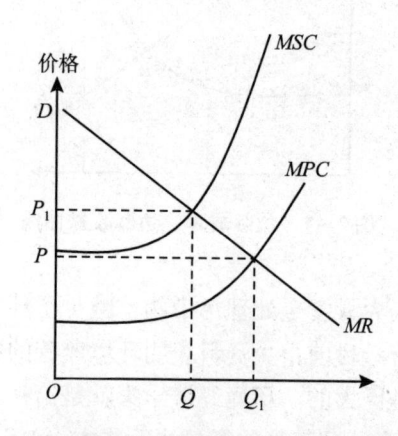

图 7-3 环境资源的外部不经济性

当存在外部不经济性时,边际社会成本 MSC 大于边际私人成本

---

① 朱国伟:《环境外部性的经济分析》,南京农业大学博士学位论文,2003 年 4 月。

第七章 产业环保化实现机制：外部导向机制

MPC。差额是外部环境成本 MEC。但是一个个人利益最大化的生产水平时，其资源消耗由边际效益 MR 和 MPC 决定，这时私人资源消耗水平 Q_1 大于由 MR 和 MSC 决定的有效水平 Q。当要求资源消耗达到 Q 时，必须提高资源的价格，因此，如果外部不经济性得不到有效纠正，也会导致资源的配置失误。

为了实现污染者和受害者之间资源配置的最优，应当制定一些激励措施，引导利润最大化的工厂和效用最大化的个人满意这些条件。研究表明，在竞争条件下，问题的解决只需要一项政策措施：对污染者征收等于社会边际损害的税或费。

由政府给外部不经济性确定一个合理的负价格的设想，是英国经济学家庇古首先提出的，据此征收的税费被称为"庇古税"。庇古税是要把污染者强加给他人的外部成本内部化。因此，污染者将不仅要考虑他们的常规生产成本，而且要考虑他们的活动带来的其他形式的社会成本。一般来说，对受害者不需要任何补充刺激。外部性给受害者造成的损害提供了非常准确的刺激，能够引导受害者采取有效的防护措施。

通常认为，是外部性干扰了资源的最优配置，因为外部性发生于当社会不能对一件损害制定正的或负的价格的时候。经济效率要求一种非均衡价格机制：对外部性的"制造者"设计一个非零价格（对外部经济性设计一个正价格，对外部不经济性设计一个负价格或收税），而对外部性的消费者有一个零价格。然而，一个正常的价格是供应者和消费者之间均衡的结果，它不能以非均衡的形式存在，以引入有效率的行为，但是，一项庇古税能够做到这一点。收税或补贴对外部性的制造者提供了一个正确的刺激，而给它的消费者一个零价格，这正是实现经济效率所需要的。环境的外部性也决定了环保化过程中必然会产生市场失灵的状况。

市场失灵为政府干预创造了必要条件，也即只有依靠政府干预才可以解决环境问题。由于市场失灵是由外部性引起的，而外部性最根本的特征是边际私人成本与边际社会成本的偏离，因此政府解决环境问题的出发点只有一个，即力图使边际私人成本与边际社会成本相重合，也就是尽量把外部性影响内化到相关的生产和消费过程中去。当今世界各国政府设计和制定的解决环境问题的政策机制都是以此出发点为依据的，比较常规的有三种路径：环境收费、排污权交易和环境标准①。

（1）环境收费。即政府向一切污染和破坏环境资源的单位和个人征收的费用，也称排污收费、环境税或庇古税。庇古（Pigou，1920）最先提出排污收费的概念，他认为外部性的出现使经济活动过程发生了扭曲，资源没有实现帕累托最优配置，经济活动缺乏效率。政府应充当社会和经济协调人的角色，对造成正外部性的活动者给以补贴，而对造成负外部性的活动者予以课税，并且其补贴或课税的数额应当等于外部性的等值数额。

（2）排污权交易。即政府通过建立合法的污染物排放权利，允许这种权利像商品那样买入和卖出来进行污染排放控制。这种方法是受科斯定理启发设计出来的，不是对科斯定理的照搬照套。科斯反对政府利用排污标准、收费或补贴进行干预，认为在资源的产权有保障前提下，应当由排污者和该污染的受害者来谈判，通过贿赂或补偿来自行解决污染问题。

（3）环境标准。政府制定的污染物排放的种类、数量、方式以及与生产工艺相关的污染指标，这是我国使用最广泛的环境管制手段。从广义上讲，政府制定的与污染排放限制有关的法律、法规和条例等，也属于环境标准。由于这些标准是义务性的或带有强制性的，不执行者会受到经济、法律、行政和名誉等惩罚。

（二）政策对环保的正确导向

为了使生产者在遵守法律要求之后，能进一步采取措施，在发展生产、扩大市场份额、降低成本的同时，减少污染物产生和排放、更好地保护环境与节约资源，有必要进行环保政策的设计，以更灵活而有效的方式鼓励生产者超越现行的环境规定和标准，取得更佳的环境表现和社会效益。环保政策的规划设计沿着"预防为主，防治结合"的思路，从根本上防止"先污染、后治理；先破坏、后恢复"的做

---

① 王齐：《环境管制促进技术创新及产业升级的问题研究》，山东大学博士学位论文，2005年4月。

第七章 产业环保化实现机制：外部导向机制

法，坚持政府手段与市场手段相结合的机制，切实鼓励环保先进生产者，督促惩治污染生产者；在产业链的升级过程中，积极引导发展环境友好型经济。

近年来，我国制定的环境政策与对环保产业发展起宏观指导性的政策和具体可实施、可操作的政策措施很多，体现了我国政府在防治环境污染、改善生态环境、保护自然资源方面的积极态度。在拉动环保产业市场发展、促进我国的环保事业、防止环境恶化、改善生态环境方面起到了极为重要的保证作用。而且，环境政策在总体上执行率比较高、政策条款的适应性也较好，实施后取得了较好的效果。

我国环保政策的颁布给企业带来了新的商机。2000年我国环保机械制造业就拥有4 000多家企业，职工90万人，全行业产值约为280亿元。环保机械制造业的百元销售收入利润率与普通机械制造业相比，约高10个百分点，显示了环保机械产业与机械工业总体相比，经济效益较好，发展潜力较大。由于环保政策的作用，我国环保产业也在迅速发展。2004年，我国环保业收入就达到了2 500亿元。国家环保总局副局长潘岳在《财富》全球论坛上说，2005年环保产业收入预计达3 000亿元，5年后将达到5 000亿元。

但是，从目前我国的环境质量方面所反映的严重问题和经济高速发展所面临的新的问题来看，要实现我国2010年的环境目标任务还有相当大的难度。与发达国家相比，我国环境政策存在某些缺陷和问题。比如：环境政策配套性差，市场难以规范；政策缺少激励机制和刺激手段，市场转化困难等问题依旧存在。而要实现产业的环保化，就必须正视这些问题，遵循预防为主，源头治理；环保与经济社会协同发展；全面规划，合理布局；谁污染，谁治理；谁开发，谁保护等原则，以产业环保化实现为目的，规划我国产业环保化政策机制。

根据以上原则，环境保护的政策导向机制具体规划如下：

1. 环保计划纳入国民经济和社会发展的总体规划中

在制定国民经济和社会总体发展规划时就要做好相应的环境保护的规划。制定和实施环境保护规划的目的，是为了保证环境保护作为国民经济和社会发展计划的重要组成部分参与综合平衡，发挥计划的指导和宏观调控作用，强化环境管理，推动污染防治和自然保护，改善环境质量，防止环境保护与经济和社会发展不协调的发生。不从政府的经济发展规划和开发建设活动的源头预防环境问题的产生，将会陷于防不胜防、治不胜治的严峻局面，我国的现代化进程中还将付出巨大的环境代价和经济代价，实现这一步骤的有效措施是建立完善的环境影响评价制度，做到先环评，后审批。

2. 建立严格的环保标准体系

环境标准是中国使用最广泛的环境管制手段，从广义上讲，政府制定的与污染排放限制有关的法律、法规和条例等，也属于环境标准，由于这些标准是义务性的或带有强制性的，不执行者会受到经济、法律、行政和名誉等惩罚。针对我国现有的环境标准，还没有形成完善的环境标准体系，首先从环境的总体要求标准，到具体专门的分对象、分行业的具体的环保标准，要形成标准的完善性和层次性。同时，标准执行的有效性取决于其具体性和可操作性，标准与标准之间，标准与政策之间的协调性也是要考虑的因素。

3. 从环保角度有效地做好产业链的升级

在产业链升级过程中，缩小资源密集型和产生污染较多的产业的比重，扩大环境友好型产业的规模。尤其要积极开展环境科学研究，大力发展环境保护产业。要重点研究节能降耗、清洁生产、污染防治、生物多样性和生态保护等重大环境科研课题，努力采取高新技术及实用技术。要提高环境保护产品和环境工程的质量和技术水平，对生产性能先进可靠、经济高效的环境保护产品的企业，在固定资产投资等方面优先予以扶持，促进环境保护产业形成规模。[1]

4. 环保收费及其作用

政府应充当社会和经济协调人的角色，对造成正外部性的活动者给予补贴，而对造成负外部性的活动者予以课税，并且其补贴或课税

---

[1] 马娜:《中国与欧盟环境政策比较研究》，载于《上海标准化》2005年第2期。

的数额应当等于外部性的等值数额。环保收费是将外部成本内部化的具体体现，是实现治污费用由污染者承担的具体措施。充分环保收费效用的关键是收费数额的合理性及收费的具体运用。收费数额的合理性取决于外部成本评价的合理性，这就要求根据具体的环境标准，形成合理的环境影响评价机制。同时，环保收费要切实运用到恢复和弥补具体造成的外部成本的活动中。

5. 建立环保信息制度

环保问题的形成和前瞻性政策的制定方面都存在着明显的时间因素。一方面，环境问题从出现到表现突出需要一定的时间，而问题一旦形成要恢复则需要很长的时间，有些变化甚至是不可逆转的。而另一方面，从环境问题引起足够的关注，到制定针对性的法规并贯彻实施，也存在时间上的滞后，因此建立环保信息制度，通过早期预警系统及对环保进展和环境状况的监测为决策者及时制订环保政策提供了保障。[①]

6. 政府机制和市场机制相结合建立环保促进机制

要研究建立以政府为主导的多元化投资机制，增加环保投入。环保投资主体包括政府、企业和个人，要进一步明确各投资主体的职责、投资模式和运行方式，制定相关政策，引导社会资金投向环保领域。积极推进污染治理、城市环境基础设施建设和运营市场化、专业化。在基本建设、技术改造、综合利用、财政税收、金融信贷及引进外资等方面，制定、完善促进环境保护、防止环境污染和生态破坏的经济政策和措施，综合运用各种手段引导企业加大对环境保护的重视和投入。

（三）新的环保制度设计

1. 绿色 GDP 的制度设计

国家环保总局副局长潘岳提出，落实科学的发展观，更需要一系

[①] 柯环：《环保政策研究凸显五大重点》，载于《经济日报》，2002年11月22日。

列的制度设计，更需要出台一系列新政策新法规，当前应加快研究实施绿色 GDP。扣除了环境成本，一些地区的经济发展数据就会大大下降，观念的转变有一个渐进艰难的过程，但必须边探索边实践地走下去，国家统计局从 2003 年开始对我国的自然资源进行实物核算，这项工作是绿色 GDP 核算的基础。目前国家统计局和环保总局正在积极组织研究和实践，将环保指标纳入官员的政绩考核，要将公众环境质量评价、空气质量变化、饮用水质量变化、森林覆盖增长率、环保投资增减率、群众性环境诉求事件发生数量等指标纳入到政府官员考核标准，对那些仅以单纯 GDP 增长为业绩而不惜破坏环境资源的官员，不能提拔重用。

2. 构建企业环保信用评价体系

类似企业信贷评价体系的做法，建立企业信用评价体系，并定期向社会公布。其主要内容是反映企业对于国家环保标准和政策的执行情况，具体有：环保配套设施建设情况，生产废物处理情况，对社会公益环保活动的投入情况等。通过环保信用评价体系对社会的公布，可以影响公众心中的企业形象，同时，在金融信贷、财政补贴时，也要以企业环保信用评价体系作为参考依据，从而，运用环保评价体系有效的引导企业注重环境保护和企业效益的协调发展。

3. 建立环保公众参与机制

要积极推行环境信息公开化，保障公众的环境知情权。要公开政府和企业的环境行为，增加环保透明度。同时，要疏通公众参与环境监督的渠道，加大参与力度，使公众在环保政策、规划制定和开发建设项目"三同时"过程中，以及效果评估时都能发表意见。要研究公众对企业行为监督的有效措施，建立公众参与保障机制。加快制定保护公众环境权益的法律和制度，明确群众的环境权益。[①] 同时，报纸、广播、电视等新闻媒介，应当及时报道和表彰环境保护工作中的先进典型，公开揭露和批评污染、破坏生态环境的违法行为。对严重

---

① 《国务院关于环境保护若干问题的决议》，1996 年 8 月。

第七章 产业环保化实现机制：外部导向机制

污染、破坏生态环境的单位和个人予以曝光，发挥新闻舆论的监督作用。[①]

二、产业环保化的法律监管机制

在产业发展的初始发展阶段，即以末端污染控制为主要内容的阶段，对环境产品和服务的需求主要不是受个人消费要求所驱动，而是受政府与污染企业的环境投入所驱动，受政府的环保法规、政策所驱动。以水污染治理设备制造业为例，在产生防治水污染的法律规定之前，排污者基于对成本和利润的考虑，显然不会主动地防治污染，政府部门也会因无法律规定其职能，而不去防治水污染，正是由于后来有了保护环境的法律上的要求和压力，才使得企业不得不为消除外部不经济性而进行环保活动，也才使得政府有了相关职能。

（一）国外环保法规

德国的废弃物处理法最早于 1972 年制定，但当时强调废弃物排放后的末端处理。1986 年德国制定《废物管理法》，强调要通过节省资源的工艺技术和可循环的包装系统，把避免废物产生作为废物管理的首要目标。1992 年，德国又通过了《限制废车条例》，规定汽车制造商有义务回收废旧车。在主要领域的一系列实践后，1996 年德国推出了新的《循环经济与废物法案》。《循环经济与废物法案》中规定，每年总计产生超过 2 000 吨废物的制造者，必须对避免、利用、消除这些废物制定一个经济方案，包括：需要利用和消除的危险废物的种类、数量和残留物；说明已经采取和计划采取的避免、利用和消除废物的措施；说明何种废物缺乏利用性而必须进行消除及其理由。德国的这些法律制度的设计，开创了环保立法的新局面。

在日本通过和修改了多项环保法规，如《推进形成循环型社会

---

① 陈赛：《循环经济及其对环境立法模式的影响》，载于《南昌航空工业学院学报》2002 年第 4 期。

基本法》、《特定家庭用机械再商品化法》、《促进资源有效利用法》、《食品循环资源再生利用促进法》、《建筑工程资材用资源化法》、《容器包装循环法》、《绿色采购法》、《废弃物处理法》、《化学物质排出管理促进法》等。上述法规对不同行业的废弃物处理和资源再生利用等作了具体规定。这些法律的制定对于日本产业的环保化发展具有重要意义，它从法律制度上明确了日本 21 世纪经济和社会发展的方向。

美国于 1976 年通过了《资源保护回收法》，1990 年通过了《1990 年污染预防法》，提出用污染预防政策补充和取代以末端治理为主的污染控制政策。自 20 世纪 80 年代中期，俄勒冈、新泽西、罗德岛等州先后制定促进资源再生循环法规以来，现在已有半数以上的州制定了不同形式的环保法规。

综上所述，目前发达国家有关循环经济的立法模式主要有两种：一种是污染预防型。如美国、加拿大等国，将清洁生产立法纳入污染预防的法律范畴，属于广义的环境法。另一种可称之为循环经济型。如上面所提到的德国 1996 年颁布实施的《循环经济与废弃物管理法》，日本的《推进形成循环型社会基本法》，将整个经济活动纳入循环经济，建立循环型经济，属于广义的经济法。这些法律的实施在一定程度上促进了这些国家的产业环保问题的解决。

（二）我国环保法规

我国近几年颁布了一系列环保相关法律，如《固体废物污染环境防治法》、《大气污染防治法》和《水污染防治法》。这些法律均明确规定：国家鼓励、支持采用能耗物耗小，污染物排放量少的清洁生产工艺。2002 年九届全国人大常委会第二十八次会议通过了《中华人民共和国清洁生产促进法》，它使各级政府、有关部门、生产和服务企业积极推行和实施清洁生产，使国民经济朝着循环经济的方向转变。

但是，我国的环保司法机制与发达国家相比仍有一定不足。

首先，国内立法的规定过于原则化，欠缺可操作性，如在环境污染防治法律中，对于"利用社会公众的力量防治环境污染"的政策规定就过于笼统，仅是倡导性规定，未赋予社会公众具体参与的办法和措施，因而在实践中该规定成效并不大。再如，我国的《大气污染防治法》尽管规定了 60 多条，但是与美国大气法近 300 条的规定比起来，仍是过于宽泛。

其次，我国立法体现了环境保护的滞后性。从国际社会的环境保护规范来看，都不同程度地体现了风险预防原则，即着重对污染物产生的源头控制，如《里约环境与发展宣言》第十五条规定："为了保护环境，各国应按照本国的能力，广泛适用预防措施。遇有严重或不可逆转损害的威胁时，不得以缺乏科学充分确实证据为理由，延迟采取符合成本效益的措施防止环境恶化"。而我国现行的环境法律突出表现为以"末端控制"为主导，其核心和重要内容是提出有关控制污染物排放和对污染物的处理、处置方案与措施的要求，而将对减少污染物产生的源头控制置于并不显著的地位。并且，我国《民法通则》和《环境保护法》都只规定有关主体在环境侵害发生后受到损失才可以提起诉讼，在他们有遭受环境损害的严重风险时却没有法律救济的途径。[①]

（三）产业环保化法律机制的作用

环保法规的发展对产业的发展有极大的拉动作用。环保法规通过对产业的规制，直接促使产业健康有序的发展。环保法规通过对产品、服务、三废综合利用等的规制，一方面保证了保护环境的目的的实现，另一方面也促使了产业向良性方向发展。以近年来我国的食品安全为例，工业染料、化学药品、农药等广泛被用于食品中，这已不是依靠消费者的监督能够解决的问题了，此时环保的司法机制将发挥其作用，通过一定的惩罚措施，杜绝不法现象的出现。

环保法规通过不断扩大调整范围，提高环保要求，间接拉动环保产业的发展。环保法规制定了对企业和个人的环保要求，如污水的处

---

① 李纪武：《环保产业发展研究》，武汉大学理工大学博士学位论文，2002 年 11 月。

理、废气的处理,法律可以规定一个标准,企业和个人要执行这个标准必然要采取相应的措施,应用相应的技术,利用相应的工具和环保产品,在这个过程中环保产业也就在无形中被大大拉动了。

环保法规通过政策支持,扶持和鼓励新型产业的发展。如1999年国家环保总局制定的《资源综合利用认定管理办法》对资源综合利用提供了包括税收优惠在内的一系列政策支持,这对该行业的发展有很大的积极影响。[1]

从中国经济发展前景来看,必须把产业环保化确立为国民经济和社会发展的基本战略目标,进行全面规划和实施,这样才可能有效克服在现代化过程中出现的环境与资源危机。立法机构及政府要制定相应的法律、法规和相应的规划、政策,对不符合循环经济的行为加以规范和限制。除了采取一些必要的行政强制措施外,应当更加注意应用经济激励手段和措施,以及其他激发民间自愿行动的手段和措施,以推动循环经济的顺利发展。

三、产业环保化的文化激励机制

环境意识的提高是精神文明建设的重要内容。[2] 因为环境意识的高低是反映一个民族或一个国家文化素质、道德修养、精神风貌的重要标志,这是一个世界公认的道理。在当今世界各国中,凡是文化水平较高,科学技术比较发达,社会道德较好的国家,其民族的环境意识就高,国家的环境质量就好;反之,民族的环境意识就低,国家的环境问题就多,环境质量就差。从这个意义上讲,环境污染和生态破坏是愚昧无知的表现。

(一)环保文化界定

我国古代哲学思想中提出了"顺天"、"制天"和"天人合一"

---

[1] 杨朝飞:《环境保护与环境文化》,中国政法大学出版社1994年版。
[2] 郑海元、陈祁零、卢佳友:《绿色产业经济研究》,中南大学出版社2000年版,第228页。

第七章 产业环保化实现机制：外部导向机制

的有关人与自然——系的三种代表性思想，从那时起，人类从未停止过对人与自然关系的探索。从《庄子·齐物论》、《庄子·天道》、《易经》、《论衡》到《人与自然——人类活动改变了地理》、《进化与伦理学》、《文明的哲学：文化与伦理学》以及《寂静的春天》、《增长的极限》等，环境文化正是随着这些不同年代的思想家和理论家的著作的诞生而起步并逐步完善和发展的。[①]

从历史上看，人类文明始终是在人类社会与环境的相互作用中不断地进步的。人类社会不断地适应环境、改造环境、保护环境和建设环境，而环境又总是不断地影响着人类的认识、意识、观念、思想和行为。

人类生存环境的危机，从表面上看是环境污染和生态系统的危机，从本质上看则是人类文化和价值的严重危机。因此，建立在现代生态学基础之上的整体论思想，不仅为人类提供了科学的思维方式，也为人类调整自己行为的价值取向和摆脱日益严重的生存危机提供了基本原则。这就是说，人类必须把自己融入整个生态系统之中，维护人与自然的和谐，尊重所有生命和自然界，转变以人为中心的价值取向，克服凌驾于自然之上的傲慢与偏见和竭泽而渔式掠夺自然的行为，从而实现人类与自然的对立思维模式向整体有机的思维模式的转型。

环境文化则以调整人与自然关系为核心，在人类环境保护的实践过程中形成的精神成果和物质成果的总和。其物质成果主要包括：监测和处理各类污染物的设施、装备、仪器、仪表、机械等装置；有益人体健康、防治污染的社会公益性建设和设施；为防治土地沙漠化、盐碱化、水土流失和物种保护等而开展的各类生物、生态建设和工程等，以及各类环境保护的科学技术及其产品等。其精神成果主要包括：有关环境保护的认识、思想、意识、观念、知识、艺术、理论及其外在的表现形式。

环境文化从广义上讲，[②] 既包括物质的成果，也包括精神的成

[①] 杨朝飞：《环境保护与环境文化》，中国政法大学出版社1994年版，第261页。
[②] 郑海元、陈祁零、卢佳友：《绿色产业经济研究》，中南大学出版社2000年版，第218页。

果；从狭义上讲，则主要包括精神的成果。狭义上的环境文化，主要是指那些在环境保护问题上所取得的民族的、国家的，甚至是整个人类的广泛共识，以及含有这些"共识"内容的多种文化艺术的表现形式。充分理解环境文化的内涵就会发现，环境文化可以分为有形的文化（即文化的形式）和无形的文化（即文化的观念和理论）两大类别。其中，有形的环境文化包括：环境新闻、文学、书法、绘画、音乐、摄影、电影、电视、曲艺、舞蹈、展览、出版等，也就是说，它们是以反映人与自然关系的思想为核心，通过各种文化艺术的形式来表现人类对控制环境问题发展的决心和对美好环境的执著追求。而无形的环境文化则主要包括环境科学理论、环境的意识和观念。其中的环境科学理论，从广义上讲，既包括了有关环境保护的自然科学部分，也包括了有关环境保护的社会科学部分。从狭义上讲，则只包括相应的社会科学部分，如环境社会学、环境心理学、环境哲学、环境伦理学、环境管理学、环境经济学、环境法学等，以及人们对环境问题与环境保护的认识、思想、观念、情绪、心理和态度等方面。

产业环保化文化是建立在上述理论的基础上的以产业发展为基础的，对产业环境保护价值观的认同，就其具体内容来说，可分为和产业环保化有关的伦理观念、审美观念、法制观念、管理观念、经济与发展的观念等相适应的文化。按照这种文化观点，一个由产业环保化建立起来的发展模式必然要求不同于以前条件下的环保文化意识和伦理取向，不断激励人们提高适应性，寻找全新的实现价值的形式和途径，创建和谐的人类世界和生存环境，实现具有可持续性的产业发展方式，并促使非环境的世界转变成为有机的、整体的、环保化的世界，最终有助于彻底克服现代社会中存在的以人为中心、以生物为中心等各种各样的"中心论"，以避免或减少资源浪费、能源危机、环境污染、生态失衡等对与人类长久生存所可能造成的灾难性后果。

（二）产业环保化文化建设

全球经济可持续发展浪潮的兴起和发展，宣告了资源无代价时代的彻底结束。发展绿色产品市场最根本的问题是企业能否从末端

第七章 产业环保化实现机制：外部导向机制

治理这种被动的、高代价的应付环境问题的途径转向积极的、主动的、科学规范的环境管理。绿色经济条件下的中国企业，仅有单项先进的绿色技术是不够的，还必须建立在市场上更先进、更清洁和更高级的绿色生产体系。企业必须及时调整自身行为，从追求短期最优化转向追求持续最优化，追求环境条件可以支持的利润最大化。因此，企业必须改变其传统的价值观，树立绿色观念，充分考虑资源的存在价值和不确定价值。在产品的设计、开发上，不仅要考虑企业的利益，更要高度重视消费者的利益和对环境的影响，把经济利益和环境效益结合起来。企业绿色观念的确立，要求企业家要具有长远发展的意识，在进行生产管理和营销管理时，时时注意绿色意识的渗透，保护生态环境，反对资源浪费，以获取持久的发展。[1]

建设产业环保文化，应突出以下四个方面[2]：

1. 培育产业环保理念

产业环保理念是产业环保文化的灵魂，产业环保理念，是将"环保"概念引进产业文化建设中，坚持科学发展观和以人为本的思想，将产业的人本性、文化性、理性与环保工作的科学性、知识性、生态性紧紧融为一体，促使产业与环境、人与自然进一步和谐统一的新型理念。产业环保化文化以全面系统整体的观点，通过强调生态伦理和道德，强调人文精神，强调人与自然的和谐统一，以求探索可持续发展的路径。产业环保化文化观要求把人类的现实利益同人类的长远利益统一起来，坚持经济效益和社会效益并重，在履行社会责任和道德义务的基础上，实现股东价值最大化，产业环保化文化观要求按照生态伦理学的道德标准，大力推行文明生产，保护生态环境，提高公众的参与度。使企业的生产经营活动限制在生态许可的承载能力范围内，既要满足人类的需要，又要保护生态平衡，改善人与自然的关系，实现人与自然的和谐发展。

---

[1] 杨朝飞：《环境保护与环境文化》，中国政法大学出版社1994年版，第261页。
[2] 李家庭：《切实加强企业环保文化建设》，载于《思想政治工作研究》2006年第5期。

产业的生存和发展离不开自然环境的支撑，只有搞好生态建设，采取有利于环境保护的生产、消费和发展方式，实现企业与环境的良性互动，才能达到产业与环境的和谐统一与友好相处，促进产业的持续发展。要做到人与自然协调发展就要树立清洁生产的理念。清洁生产是产业内部防治污染和实现可持续发展的最佳模式，因此要坚持产业环保工作的标准化和现代化，树立科学生产观和文明生产观，以生态链为纽带，实现生产生态化。强化"减量化、再利用、资源化"的观念，转变不可持续的生产和消费方式，提高资源利用效率，大力实施节水、节能、节地、节约矿产的资源工程，从而实现节能、降耗、增效。

2. 确立产业环保价值观

确立产业环保价值观要把握产业环保的本质，认识产业环保的价值。产业环保价值观的核心是：要以科学技术求发展，以清洁生产铸品牌，以环境友好塑形象，以环保建设创未来。要教育和引导干部职工信守产业环保价值观，在价值取向上保持一致，并内化在干部职工心灵的深处、外化为干部职工集体的行为、固化为制度和机制，从而形成强大的产业环保文化力。

在产业环保化文化的思维模式下，产业环保文化力使系统能动者在处理本系统与外部环境之间的关系时首先要考虑"共赢"。"共赢"理念要求在处理双边和多边关系、系统与外部环境之间的关系时，通过优势互补和资源共享等手段，在不损害第三方利益、不以牺牲环境为代价的前提下，力求取得各方都比较满意的结果，实现环境、资源、社会、经济价值的最大化。

"共赢"理念修订和完善了经济体的价值取向，使经济体成为受人尊敬的个体，当人们普遍地确立了环保化思想和可持续发展观，就可能促进人类社会跃升到一个全新的高度，使个人身心更健康，组织更持久，社会更融洽，天地人更和谐。

3. 强化产业环保制度建设

产业环保制度是规范产业环保行为的"软约束"，是产业环保文化的一个重要组成部分。要建立健全经济体文明生产制度、环境保护责任制、环保政绩考核制度、职工参与和监督制度、战略环境影响评价制度、资源回收利用制度、生态补偿机制等,把产业环保化文化观念融入环保制度建设中,努力建设符合社会主义和谐企业需要的科学、系统和配套的环保文化制度,推动产业环保工作向程序化、科学化、制度化发展。产业环保制度建设要有文化品位,突出文化要求,抓住关键,突出重点,凸显特色,结合实际,使其成为产业环保文化建设的制度依托和保证。

4. 美化优化产业环境

产业环保文化也是具有很高审美价值的文化。环保与审美不是对立的,而是统一的。美化优化环境,不仅是提高产业素质和经济效益的重要途径,也是产业文化建设的一个重要方面:要加大高新环保技术的应用,充分运用现代化信息传播技术和现代化管理手段,不断改进工艺方法和生产设计,美化生产工具、企业产品、生产流水线和生产环境,实现清洁生产;要以提高资源利用效率、降低污染排放和生态损耗强度为核心,最大限度地提高资源利用率,使废弃物资源化、减量化和无害化,大力开展生态工业园区和绿色企业建设,使企业拥有清洁、规范、优雅、安全、舒适的工作和生活环境。

(三) 产业环保化文化影响

从价值学来看,人与自然是平等互存的,人及世界上所有一切都是同一生命体的构成部分,任何一种环境或自然物的存在与人类的存在一样,都是构成整个大生态体系的不可或缺的部分。人与自然的价值关系是平等的。二者应达到一种协调和谐的发展。从环保化文化来看,其核心就是促进人类之间和人类与自然之间的和谐。

组成生命和生态系统的每个个体都在整个系统中发挥自己独特的作用,并以其多样性的存在和相互之间的联系维护着整个系统的正常运行,地球生态系统的和谐就取决于它们之间的和谐,即人与人的和谐及人与自然的和谐，只有在自然限定的范围内谋求人与自然的协调与进化，人与自然的和谐发展才能成为现实。可持续发展才可能成为现实。所以，人与自然和谐统一的整体价值，并以人与自然和谐统一的整体价值为最高价值取向，是环保化文化的最终目标。基于上述观点，环保化文化将对社会及产业发展产生以下影响[①]：

1. 善待自然、保护环境

环保化文化在处理人与自然以及人与人之间的关系中，发挥了伦理观念对行动的指导作用。它要求人类善待自然，热爱自然，确立人与自然之间的理性、健康和文明的关系。环境是人类得以生存和发展的真正基础，无论人类自身有多么强大、多么无畏、多么充满智慧，只要脱离环境便无法生存。自然的生存状态直接涉及人类切身利益，所以善待自然、热爱自然的道德规范真正代表了人类的最高利益，是作为一个公民的最根本的人格特征。人类在处理人与自然的关系时，都应当遵循这一规范。

2. 生产、生活的生态化

环保化文化要求人类在生产、生活活动中自觉地将眼前的经济利益和长远利益结合起来，尽可能的做到少投入、多利用、循环利用、少排放，将自然环境作为一种潜在的生产力加以保护。人们要按照生态的观点来安排各类生产、生活活动，不违反生态规律，使得生产、生活活动取得经济效益和生态效益的双赢。

3. 改变消费观念

目前人类的价值观念和消费观念使得人们一味追求高消费，追求时尚，追求享乐。结果不仅大量浪费了有限的自然资源，加重了对自然环境的破坏。也加剧了人类与自然界的矛盾。因此要抛弃那种大肆浪费的消费模式，树立适度的，能与自然环境协调发展的新的消费观

---

① 罗晓东：《可持续发展的环境伦理学思考》，沈阳师范大学硕士学位论文，2005年5月1日。

念，实行绿色消费。绿色消费倡导生产中的绿色消费和生活中的绿色消费。生产中的绿色消费要求整个生产过程符合环保要求，生产过程无害化，包装、销售绿色化。而生活中的绿色消费是指消费者在购买商品时要越来越多地增加环境考虑因素，要多购买那些对环境和人体健康无害的绿色产品。当然，树立新的消费观，并不是要人们放弃物质追求，而是要尽可能为后代多保留一些自然资源，实现人类的可持续发展。

4. 合理开发和利用自然资源

人类开发和利用自然，主要是为了创造一个美好的生存环境，为了自身生活得更好，但是如果人类只顾眼前，肆意开发、掠夺自然资源，使生态系统的自我修复能力遭到破坏，那么人类最终必将失去这个生存家园。自然造福于人类，就要让自然有自我修复的机会，这在历史和现实中有太多的教训。合理开发和利用自然资源还必须与保护环境结合起来，那种打着"发展"的旗号，任意、无限制的开采资源的做法是很不道德的。正确的做法应当把当前利益和长远利益结合起来，按照自然客观规律的要求合理地开发利用。因此，一要采取保护性的开发利用态度；二要采取综合利用的措施；三要进行合理开发和利用自然资源的教育。

产业环保化文化的推广能推动公众环境意识的提高，在生产者和消费者之间建立一种良好的沟通与交流的互动机制。环保化文化对于环境的宣传可以教育公众，更重要的是公众在交流与反馈中都能够意识到自己的权力与责任，他们共同对环境管理起到监督作用，在这一过程中提高了自身的环境参与意识。

小　　结

产业环保化的实现是多方面共同努力的结果，无论是来自于企业自身的动力，还是来自于政府社会文化的支持和导向，都是不可或缺的力量。由于现代企业的目标是追求利润的最大化，因此，大多数企业对降低成本的追求远远高于对企业环保化的重视，这就需要政府从政策、法规、文化等方面进行正确的引导。本章主要论述的就是在实现产业环保化的过程中政府可以从哪些方面，通过哪些行为对产业环保化进行干预，以使产业环保化的发展更加协调有序。

第八章

产业环保化效用评价

> 加强执法的基础就是环境监测,目前环境监测面临的最大问题,就是我们的检测设备和方法往往不能如实反映实际环境状况。
> ——国家环保总局局长　周生贤

上面研究了产业环保化理论及其实现机制,本章将主要对其效用进行评价,效用评价是环保化可行性研究和评估的核心内容和决策依据,其目的在于最大限度地规避风险,提高经济效益,效用评价的原则主要有增量分析原则、机会成本原则、有无对比原则等。本章通过构造指标体系,采用因子分析法等评价方法,借助 SPSS 等辅助分析工具完成对产业环保化效用的评价。

一、产业环保化效用方法分析

(一) 产业环保化效用分析决策标准

产业环保化效用需要对具体的产业环境保护机制所产生直接的、积极的后果进行评估,考察机制预设目标的实现程度,由于相关产业环境行为的改变难以量化,通常也可以借助环境问题的解决程度作为衡量机制效用的重要参数。

另外，应该分析产业环境保护机制所产生的这种积极的效果在多大程度上是由于机制本身的运转所引起的，也就是考察具体的环境保护机制运作的内容和方式与其发挥的效力之间的关系问题。但是，怎样建立起环境机制与某种机制效果之间的因果联系呢？

奥兰·扬提出两种有效的方法。[①] 一是"自然实验法"（Natura-lex Periments），即利用环境保护机制内部真正发生的事实，来证明环境行为的改变是由机制本身引起的。例如，海洋石油污染机制在其有关的规定发生改变后（从对排放标准的规定转向对船舶设备的规定），一些相关统计数据表明有关国家对这些公约的遵守程度增加了。这主要是由于新的规定增加了透明度，减少了政府实施规约的费用，并且由此改变了油船公司的动机。所以，如果发现环境行为的改变是同机制本身的变化紧密联系在一起的，那么就能够推断，这种发展很大程度上是由机制本身推动的。二是"设想实验法"（Thought Experiments）。也就是一种反事实的方法（Counterfactuals）。它假设在某个关键性因素（如某项机制的特定规则）不存在的情况下，可能会发生一系列什么样的事实，并以此与目前的真实情况进行对比。

用指标因子去描述产业环保化效用，其基本目的在于寻求一组具有典型代表意义同时能全面反映产业环保化效用各方面要求的特征指标，这些指标及其组合能够恰当地表达人们对产业环保化效用目标的定量判断。这就要求进行产业环保化效用因子研究时必须从产业环保化的系统结构和要素出发，同时依据一些基本原则进行指标的设置，主要原则有：

1. 系统性原则

产业环保化是一项复杂的系统工程，产业环保化效用评价因子必须能够全面地反映产业与环境系统发展的各个方面，评价指标体系也应具有层次高、涵盖广、系统性强的特点，评价必须具备系统的观念、必须强调全过程整合和目标的统一。

[①] Oran R. Young and Marc A. Levy, The Effectiveness of International Environment Regimes, in Oran R. Young. ed, The Effectiveness of International Environmental Regimes: Causal Connections and Behavioral Mechanisms, The MIT Press. 1999, pp. 17 – 19.

2. 科学性原则

评价指标体系能够反映事物的主要特征，本身有合理的层次结构。数据来源要准确、处理方法要科学，具体指标能够反映出产业环保化主要目标的实现程度。同时所运用的计算方法和模型也必须科学规范，这样才能保证评价结果的真实和客观。

3. 可操作性原则

评价指标因子应充分考虑到数据的可获得性和指标量化的难易程度，定量与定性相结合。它要既能全面反映产业环保化的各种内涵，又能尽可能地利用统计资料和有关规范标准。产业环保化效用评价因子设定的最终目标是指导、监督和推动社会的健康持续发展。因此，每项指标应该是可观、可测、简洁及具有可比性。

4. 稳定性原则

产业环保化效用评价有着相对的稳定性。产业环保化发展是阶段性的，作为客观描述、评价及总体调控的指标，在特定的阶段，其侧重点、结构及具体的指标项也就具有相对的稳定性。指标体系的这种稳定性使得其不随发展过程中一些非经济因素的变化而发生改变，但会因为进入新的发展阶段而产生新的变化。

以上原则是构建产业环保化效用评价指标体系的必须遵循的基本原则，需要在设计过程中认真贯彻和体现。根据上述基本原则，将借鉴国内外的经验，构建和完善一套切实可行的指标体系。

本部分采用定量分析法以经济效率为主要标准对产业环境保护机制产生的效用进行分析，即主要对产业的发展状况，产业的环境保护状况进行衡量，具体的效果因子将在下面进行分析。

（二）因子分析法

由于在实际工作中，指标间经常具备一定的相关性，故人们希望用较少的指标代替原来较多的指标，但依然能反映原有的全部信息，于是就产生了主成分分析、对应分析、典型相关分析和因子分析等方法。

因子分析是从研究矩阵内部各变量之间的相关关系出发，找出控制所有变量的少数几个公因子，将每个指标变量表示成公因子的线性组合，以再现原始变量与因子之间的相关关系。[1]

在因子分析中较为重要的方差贡献 β_i（$i=1, 2, \cdots, k$），表示第 i 个公因子在消除 $i-1$ 个公因子影响后，使方差贡献取到的最大值。用它主要衡量第 i 个公因子的重要程度。因此可以以 β_i 为权重，建立相应的评价模型：$F = \beta_1 F_1 + \beta_2 F_2 + \cdots + \beta_k F_k$，其中 F_1，F_2，$\cdots$，F_k 为相应的用来综合描述原始指标的 k 个公因子，计算综合得分并排序。[2]

（三）因子分析步骤

因子分析步骤如下：

设有 n 个样本，每个样本有 m 个数据，记为：

$$X = \begin{bmatrix} x_{11} & \cdots & x_{1m} \\ \vdots & \cdots & \vdots \\ x_{n1} & \cdots & x_{nm} \end{bmatrix} = (x_1, x_2, \cdots, x_m)$$

（1）对 X 的列进行标准化变换：

$x_{ij}^* = (x_{ij} - \bar{x}_j)/\sigma_j$ $i=1, 2, \cdots, n$ $j=1, 2, \cdots, m$

其中：

$$\bar{x}_j = \frac{1}{n} \sum_{i=1}^{n} x_{ij}, \quad \sigma_j^2 = \frac{1}{n}(x_{ij} - \bar{x}_j)^2$$

得标准化矩阵 x^*，仍记为：

$$X = \begin{bmatrix} x_{11} & \cdots & x_{1m} \\ \vdots & \cdots & \vdots \\ x_{n1} & \cdots & x_{nm} \end{bmatrix}$$

（2）用计算机计算指标变量的相关系数矩阵：

---

[1] 何晓群：《现代统计分析方法与应用》，中国人民大学出版社1998年版。
[2] Richard A. Johnson，陆旋译：《实用多元统计分析》，清华大学出版社2000年版。马金、王浣尘、陈明义、樊重俊：《区域产业投资与环保投资的协调优化模型及其试用》，载于《系统工程理论与实践》1995年第5期。

$$R = \begin{bmatrix} r_{11} & \cdots & r_{1m} \\ \vdots & \cdots & \vdots \\ r_{m1} & \cdots & r_{mm} \end{bmatrix} = \frac{1}{n}X'X$$

其中：

$$r_{ij} = \frac{1}{n}\sum_{i=1}^{n} X_{ij}X_{ik} = \frac{1}{n}x'_j x_k \quad j, k = 1, 2, \cdots, m$$

（3）用相关系数矩阵进行主成分分析，计算 R 的特征值 λ_i 和特征向量 α_i，$i=1, 2, \cdots, n$。

（4）确定主成分个数 k，称 $\lambda_k / (\sum_{i=1}^{p} \lambda_i)$ 为第 k 个主成分的信息贡献率，记为 β_k，称 $(\sum_{i=1}^{k} \lambda_i)/(\sum_{i=1}^{p} \lambda_i)$ 为前 k 个主成分的累计信息贡献率。

（5）求因子载荷 $a_i = \sqrt{\lambda_i}\alpha_i$，计算因子载荷矩阵，再计算各因子得分：

$$F_i = \alpha_i x \quad i=1, 2, \cdots, k$$

（6）按因子得分 F_i 及贡献率的大小，计算综合得分：

$$F = \beta_1 F_1 + \beta_2 F_2 + \cdots + \beta_k F_k$$

再根据综合得分进行排序。

二、产业环保化效用分析因子

产业环保化效用分析因子可以反映产业发展情况和相关政策的实施效果，使人们可以随时掌握产业环保化的发展进程，可以通过这些信息的反馈及时地评估政策的正确性和有效性，进而对政策加以改进或调整；通过这些因子，决策者和管理者可以预测和掌握国家产业环保状况的发展态势和未来走向，有针对性地进行政策调控或系统结构的调整。产业环保化效用评价的主要因子如下：

（一）环境发展指标

（1）资源综合利用指标。主要反映固体废物、废水、废气等废物的资源化利用程度,体现了废物转化为资源,即"资源化"的成效。

"三废"综合利用产品产值增加率。报告期(通常为1年)内"三废"综合利用产品产值与上一报告期内"三废"综合利用产品产值变化的比率。计算公式为:

$$\text{"三废"综合利用产品产值增加率} = \frac{\text{本报告期"三废"综合利用产品产值增加量}}{\text{前一报告期"三废"综合利用产品产值增加量}} \times 100\%$$

固体废物综合利用率。指固体废物综合利用量占固体废物产生量的比重。计算公式为:

$$\text{固体废物综合利用率} = \frac{\text{固体废物综合利用量}}{\text{固体废物产生量}} \times 100\%$$

(2)废物排放降低指标。主要用于描述固体废物、废水最终排放量减少的程度,该类指标反映了通过减量化、再利用和资源化,从源头上减少资源消耗和废物产生,降低废物最终排放量、减轻环境污染的成果。

固体废物排放降低率。指报告期(通常为1年)内固体废物排放量与上一报告期内固体废物产生量变化的比率。计算公式为:

$$\text{工业固体废物排放降低率} = \frac{\text{本报告期固体废弃物排放减少量}}{\text{前一报告期固体废弃物排放减少量}} \times 100\%$$

废气排放降低率。指报告期(通常为1年)内废气排放量与上一报告期内废气产生量变化的比率。计算公式为:

$$\text{工业废气排放降低率} = \frac{\text{本报告期废气排放减少量}}{\text{前一报告期废气排放减少量}} \times 100\%$$

废水排放降低率。指报告期(通常为1年)内废水排放量与上一报告期内废水产生量变化的比率。计算公式为:

$$\text{工业废水排放降低率} = \frac{\text{本报告期废水排放减少量}}{\text{前一报告期废水排放减少量}} \times 100\%$$

(3)废物排放指标。主要用于描述输出端固体废物、废水最终排放量,该类指标反映了产值与废物排放之间的关系。

单位固体废弃物产生量GDP = 固体废弃物/GDP

单位废气排放量GDP = 废气排放量/GDP

单位废水排放量GDP = 废水排放量/GDP

(4)最终处置量排放量指标。反映了经济社会系统对生态系统由于排放所构成的生态压力,这应该限定在当地的环境容量之内。最终处置量排放量指标是分类指标,在最终处置量排放量指标之下设置了两个子指标,分别是:废水达标排放率、固体废弃物处置率。

$$固体废弃物处置率 = \frac{固体废弃物处置量}{固体废弃物产生量} \times 100\%$$

$$废水达标排放率 = \frac{废水达标排放量}{废水排放总量} \times 100\%$$

(二) 产业发展指标

产业经济指标既要反映经济增长,又要体现产业结构的合理与经济发展的潜力,其指标主要包括产业水平和产业发展能力等方面。主要指标及解释如下:

(1) 产业水平是最能代表一个产业的经济状况的指标,GDP 是综合反映经济发展水平最概括的指标。

$$GDP 增加率 = \frac{本报告期 GDP 增加值}{前一报告期 GDP 增加值} \times 100\%$$

(2) 产业发展能力指标是动态地反映经济发展状况的指标。

$$资产增加率 = \frac{本报告期资产增加值}{前一报告期资产增加值} \times 100\%$$

$$营业收入增加率 = \frac{本报告期营业收入增加值}{前一报告期营业收入增加值} \times 100\%$$

$$成本降低率 = \frac{本报告期成本降低值}{前一报告期成本降低值} \times 100\%$$

$$利润增加率 = \frac{本报告期利润增加值}{前一报告期利润增加值} \times 100\%$$

$$从业人员人数增加率 = \frac{本报告期从业人员人数增加值}{前一报告期从业人员人数增加值} \times 100\%$$

(三) 能源利用指标

能源利用指标主要描述单位产品或创造单位 GDP 所消耗的资源,该类指标反映了节约降耗,推进"减量化",从源头上降低资源消耗的情况。主要的效果因子如下:

万元产业 GDP 能耗。指产业每产出万元国内生产总值所消耗的能源。计算公式为:

$$\text{万元产业 GDP 能耗} = \frac{\text{能源消费总量}}{\text{产业国内生产总值}}$$

万元产业 GDP 煤炭消耗总量。指产业每产出万元国内生产总值所消耗的煤炭总量。计算公式为：

$$\text{万元产业 GDP 煤炭消耗总量} = \frac{\text{煤炭消耗总量}}{\text{产业国内生产总值}}$$

单位产业 GDP 电力消耗总量。指产业每产出单位国内生产总值所消耗的电力总量。计算公式为：

$$\text{单位产业 GDP 电力消耗总量} = \frac{\text{电力消耗总量}}{\text{产业国内生产总值}}$$

万元产业增加值能耗。是指产业每产出万元增加值所消耗的能源。计算公式为：

$$\text{万元产业增加值能耗} = \frac{\text{产业能源消费总量}}{\text{产业增加值}}$$

万元产业增加值煤炭消耗。是指产业每产出万元增加值所消耗的煤炭总量。计算公式为：

$$\text{万元产业增加值煤炭消耗} = \frac{\text{产业煤炭消费总量}}{\text{产业增加值}}$$

单位产业增加值电力消耗。是指产业每产出单位增加值所消耗的煤炭总量。计算公式为：

$$\text{单位产业增加值电力消耗} = \frac{\text{产业电力消费总量}}{\text{产业增加值}}$$

三、工业产业环保化效用实证分析

(一) 工业产业环保化环境发展效用分析

根据我国 2004 年、2005 年、2006 年《中国统计年鉴》及《中国环境年鉴》数据，以及上面选用的指标，整理数据如表 8 - 1 所示。

第八章 产业环保化效用评价

表8-1　2005年我国工业产业环保化效用评价环境指标分析数据

行　业	工业废水排放减少率	工业废水排放达标率	工业废气排放减少率	单位废水排放量GDP	单位废气排放量GDP	单位固体废物产生量GDP	工业固体废物产生减少率	工业固体废物综合利用率	工业固体废物处置率	"三废"综合利用产品产值增加率
煤炭开采和洗选业	-0.084725082	0.842636656	0.109218437	0.000985174	0.408641423	0.000385369	0.211857602	0.623575186	0.274879439	1.771249223
石油和天然气开采业	-0.330951486	0.937166726	-34.4	0.000243015	0.207983856	3.21803E-06	-0.001484527	0.583892617	0.375838926	0.343041894
黑色金属矿采选业	0.009726942	0.909976192	0.095522388	0.001451589	0.962356733	0.00129755	-0.501596715	0.150455688	0.433375236	0.049370005
有色金属矿采选业	0.173464604	0.900147739	-0.333333333	0.003408331	0.654606208	0.001785718	0.580545229	0.257402072	0.409305462	2.634781763
非金属矿采选业	0.40174472	0.922038865	0.374454148	0.001126183	1.105514172	0.000105775	0.42527339	0.659277504	0.121510673	-0.114189235
其他采矿业	-0.00261083	0.782258065	0.045810056	0.004776382	1.155576185	0.000558528	0.088803089	0.413793103	0.448275862	0.002795918
农副食品加工业	0.222756477	0.795576813	0.583460949	0.001246502	0.257024842	1.37995E-05	0.119402985	0.920273349	0.037965072	0.773140836
食品制造业	1.403250381	0.896941396	8.285714286	0.001302518	0.282825577	1.31073E-05	0.25732899	0.800464037	0.032482599	0.522155599
饮料制造业	0.337521024	0.861971247	0.052738337	0.001585771	0.305433691	2.46612E-05	1.317460317	0.962962963	0.025185185	0.82953569
烟草制品业	0.002178728	0.898184407	0.024459078	0.000108154	0.096257039	4.23531E-06	2.5	0.427272727	0.454545455	0.416260163
纺织业	0.123525493	0.963584003	0.1599182	0.001477737	0.259113596	5.92015E-06	-0.217917676	0.897101449	0.075362319	0.528244993
纺织服装、鞋、帽制造业	1.291642314	0.974850299	2.915254237	0.000196743	0.074970216	6.42602E-07	0.038834951	0.933333333	0.066666667	-0.043172281
皮革毛皮羽毛(绒)及其制品业	0.19295877	0.938215727	-0.282142857	0.000585275	0.092875485	2.71286E-06	-0.105882353	0.823529412	0.164705882	4.084066935
木材加工及木竹藤棕草制品业	-0.224118459	0.910031968	0.879093199	0.000328062	0.44996836	7.74085E-06	-0.007025761	0.961290323	0.025806452	-0.049183588

191

续表

行业	工业废水排放减少率	工业废水排放达标率	工业废气排放减少率	单位废水排放量GDP	单位废气排放量GDP	单位固体废物产生量GDP	工业固体废物产生减少率	工业固体废物综合利用率	工业固体废物处置率	"三废"综合利用产品产值增加率
家具制造业	-0.000874717	0.966122961	-0.057894737	5.32947E-05	0.209969176	2.8085E-06	-0.903225806	0.738095238	0.261904762	-2.289942742
造纸及纸制品业	0.153615484	0.91333943	0.177080564	0.009252076	1.136924951	3.13001E-05	0.056170213	0.894609815	0.092518101	0.327794252
印刷业和记录媒介的复制	0.348905109	0.954882571	-3.571428571	9.27624E-05	0.041278685	4.58652E-07	0.001325381	0.875	0.125	0.002383433
文教体育用品制造业	-0.002564296	0.895591647	0.003828798	6.03452E-05	0.028002433	6.30055E-07	0	1	0	0.00051704
石油加工、炼焦及核燃料加工业	-0.026646556	0.976483368	0.338951311	0.000749513	1.004418879	2.02556E-05	0.056074766	0.849538294	0.071700163	-0.019822506
化学原料及化学制品制造业	0.055049607	0.919982776	0.127419227	0.002417011	1.132541823	6.58196E-05	0.101872382	0.698364562	0.163868732	0.376237055
医药制造业	0.499914749	0.947890137	-0.007481297	0.001189894	0.336319525	7.21958E-06	-0.041420118	0.925925926	0.04526749	-0.385743715
化学纤维制造业	0.025836166	0.936969247	0.158325313	0.002432863	1.447201595	1.71498E-05	0.069444444	0.921052632	0.070175439	-0.277359867
橡胶制品业	0.024429967	0.985779667	-0.035989717	0.000298789	0.274956544	4.59075E-06	-0.004214075	0.978723404	0.021276596	-0.014974712
塑料制品业	0.011741639	0.965034965	-0.006717215	4.35537E-05	0.109835966	7.80464E-07	0.002900653	0.975609756	0.048780488	-0.012908386
非金属矿物制品业	0.021596338	0.943956226	0.224492642	0.000484846	5.010451751	3.25287E-05	-0.002394913	0.827927093	0.022242817	0.521506222
黑色金属冶炼及压延加工业	-1.79749788	0.964656867	0.882021053	0.000981721	3.246136871	0.000135796	0.321524988	0.74470348	0.157066281	0.571788443
有色金属冶炼及压延加工业	-0.481335436	0.864409794	1.037688442	0.000540255	2.11127832	7.65364E-05	0.12034384	0.428332287	0.270977192	0.789305075

第八章 产业环保化效用评价

续表

行　业	工业废水排放减少率	工业废水排放达标率	工业废气排放减少率	单位废水排放量 GDP	单位废气排放量 GDP	单位固体废物产生量 GDP	工业固体废物产生减少率	工业固体废物综合利用率	工业固体废物处置率	"三废"综合利用产品产值增加率
金属制品业	-172.5666667	0.95113264	6.033898305	0.000331103	0.133025968	1.90262E-06	-0.253164557	2.438016529	0.090909091	-9.211648373
通用设备制造业	-0.643730638	0.959685663	2.794594595	0.000152394	0.120536439	4.65399E-06	-5.01754386	0.893305439	0.066945607	-0.2658115
专用设备制造业	-0.242534189	0.96388202	-0.420654912	0.00019441	0.126356078	2.88421E-06	-0.148148148	0.791666667	0.125	-0.289485067
交通运输设备制造业	25.78606965	0.94065631	-0.551339286	0.000169571	0.133920923	2.31799E-06	0.026119403	0.816023739	0.34421365	0.596890161
电气机械及器材制造业	-0.06290567	0.953009373	-0.44444444	6.73607E-05	0.05159224	3.48933E-07	0.615384615	0.833333333	0.095238095	-1.558416506
通信计算机及其他电子设备制造业	4.531	0.969005068	2.488095238	8.29644E-05	0.068292391	4.33743E-07	0.15625	0.897959184	0.102040816	0.874331373
仪器仪表及文化办公用机械制造业	-4.35515483	0.974451043	-1.737142857	0.000300602	0.219947911	2.32478E-06	-0.189655172	0.839285714	0.142857143	-0.002212757
工艺品及其他制造业	0.474025974	0.971296296	1.402298851	0.000101899	0.135864743	4.24577E-07	-2	1		-0.100201969
废弃资源和废旧材料回收加工业	0.101492537	0.965957447	0.00033835	9.02052E-05	0.030708155	3.83852E-06	5.25901E-05	0.9		0.06323301
电力、热力的生产和供应业	-0.01844694	0.982826654	0.488806818	0.001685055	5.927632653	0.000172018	0.51647758	0.730205164	0.118612996	0.291086229
燃气生产和供应业	-1.520408163	0.924371798	-4.324675325	0.000935878	1.796866789	2.71699E-05	-1.40625	0.722689076	0.075630252	-0.875476789
水的生产和供应业	-1.953817154	0.978744885	0.666666667	0.003184718	0.09307588	3.72304E-06	-0.413793103	0.590909091	0.454545455	-0.889684352

· 193 ·

根据 SPSS for Windows 提供的因子分析程序，使用 FACTOR 过程进行因子分析，从菜单"Analyze"中的"Data Reducion"中利用 Factor 命令，打开因子分析主对话框，分别指定参与分析的变量，指定子命令 Extraction、Rotation、Factor Scores、Descriptive 及 Option 的有关选项，确定因子提取方法及控制因子提取进程的参数，指定旋转方法，产生因子值，对参与因子分析的变量给出描述统计量，确定缺失值处理方式及数据显示方式，即可得到因子分析模型及各因子的得分。

激活 Statistics 菜单选 Data Reduction 的 Factor 命令项，弹出 Factor Analysis 对话框，在对话框左侧的变量列表中选中所有因子变量，点击▶按钮进入 Variables 框。

点击 Descriptives 按钮，弹出 Factor Analysis：Descriptives 对话框，在 Statistics 中选 Univariate Descriptives 项要求输出各变量的均数与标准差，在 Correlation Matrix 栏内选 Coefficients 项要求计算相关系数矩阵，点击 Continue 按钮返回 Factor Analysis 对话框。

点击 Extraction 按钮，弹出 Factor Analysis：Extraction 对话框，系统提供如下因子提取方法：

Principal Components：主成分分析法；
Unweighted Least Squares：未加权最小平方法；
Generalized Least Squares：综合最小平方法；
Maximum Likelihood：极大似然估计法；
Principal Axis Factoring：主轴因子法；
Alpha Factoring：α 因子法；
Image Factoring：多元回归法。

本书选用 Principal Components 方法，即主成分分析法，之后点击 Continue 按钮返回 Factor Analysis 对话框。

None：不作因子旋转；
Varimax：正交旋转；
Equamax：全体旋转，对变量和因子均作旋转；
Quartimax：四分旋转，对变量作旋转；
Direct Oblimin：斜交旋转。

旋转的目的是为了获得简单结构，以帮助解释因子。本书选用正

第八章 产业环保化效用评价

交旋转法，之后点击 Continue 按钮返回 Factor Analysis 对话框。

点击 Scores 按钮，弹出 Factor Analysis：Scores 对话框，系统提供 3 种估计因子得分系数的方法，本书选用 Regression（回归因子得分），之后点击 Continue 按钮返回因子分析法主对话框，再点击 OK 按钮即得到分析结果。

因子分析的输出结果如表 8-2 所示。

表 8-2　　　　　　　　　　相关系数矩阵

		工业废水排放减少率	工业废水排放达标率	工业废气排放减少率	单位废水排放量 GDP	单位废气排放量 GDP	单位固体废物产生量 GDP	工业固体废物产生减少率	工业固体废物综合利用率	工业固体废物处置率	"三废"综合利用产品产值增加率
Correlation	工业废水排放减少率	1.000	-0.066	-0.168	0.060	-0.003	0.005	0.034	-0.739	0.087	0.830
	工业废水排放达标率	-0.066	1.000	-0.024	0.294	0.199	0.311	-0.247	0.203	-0.112	-0.217
	工业废气排放减少率	-0.168	-0.024	1.000	-0.015	0.013	0.028	-0.044	0.204	-0.206	-0.140
	单位废水排放量 GDP	0.060	0.294	-0.015	1.000	0.646	0.677	-0.084	0.075	0.029	-0.163
	单位废气排放量 GDP	-0.003	0.199	0.013	0.646	1.000	0.626	0.005	0.186	0.258	-0.067
	单位固体废物产生量 GDP	0.005	0.311	0.028	0.677	0.626	1.000	-0.064	0.037	-0.223	-0.125
	工业固体废物产生减少率	0.034	-0.247	-0.044	-0.084	0.005	-0.064	1.000	0.001	0.165	0.150
	工业固体废物综合利用率	-0.739	0.203	0.204	0.075	0.186	0.037	0.001	1.000	-0.299	-0.669

续表

		工业废水排放减少率	工业废水排放达标率	工业废气排放减少率	单位废水排放量GDP	单位废气排放量GDP	单位固体废物产生量GDP	工业固体废物产生减少率	工业固体废物综合利用率	工业固体废物处置率	"三废"综合利用产品产值增加率
Correlation	工业固体废物处置率	0.087	−0.112	−0.206	0.029	0.258	−0.223	0.165	−0.299	1.000	0.098
	"三废"综合利用产品产值增加率	0.830	−0.217	−0.140	−0.163	−0.067	−0.125	0.150	−0.669	0.098	1.000
Sig. (1-tailed)	工业废水排放减少率		0.345	0.153	0.358	0.493	0.488	0.419	0.000	0.300	0.000
	工业废水排放达标率	0.345		0.443	0.035	0.112	0.027	0.065	0.107	0.250	0.092
	工业废气排放减少率	0.153	0.443		0.463	0.468	0.432	0.396	0.107	0.104	0.197
	单位废水排放量GDP	0.358	0.035	0.463		0.000	0.000	0.305	0.325	0.430	0.161
	单位废气排放量GDP	0.493	0.112	0.468	0.000		0.000	0.489	0.129	0.056	0.343
	单位固体废物产生量GDP	0.488	0.027	0.432	0.000	0.000		0.350	0.411	0.086	0.225
	工业固体废物产生减少率	0.419	0.065	0.396	0.305	0.489	0.350		0.498	0.158	0.181
	工业固体废物综合利用率	0.000	0.107	0.107	0.325	0.129	0.411	0.498		0.032	0.000

续表

		工业废水排放减少率	工业废水排放达标率	工业废气排放减少率	单位废水排放量GDP	单位废气排放量GDP	单位固体废物产生量GDP	工业固体废物产生减少率	工业固体废物综合利用率	工业固体废物处置率	"三废"综合利用产品产值增加率
Sig.(1-tailed)	工业固体废物处置率	0.300	0.250	0.104	0.430	0.056	0.086	0.158	0.032		0.277
	"三废"综合利用产品产值增加率	0.000	0.092	0.197	0.161	0.343	0.225	0.181	0.000	0.277	

a Determinant =0.007

表 8-2 为观测变量之间的相关系数矩阵，其中表的上半部分为相关系数矩阵，值越大，相关度越高，下半部分为显著性矩阵，值越小，显著性越高，如工业固体废物综合利用率与工业固体废物处置率之间有较高的相关性。

表 8-3 给出了全部解释方差，Initial Eigenvalues 为相关系数矩

表 8-3　　　　　　　　全部解释方差

Component	Initial Eigenvalues			Extraction Sums of Squared Loadings			Rotation Sums of Squared Loadings		
	Total	% of Variance	Cumulative %	Total	% of Variance	Cumulative %	Total	% of Variance	Cumulative %
1	2.853	28.534	28.534	2.853	28.534	28.534	2.406	24.065	24.065
2	2.285	22.845	51.379	2.285	22.845	51.379	1.108	11.081	35.145
3	1.311	13.107	64.486	1.311	13.107	64.486	1.093	10.932	46.077
4	1.065	10.645	75.131	1.065	10.645	75.131	1.033	10.329	56.406
5	0.842	8.417	83.548	0.842	8.417	83.548	1.015	10.150	66.557
6	0.679	6.793	90.341	0.679	6.793	90.341	1.014	10.142	76.699
7	0.439	4.392	94.733	0.439	4.392	94.733	1.006	10.062	86.761
8	0.327	3.269	98.002	0.327	3.269	98.002	0.903	9.027	95.789
9	0.121	1.215	99.217	0.121	1.215	99.217	0.288	2.881	98.669
10	0.078	0.783	100.000	0.078	0.783	100.000	0.133	1.331	100.000

Extraction Method：Principal Component Analysis.

阵的特征值，其中的 Total 为各成分的特征值，从大到小排列，本模型中大于 1 的特征值有 4 个，下面将利用此结论做进一步的主成本分析。% of Variance 为各成分的百分比，Cumulative % 为累计的百分比。从表中数据可以看出，前 4 个成分的累计百分比可以达到 75%，因此可以提取前 4 个公因子为主成分因子。Extraction Sums of Squared Loadings 为未经旋转的因子载荷的平方和，Rotation Sums of Squared Loadings 为旋转后的因子提取结果。

图 8-1 进一步反映了因子分析的结果，该图的 y 轴为特征值，x 轴为特征值序号，特征值按由大到小的顺序排列，因此呈现坡折曲线，该图的第四个因子处有较为明显的拐点，说明提出 4 个公因子是比较合理的。

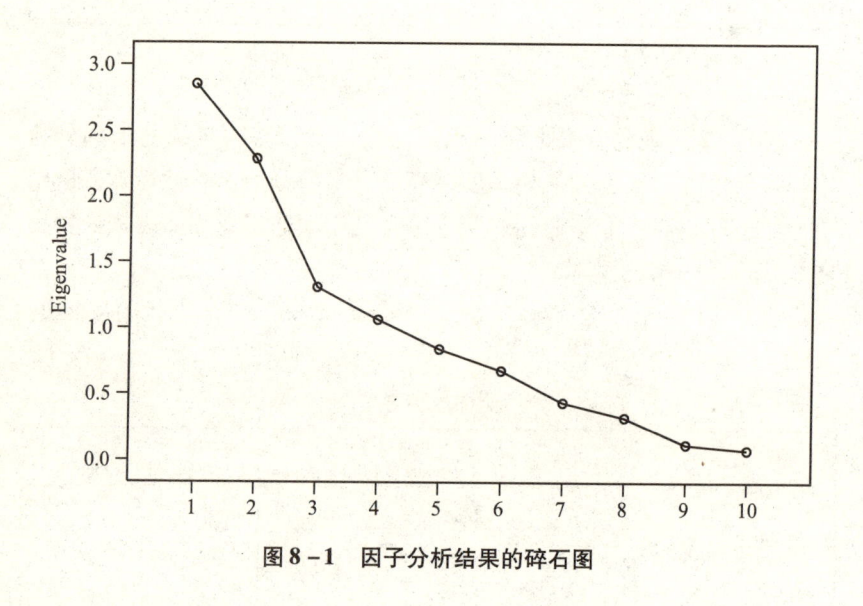

图 8-1　因子分析结果的碎石图

表 8-4 为未经旋转的因子载荷矩阵 A，对应前面的因子分析数学模型，据此可以写出观测变量的因子表达式，各因子前的系数表示该因子对变量的影响程度。表 8-5 为旋转后的因子载荷矩阵。

第八章 产业环保化效用评价

表8-4 未经旋转的因子载荷矩阵

	Component									
	1	2	3	4	5	6	7	8	9	10
工业废水排放减少率	-0.692	0.588	-0.270	0.074	-0.007	0.098	0.095	0.148	-0.215	0.104
工业废水排放达标率	0.465	0.249	-0.336	-0.422	-0.090	0.647	-0.032	-0.036	0.015	-0.026
工业废气排放减少率	0.241	-0.218	-0.240	0.652	0.584	0.253	-0.084	0.005	0.003	0.007
单位GDP废水排放量（万吨）	0.520	0.709	0.054	0.054	0.010	-0.115	-0.161	0.416	0.090	-0.020
单位GDP废气排放量（万吨）	0.484	0.677	0.333	0.103	0.162	-0.030	0.344	-0.128	-0.091	-0.126
单位GDP固体废物产生量（万吨）	0.540	0.671	-0.140	0.210	-0.175	-0.147	-0.178	-0.307	0.033	0.128
工业固体废物产生减少率	-0.208	-0.026	0.597	0.495	-0.471	0.340	-0.126	0.019	-0.024	-0.023
工业固体废物综合利用率	0.759	-0.443	0.123	0.074	-0.137	0.063	0.380	0.131	0.018	0.149
工业固体废物处置率	-0.259	0.220	0.731	-0.340	0.439	0.146	-0.082	-0.036	0.041	0.107
"三废"综合利用产品产值增加率	-0.786	0.416	-0.170	0.180	-0.035	0.101	0.282	-0.031	0.235	0.006

Extraction Method: Principal Component Analysis.
a 10 components extracted.

表 8-5　旋转后的因子载荷矩阵

Component	1	2	3	4	5	6	7	8	9	10
1	-0.740	0.330	-0.178	0.294	0.307	-0.120	0.147	0.276	0.138	-0.022
2	0.549	0.500	0.159	0.177	0.427	-0.023	-0.147	0.424	-0.089	-0.016
3	-0.298	0.049	0.648	-0.294	0.268	0.526	-0.209	-0.098	0.033	0.017
4	0.133	0.067	-0.347	-0.401	0.128	0.488	0.635	0.180	0.067	0.036
5	0.028	0.006	0.516	-0.107	0.133	-0.519	0.634	-0.154	-0.089	-0.013
6	0.127	-0.156	0.167	0.786	-0.032	0.417	0.307	-0.192	0.087	0.010
7	0.144	-0.265	-0.189	-0.036	0.627	-0.147	-0.111	-0.343	0.552	0.149
8	0.051	0.718	-0.085	-0.046	-0.216	0.034	0.009	-0.598	0.221	-0.139
9	-0.004	0.152	0.092	0.006	-0.226	-0.030	0.012	0.089	0.158	0.940
10	0.070	-0.038	0.239	-0.049	-0.356	-0.053	0.024	0.398	0.757	-0.269

Extraction Method: Principal Component Analysis.
Rotation Method: Varimax with Kaiser Normalization.

第八章　产业环保化效用评价

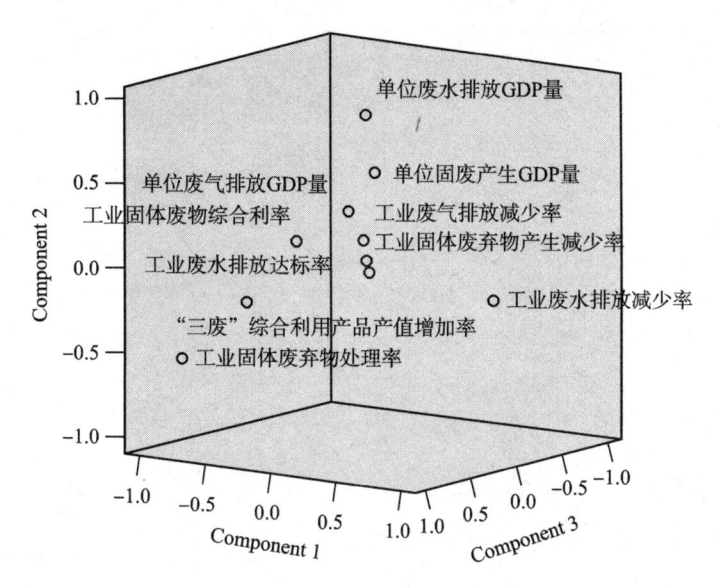

图中标注：
- 单位废水排放GDP量
- 单位废气排放GDP量
- 单位固废产生GDP量
- 工业固体废物综合利率
- 工业废气排放减少率
- 工业废水排放达标率
- 工业固体废弃物产生减少率
- 工业废水排放减少率
- "三废"综合利用产品产值增加率
- 工业固体废弃物处理率

图 8-2　旋转后的三维因子载荷散点图

图 8-2 为旋转后的三维因子载荷散点图,从图中可以看出旋转后的各成本变量分布集中程度,由上图的显示可以看出,旋转后的因子载荷分布于约分布于 4 个位置。其中单位废气排放 GDP 量与工业固体废弃物综合利用率、工业废水排放达标率、单位股非产生 GDP 量、工业废气排放减少量、工业固体废弃物产生减少率等相对集中,这些因子的相似较大;单位废水排放量、工业废水排放减少率相对较为分散;"三废"综合利用产品产值增加率及工业固体废弃物处理率两者也与其他因子相对独立。由此,该评价指标的主成分因子选取 4 个较为合理。

表 8-6 为因子得分系数矩阵,根据该矩阵可以计算各因子得分,如 $f_1 = 0.565x_1 + 0.43x_2 + 0.69x_3 - 0.22x_4 - 0.44x_5 - 0.39x_6 - 0.19x_7 - 0.208x_8 - 0.66x_9 + 0.338x_{10}$

表 8-6　因子得分系数矩阵

	Component									
	1	2	3	4	5	6	7	8	9	10
工业废水排放减少率	0.564	-0.031	0.024	0.017	-0.053	-0.021	0.044	0.077	0.906	-2.048
工业废水排放达标率	0.041	-0.108	0.017	1.087	0.003	0.123	0.035	-0.154	-0.229	0.200
工业废气排放减少率	0.067	0.019	0.117	0.036	-0.063	0.013	1.031	0.025	-0.008	-0.019
单位 GDP 废水排放量（万吨）	0.000	1.380	-0.030	-0.087	-0.366	0.030	0.014	-0.455	-0.015	0.526
单位 GDP 废气排放量（万吨）	-0.042	-0.312	-0.327	-0.003	1.603	0.013	-0.038	-0.595	-0.999	-0.108
单位 GDP 固体废物产生量（万吨）	0.051	-0.338	0.302	-0.108	-0.533	-0.038	0.012	1.668	0.854	-0.118
工业固体废物产生减少率	-0.036	0.042	-0.101	0.131	0.022	1.040	0.013	-0.068	-0.270	-0.116
工业固体废物综合利用率	-0.038	-0.007	0.160	-0.063	-0.246	-0.039	-0.028	0.234	2.113	-0.291
工业固体废物处置率	0.015	-0.038	1.211	0.015	-0.470	-0.093	0.106	0.486	0.909	-0.073
"三废"综合利用产品产值增加率	0.467	0.034	0.020	0.032	-0.070	-0.031	0.039	0.059	0.664	1.915

Extraction Method: Principal Component Analysis.
Rotation Method: Varimax with Kaiser Normalization.

表 8-7 为因子得分的协方差矩阵,即因子的相关矩阵,从中可以看出,本模型中的各个因子是完全正交的。

表 8-7　　　　　　　　　因子相关矩阵

Component	1	2	3	4	5	6	7	8	9	10
1	1.000	0.000	0.000	0.000	0.000	0.000	0.000	0.000	0.000	0.000
2	0.000	1.000	0.000	0.000	0.000	0.000	0.000	0.000	0.000	0.000
3	0.000	0.000	1.000	0.000	0.000	0.000	0.000	0.000	0.000	0.000
4	0.000	0.000	0.000	1.000	0.000	0.000	0.000	0.000	0.000	0.000
5	0.000	0.000	0.000	0.000	1.000	0.000	0.000	0.000	0.000	0.000
6	0.000	0.000	0.000	0.000	0.000	1.000	0.000	0.000	0.000	0.000
7	0.000	0.000	0.000	0.000	0.000	0.000	1.000	0.000	0.000	0.000
8	0.000	0.000	0.000	0.000	0.000	0.000	0.000	1.000	0.000	0.000
9	0.000	0.000	0.000	0.000	0.000	0.000	0.000	0.000	1.000	0.000
10	0.000	0.000	0.000	0.000	0.000	0.000	0.000	0.000	0.000	1.000

Extraction Method: Principal Component Analysis.
Rotation Method: Varimax with Kaiser Normalization.

根据上述分析,进一步利用主成分模型,提取 4 个主成分,析取结果和方差极大化的因子载荷矩阵输出结果如表 8-8、表 8-9 所示。

表 8-8　　　　　　　提取主成分后的全部解释方差

Component	Initial Eigenvalues			Extraction Sums of Squared Loadings		
	Total	% of Variance	Cumulative %	Total	% of Variance	Cumulative %
1	2.853	28.534	28.534	2.853	28.534	28.534
2	2.285	22.845	51.379	2.285	22.845	51.379
3	1.311	13.107	64.486	1.311	13.107	64.486
4	1.065	10.645	75.131	1.065	10.645	75.131
5	0.842	8.417	83.548			
6	0.679	6.793	90.341			
7	0.439	4.392	94.733			
8	0.327	3.269	98.002			
9	0.121	1.215	99.217			
10	0.078	0.783	100.000			

Extraction Method: Principal Component Analysis.

表 8-9　　　　　　　方差极大化的因子载荷矩阵

	Component			
	1	2	3	4
工业废水排放减少率	0.564	-0.031	0.024	0.017
工业废水排放达标率	0.041	-0.108	0.017	1.087
工业废气排放减少率	0.067	0.019	0.117	0.036
单位 GDP 废水排放量（万吨）	0.000	1.380	-0.030	-0.087
单位 GDP 废气排放量（万吨）	-0.042	-0.312	-0.327	-0.003
单位 GDP 固体废物产生量（万吨）	0.051	-0.338	0.302	-0.108
工业固体废物产生减少率	-0.036	0.042	-0.101	0.131
工业固体废物综合利用率	-0.038	-0.007	0.160	-0.063
工业固体废物处置率	0.015	-0.038	1.211	0.015
"三废"综合利用产品产值增加率	0.467	0.034	0.020	0.032

Extraction Method: Principal Component Analysis.
a 4 components extracted.

用因子得分系数矩阵与标准化后的产业环保化效用评价环境指标，可以计算 4 个主因子得分，以 4 个主因子的各自方差贡献率为权数的加权和可以计算得出最终得分。其中标准化后的产业环保化效用评价环境指标矩阵如表 8-10 所示。产业环保化效用评价环境指标评价结果如表 8-11 所示。

（二）工业产业环保化机制产业发展效用分析

本节同样采用因子分析法对我国工业产业环保化机制产业发展效用进行分析，根据我国 2006 年《中国统计年鉴》数据，及上面选用的产业发展指标，整理数据如表 8-12 所示。

第八章 产业环保化效用评价

表8-10　产业环保化效用评价环境指标标准化后矩阵

	工业废水排放减少率	工业废水排放达标率	工业废气排放减少率	单位废水排放量GDP	单位废气排放量GDP	单位固体废物产生量GDP	工业固体废物产生减少率	工业固体废物综合利用率	工业固体废物处置率	"三废"综合利用产品产值增加率
煤炭开采和洗选业	0.1323	-1.8025	0.08652	-0.63352	-0.52592	-0.62701	0.29115	-0.45715	0.49867	0.97291
石油和天然气开采业	0.12353	0.13383	-5.71204	-0.1008	-0.24678	-0.22804	0.08746	-0.56759	1.01434	0.18875
黑色金属矿采选业	0.13566	-0.60749	0.08422	-0.68957	-0.6924	-0.62937	-0.39004	-1.77383	1.30821	0.02751
有色金属矿采选业	0.1415	-0.62446	0.01216	-0.75754	-0.63464	-0.62964	0.64317	-1.4762	1.18527	1.44703
非金属矿采选业	0.14963	-0.17605	0.13109	-0.65536	-0.70831	-0.61812	0.49492	-0.35779	-0.28469	-0.06229
其他采矿业	0.13522	-3.03928	0.07587	-0.77198	-0.71294	-0.62805	0.17366	-1.04097	1.38432	0.00194
农副食品加工业	0.14325	-2.76647	0.16621	-0.67009	-0.35525	-0.53654	0.20288	0.36855	-0.71141	0.4249
食品制造业	0.18531	-0.69014	1.46042	-0.67602	-0.39721	-0.53159	0.33457	0.03512	-0.73941	0.28709
饮料制造业	0.14734	-1.40646	0.07703	-0.69959	-0.42816	-0.57787	1.34676	0.48735	-0.77669	0.45586
烟草制品业	0.13539	-0.66468	0.07228	0.78099	0.41306	-0.32468	2.47582	-1.00345	1.41634	0.22895
纺织业	0.13972	0.67495	0.09504	-0.69167	-0.35896	-0.41167	-0.11919	0.30406	-0.5204	0.29043
纺织服装、鞋、帽制造业	0.18134	0.90573	0.55802	0.06552	0.76183	1.3844	0.12595	0.40489	-0.56481	-0.0233

· 205 ·

续表

	工业废水排放减少率	工业废水排放达标率	工业废气排放减少率	单位废水排放量GDP	单位废气排放量GDP	单位固体废物产生量GDP	工业固体废物产生减少率	工业固体废物综合利用率	工业固体废物处置率	"三废"综合利用产品产值增加率
皮革毛皮羽毛(绒)及其制品业	0.14219	0.15532	0.02076	−0.51434	0.45778	−0.15312	−0.01222	0.09931	−0.06406	2.24276
木材加工及木、竹、藤、棕、草制品业	0.12733	−0.42199	0.21589	−0.28412	−0.5525	−0.46311	0.08217	0.4827	−0.77351	−0.0266
家具制造业	0.13529	0.72696	0.05844	2.4166	−0.25216	−0.16938	−0.77351	−0.13845	0.4324	−1.2558
造纸及纸制品业	0.14079	−0.35424	0.09793	−0.78939	−0.71127	−0.589	0.1425	0.29713	−0.43277	0.18038
印刷业和记录媒介的复制	0.14775	0.49672	−0.53193	1.04464	2.04904	2.19245	0.09014	0.24255	−0.26687	0.00171
文教体育用品制造业	0.13523	−0.71779	0.06882	2.03985	3.40704	1.42452	0.08887	0.59042	−0.90532	0.00069
石油加工、炼焦及核燃料加工业	0.13437	0.93918	0.12513	−0.57868	−0.69755	−0.56645	0.14241	0.17169	−0.5391	−0.01048
化学原料及化学制品制造业	0.13728	−0.21816	0.08958	−0.73686	−0.71086	−0.61069	0.18614	−0.24902	−0.06834	0.20697

第八章 产业环保化效用评价

续表

	工业废水排放减少率	工业废水排放达标率	工业废气排放减少率	单位废水排放量GDP	单位废气排放量GDP	单位固体废物产生量GDP	工业固体废物产生减少率	工业固体废物综合利用率	工业固体废物处置率	"三废"综合利用产品产值增加率
医药制造业	0.15313	0.35348	0.06692	-0.66354	-0.46371	-0.45103	0.04933	0.38428	-0.67411	-0.21139
化学纤维制造业	0.13624	0.12978	0.09478	-0.73732	-0.73356	-0.55487	0.15518	0.37072	-0.54689	-0.15188
橡胶制品业	0.13619	1.12961	0.06213	-0.2328	-0.38525	-0.34834	0.08485	0.53121	-0.79665	-0.00782
塑料制品业	0.13574	0.70468	0.06704	3.13779	0.2612	1.02851	0.09164	0.52255	-0.65617	-0.00069
非金属矿物制品业	0.13609	0.2729	0.10589	-0.45352	-0.79166	-0.59056	0.08659	0.11155	-0.79172	0.28674
黑色金属冶炼及压延加工业	0.07127	0.69693	0.21638	-0.63291	-0.77884	-0.62083	0.39586	-0.12006	-0.10308	0.31434
有色金属冶炼及压延加工业	0.11817	-1.35651	0.24254	-0.48987	-0.75926	-0.61345	0.20378	-1.00051	0.47874	0.43377
金属制品业	-6.01294	0.4199	1.08205	-0.28893	0.07355	0.05011	-0.15284	4.59237	-0.44099	-5.05726
通用设备制造业	0.11238	0.5951	0.53775	0.31972	0.16564	-0.35218	-4.70177	0.2935	-0.56339	-0.14554
专用设备制造业	0.12668	0.68106	-0.00251	0.07601	0.12046	-0.18148	-0.05257	0.01064	-0.26687	-0.15854
交通运输设备制造业	1.05403	0.20531	-0.02447	0.20549	0.06761	-0.07183	0.11381	0.07842	0.8528	0.32812

·207·

续表

	工业废水排放减少率	工业废水排放达标率	工业废气排放减少率	单位废水排放量GDP	单位废气排放量GDP	单位固体废物产生量GDP	工业固体废物产生减少率	工业固体废物综合利用率	工业固体废物处置率	"三废"综合利用产品产值增加率
电气机械及器材制造业	0.13308	0.45835	-0.00651	1.74326	1.47645	3.08006	0.67643	0.1266	-0.41888	-0.85525
通信计算机及其他电子设备制造业	0.29675	0.786	0.48625	1.26343	0.91604	2.35456	0.23806	0.30645	-0.38413	0.48045
仪器仪表及文化办公用机械制造业	-0.01985	0.89755	-0.22372	-0.23627	-0.27277	-0.07346	-0.0922	0.14316	-0.17566	-0.00081
工艺品及其他制造业	0.15221	0.83293	0.3038	0.87853	0.05498	2.419	-1.82068	-2.19254	-0.90532	-0.05461
废弃资源和废旧材料回收加工业	0.13893	0.72357	0.06823	1.09716	3.03501	-0.29308	0.08892	0.31213	4.20234	0.03512
电力、热力的生产和供应业	0.13466	1.06912	0.15031	-0.70598	-0.79531	-0.62284	0.582	-0.16041	-0.29949	0.16022
燃气生产和供应业	0.08115	-0.12826	-0.6585	-0.62434	-0.74946	-0.58271	-1.25378	-0.18132	-0.51903	-0.48028
水的生产和供应业	0.06571	0.98551	0.18019	-0.754	0.45504	-0.28261	-0.30621	-0.54806	1.41634	-0.48808

第八章 产业环保化效用评价

表8-11　　　　　产业环保化效用评价环境指标评价结果

	第一因子	第二因子	第三因子	第四因子	最终得分	排序
煤炭开采和洗选业	0.074617	-0.0041	0.003175	0.002249	0.021008	29
石油和天然气开采业	0.069671	-0.00383	0.002965	0.0021	0.019615	32
黑色金属矿采选业	0.076512	-0.00421	0.003256	0.002306	0.021541	21
有色金属矿采选业	0.079806	-0.00439	0.003396	0.002406	0.022469	12
非金属矿采选业	0.084391	-0.00464	0.003591	0.002544	0.023759	7
其他采矿业	0.076264	-0.00419	0.003245	0.002299	0.021471	25
农副食品加工业	0.080793	-0.00444	0.003438	0.002435	0.022746	10
食品制造业	0.104515	-0.00574	0.004447	0.00315	0.029425	3
饮料制造业	0.0831	-0.00457	0.003536	0.002505	0.023396	9
烟草制品业	0.07636	-0.0042	0.003249	0.002302	0.021498	22
纺织业	0.078802	-0.00433	0.003353	0.002375	0.022186	14
纺织服装、鞋、帽制造业	0.102276	-0.00562	0.004352	0.003083	0.028795	4
皮革毛皮羽毛（绒）及其制品业	0.080195	-0.00441	0.003413	0.002417	0.022578	11
木材加工及木、竹、藤、棕、草制品业	0.071814	-0.00395	0.003056	0.002165	0.020218	30
家具制造业	0.076304	-0.00419	0.003247	0.0023	0.021482	23
造纸及纸制品业	0.079406	-0.00436	0.003379	0.002393	0.022356	13
印刷业和记录媒介的复制	0.083331	-0.00458	0.003546	0.002512	0.023461	8
文教体育用品制造业	0.07627	-0.00419	0.003246	0.002299	0.021473	24
石油加工、炼焦及核燃料加工业	0.075785	-0.00417	0.003225	0.002284	0.021336	27
化学原料及化学制品制造业	0.077426	-0.00426	0.003295	0.002334	0.021798	16
医药制造业	0.086365	-0.00475	0.003675	0.002603	0.024315	5
化学纤维制造业	0.076839	-0.00422	0.00327	0.002316	0.021633	17
橡胶制品业	0.076811	-0.00422	0.003269	0.002315	0.021625	18
塑料制品业	0.076557	-0.00421	0.003258	0.002308	0.021554	20
非金属矿物制品业	0.076755	-0.00422	0.003266	0.002314	0.021609	19
黑色金属冶炼及压延加工业	0.040196	-0.00221	0.00171	0.001212	0.011317	36
有色金属冶炼及压延加工业	0.066648	-0.00366	0.002836	0.002009	0.018764	33
金属制品业	-3.3913	0.186401	-0.14431	-0.10222	-0.95478	39
通用设备制造业	0.063382	-0.00348	0.002697	0.00191	0.017845	34
专用设备制造业	0.071448	-0.00393	0.00304	0.002154	0.020115	31
交通运输设备制造业	0.594473	-0.03267	0.025297	0.017919	0.167367	1
电气机械及器材制造业	0.075057	-0.00413	0.003194	0.002262	0.021132	28
通信计算机及其他电子设备制造业	0.167367	-0.0092	0.007122	0.005045	0.04712	2

续表

	第一因子	第二因子	第三因子	第四因子	最终得分	排序
仪器仪表及文化办公用机械制造业	-0.0112	0.000615	-0.00048	-0.00034	-0.00315	38
工艺品及其他制造业	0.085846	-0.00472	0.003653	0.002588	0.024169	6
废弃资源和废旧材料回收加工业	0.078357	-0.00431	0.003334	0.002362	0.02206	15
电力、热力的生产和供应业	0.075948	-0.00417	0.003232	0.002289	0.021382	26
燃气生产和供应业	0.045769	-0.00252	0.001948	0.00138	0.012886	35
水的生产和供应业	0.03706	-0.00204	0.001577	0.001117	0.010434	37

表 8-12 2005 年我国工业产业环保化效用评价产业发展指标分析数据

行业	GDP增加率	资产增加率	收入增加率	成本降低率	利润增加率	从业人员人数增加率
煤炭开采和洗选业	0.433939	0.376489	0.476978	0.536967	0.368672	-0.63805
石油和天然气开采业	1.438655	0.550345	1.376635	0.570023	2.31873	-0.49362
黑色金属矿采选业	0.013754	0.198366	0.029718	0.013768	-0.07538	-0.61858
有色金属矿采选业	0.666822	0.279065	0.618888	0.450465	1.072933	-0.96191
非金属矿采选业	-0.59419	-1.07543	-0.57547	-0.61849	-0.46764	-1.03939
其他采矿业	-0.6136	0.147809	0.814259	0.845981	-1.03994	0.527708
农副食品加工业	0.315826	-0.2186	0.315781	0.297162	0.404717	-0.64312
食品制造业	0.492042	-0.1352	0.518419	0.42553	1.266083	-0.66028
饮料制造业	0.698945	-0.439	0.687202	0.580104	2.208627	-1
烟草制品业	0.673839	1.088865	0.773899	1.142758	0.444758	0.538462
纺织业	0.258664	-0.14102	0.303985	0.282502	1.71378	-0.65267
纺织服装、鞋、帽制造业	0.246366	-0.31199	0.277453	0.247961	0.813521	-0.7046
皮革毛皮羽毛（绒）及其制品业	0.383579	-0.0874	0.362133	0.367521	0.526153	-0.42613

续表

行业	GDP增加率	资产增加率	收入增加率	成本降低率	利润增加率	从业人员人数增加率
木材加工及木、竹、藤、棕、草制品业	-0.173	-0.46325	-0.17678	-0.18072	-0.20993	-0.79186
家具制造业	-0.08794	-0.34612	-0.07867	-0.07403	-0.17633	-0.56841
造纸及纸制品业	0.131534	-0.15153	0.165837	0.159612	0.168423	-0.8138
印刷业和记录媒介的复制	-0.42018	-0.51862	-0.42044	-0.40666	-0.49133	-0.8892
文教体育用品制造业	0.116859	-0.29231	0.126098	0.107955	0.45292	-0.63108
石油加工、炼焦及核燃料加工业	1.020352	0.863765	1.044735	1.324651	-2.42834	-0.19572
化学原料及化学制品制造业	0.487556	0.306537	0.525467	0.602436	0.127718	-0.78521
医药制造业	1.85893	0.276672	2.26675	2.283869	15.81215	-0.52934
化学纤维制造业	1.125328	0.314105	1.220654	1.214256	0.072902	-0.06971
橡胶制品业	0.203	-0.19832	0.261792	0.267932	0.78656	-0.62899
塑料制品业	-0.08468	-0.30641	-0.08027	-0.07275	-0.03632	-0.71881
非金属矿物制品业	-0.17589	-0.31084	-0.15533	-0.09782	-0.60869	-0.95049
黑色金属冶炼及压延加工业	0.569834	0.686261	0.577721	0.603131	-0.11107	-0.40842
有色金属冶炼及压延加工业	0.632036	0.523924	0.629727	0.600043	0.719546	-0.40601
金属制品业	0.078769	-0.3362	0.118674	-0.41895	0.259662	-0.70957
通用设备制造业	0.074485	-0.19341	0.103368	0.097129	0.286603	-0.7072
专用设备制造业	0.130758	-0.22351	0.162376	0.172541	0.326844	-0.86027
交通运输设备制造业	0.353879	0.184542	0.444669	0.47336	-4.1264	-0.66422
电气机械及器材制造业	0.452517	0.133281	0.41742	0.428396	0.747913	-0.43364
通信计算机及其他电子设备制造业	0.651493	0.308184	0.566156	0.578152	0.328184	0.025706
仪器仪表及文化办公用机械制造业	0.482077	-0.02449	0.43848	0.434396	1.902101	-0.60181
工艺品及其他制造业	-0.1034	-0.43004	-0.08013	-0.06597	-0.15241	-0.76814
废弃资源和废旧材料回收加工业	0.154019	-0.25711	0.136211	0.133649	-0.11243	-0.60559
电力、热力的生产和供应业	0.358164	0.112898	0.717590	0.68837	0.925051	-0.64576
燃气生产和供应业	0.464094	0.017286	0.561727	0.60067	0.321323	-0.94277
水的生产和供应业	-0.07468	-0.18826	-0.12593	-0.07741	-1.41908	-1.00981

与上节采用同样的方法，因子分析的输出结果如下：

表8-13为观测变量之间的相关系数矩阵，由该矩阵可以看出，该指标因子之间相关度普遍较高。

表 8-13　　　　　　　　　　相关分析表

		GDP增加率	资产增加率	收入增加率	成本降低率	利润增加率	从业人员人数增加率
Correlation	GDP 增加率	1.000	0.656	0.886	0.811	0.576	0.236
	资产增加率	0.656	1.000	0.685	0.725	0.080	0.642
	收入增加率	0.886	0.685	1.000	0.942	0.615	0.464
	成本降低率	0.811	0.725	0.942	1.000	0.554	0.539
	利润增加率	0.576	0.080	0.615	0.554	1.000	-0.010
	从业人员人数增加率	0.236	0.642	0.464	0.539	-0.010	1.000
Sig. (1-tailed)	GDP 增加率		0.000	0.000	0.000	0.000	0.074
	资产增加率	0.000		0.000	0.000	0.313	0.000
	收入增加率	0.000	0.000		0.000	0.000	0.001
	成本降低率	0.000	0.000	0.000		0.000	0.000
	利润增加率	0.000	0.313	0.000	0.000		0.476
	从业人员人数增加率	0.074	0.000	0.001	0.000	0.476	

a Determinant = 0.002

表 8-14 给出了全部解释方差，initial eigenvalues 为相关系数矩阵的特征值，其中的 tatal 为各成分的特征值，从大到小排列，本模型中大于 1 的特征值有两个，下面将利用此结论做进一步的主成本分析。% of Variance 为各成分的百分比，Cumulative % 为累计的百分比，由表中数据可以看出，前两个成分的累计百分比可以达到 87.040%，因此确定两个主成分因子是合理的。

表 8-14　　　　　　　　　　全部解释方差

Component	Initial Eigenvalues			Extraction Sums of Squared Loadings			Rotation Sums of Squared Loadings		
	Total	% of Variance	Cumulative %	Total	% of Variance	Cumulative %	Total	% of Variance	Cumulative %
1	3.952	65.874	65.874	3.952	65.874	65.874	2.124	35.396	35.396
2	1.270	21.166	87.040	1.270	21.166	87.040	1.330	22.171	57.567
3	0.483	8.058	95.098	0.483	8.058	95.098	1.283	21.381	78.948
4	0.145	2.413	97.511	0.145	2.413	97.511	0.900	15.002	93.951
5	0.111	1.843	99.354	0.111	1.843	99.354	0.306	5.098	99.049
6	0.039	0.646	100.000	0.039	0.646	100.000	0.057	0.951	100.000

Extraction Method: Principal Component Analysis.

图 8-3 进一步反映了因子分析的结果，该图的第二个因子处有较为明显的拐点，说明提出两个公因子是比较合理的。

第八章　产业环保化效用评价

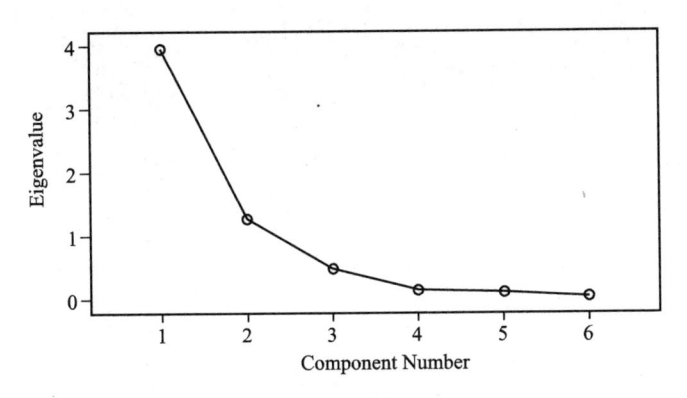

图 8-3　因子分析结果的碎石图

表 8-15 为未经旋转的因子载荷矩阵 A，对应前面的因子分析数学模型，据此可以写出观测变量的因子表达式，各因子前的系数表示该因子对变量的影响程度。表 8-16 为旋转后的因子载荷矩阵。

表 8-15　　　　　　　　　未经旋转的因子载荷矩阵

	Component					
	1	2	3	4	5	6
GDP 增加率	0.890	-0.244	-0.308	-0.005	0.220	0.068
资产增加率	0.799	0.466	-0.276	0.237	-0.107	-0.026
收入增加率	0.969	-0.123	-0.004	-0.151	0.009	-0.151
成本降低率	0.962	-0.014	0.053	-0.165	-0.185	0.101
利润增加率	0.576	-0.716	0.343	0.196	-0.022	0.000
从业人员人数增加率	0.571	0.682	0.439	0.011	0.126	0.017

Extraction Method: Principal Component Analysis.
a 6 components extracted.

表 8-16　　　　　　　　　旋转后的因子载荷矩阵

Component	1	2	3	4	5	6
1	0.703	0.394	0.382	0.390	0.221	0.050
2	-0.187	0.645	-0.663	0.330	0.008	0.003
3	-0.423	0.611	0.508	-0.419	0.103	0.061
4	-0.367	-0.029	0.384	0.636	-0.519	-0.211
5	0.395	0.230	-0.094	-0.393	-0.775	-0.168
6	0.021	0.028	-0.018	-0.076	0.267	-0.960

Extraction Method: Principal Component Analysis.
Rotation Method: Varimax with Kaiser Normalization.

产业与环境　　　　　　　　　　　　　基于可持续发展的产业环保化研究

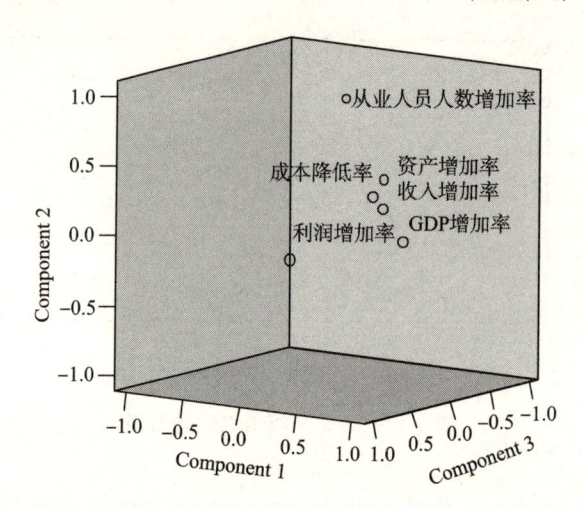

图 8-4　旋转后的三维因子载荷散点图

图 8-4 为旋转后的三维因子载荷散点图,从图中可以看出旋转后的各成本变量分布集中程度,由上图的显示可以看出,旋转后的因子载荷约分布于两个位置。成本降低率、资产增加率、收入增加率、GDP 增加率、利润增加率等因子较为集中。

表 8-17 为因子得分系数矩阵,根据该矩阵可以计算各因子得分。

表 8-17　　　　　　　　　　因子得分矩阵

	Component					
	1	2	3	4	5	6
GDP 增加率	1.298	0.081	-0.339	-0.643	-1.070	-2.044
资产增加率	-0.682	-0.321	0.275	1.911	-0.293	0.446
收入增加率	0.525	-0.030	-0.185	-0.329	-0.513	3.971
成本降低率	-0.063	-0.124	-0.170	-0.217	2.648	-1.956
利润增加率	-0.667	0.043	1.327	0.513	-0.446	-0.214
从业人员人数增加率	0.050	1.231	0.075	-0.579	-0.677	-0.577

Extraction Method: Principal Component Analysis.
Rotation Method: Varimax with Kaiser Normalization.

表 8-18 为因子得分的协方差矩阵,即因子的相关矩阵,从中可以看出,本模型中的各个因子是完全正交的。

表 8-18　　　　　　　　　因子相关矩阵

Component	1	2	3	4	5	6
1	1.000	0.000	0.000	0.000	0.000	0.000
2	0.000	1.000	0.000	0.000	0.000	0.000
3	0.000	0.000	1.000	0.000	0.000	0.000
4	0.000	0.000	0.000	1.000	0.000	0.000
5	0.000	0.000	0.000	0.000	1.000	0.000
6	0.000	0.000	0.000	0.000	0.000	1.000

Extraction Method：Principal Component Analysis.
Rotation Method：Varimax with Kaiser Normalization.

根据上述分析，进一步利用主成分模型，提取 4 个主成分，析取结果和方差极大化的因子载荷矩阵输出结果如表 8-19、表 8-20 所示。

表 8-19　　　　　　　方差极大化的因子载荷矩阵

	Component 1	Component 2
GDP 增加率	1.298	0.081
资产增加率	-0.682	-0.321
收入增加率	0.525	-0.030
成本降低率	-0.063	-0.124
利润增加率	-0.667	0.043
从业人员人数增加率	0.050	1.231

Extraction Method：Principal Component Analysis.
a 2 components extracted.

表 8-20　　　　　　提取主成分后的全部解释方差

Component	Initial Eigenvalues Total	% of Variance	Cumulative %	Extraction Sums of Squared Loadings Total	% of Variance	Cumulative %
1	3.952	65.874	65.874	3.952	65.874	65.874
2	1.270	21.166	87.040	1.270	21.166	87.040
3	0.483	8.058	95.098			
4	0.145	2.413	97.511			
5	0.111	1.843	99.354			
6	0.039	0.646	100.000			

Extraction Method：Principal Component Analysis.

利用因子得分矩阵与标准化后的产业环保化效用评价环境指标，可以计算两个主因子得分，以两个主因子的各自方差贡献率为权数的加权和可以计算得出最终得分。2005 年我国工业产业环保化效用评价产业发展指标标准化后矩阵如表 8 - 21 所示。产业环保化效用评价环境指标评价结果如表 8 - 22 所示。

表 8 - 21　　2005 年我国工业产业环保化效用评价产业发展指标标准化矩阵

行业	GDP增加率	资产增加率	收入增加率	成本降低率	利润增加率	从业人员人数增加率
煤炭开采和洗选业	0.22148	0.91669	0.16196	0.31235	-0.07959	-0.1299
石油和天然气开采业	2.24767	1.33206	1.90781	0.37504	0.62899	0.2762
黑色金属矿采选业	-0.62591	0.49112	-0.70599	-0.67989	-0.24094	-0.07516
有色金属矿采选业	0.69113	0.68393	0.43734	0.1483	0.17631	-1.04052
非金属矿采选业	-1.85195	-2.55221	-1.8804	-1.87897	-0.38348	-1.25838
其他采矿业	-1.89108	0.37033	0.81648	0.89839	-0.59142	3.14797
农副食品加工业	-0.01672	-0.50509	-0.15086	-0.14244	-0.06649	-0.14415
食品制造业	0.33865	-0.30581	0.24238	0.10101	0.2465	-0.19241
饮料制造业	0.75591	-1.03165	0.56991	0.39416	0.58898	-1.14762
烟草制品业	0.70528	2.61868	0.73815	1.46122	-0.05194	3.1782
纺织业	-0.132	-0.31973	-0.17375	-0.17024	0.40917	-0.171
纺织服装、鞋、帽制造业	-0.1568	-0.72821	-0.22524	-0.23675	0.08205	-0.31702
皮革毛皮羽毛（绒）及其制品业	0.11992	-0.19161	-0.06091	-0.009	-0.02237	0.46597
木材加工及木、竹、藤、棕、草制品业	-1.00252	-1.08958	-1.10672	-1.04874	-0.28983	-0.56236
家具制造业	-0.83099	-0.80974	-0.91633	-0.84641	-0.27762	0.06591
造纸及纸制品业	-0.38838	-0.34485	-0.44184	-0.4033	-0.15235	-0.62405
印刷业和记录媒介的复制	-1.50102	-1.22189	-1.57956	-1.47722	-0.39208	-0.83607
文教体育用品制造业	-0.41797	-0.68119	-0.51895	-0.50127	-0.04898	-0.1103
石油加工、炼焦及核燃料加工业	1.40409	2.08088	1.26373	1.80618	-1.09592	1.11385
化学原料及化学制品制造业	0.32961	0.74956	0.25605	0.43651	-0.16714	-0.54367
医药制造业	3.09524	0.67821	3.63515	3.62533	5.532	0.17578
化学纤维制造业	1.61579	0.76764	1.60512	1.59682	-0.18706	1.46815
橡胶制品业	-0.24425	-0.45662	-0.25563	-0.19787	0.07226	-0.10442
塑料制品业	-0.82441	-0.71487	-0.91942	-0.84398	-0.22675	-0.35697

第八章　产业环保化效用评价

续表

行业	GDP增加率	资产增加率	收入增加率	成本降低率	利润增加率	从业人员人数增加率
非金属矿物制品业	-1.00835	-0.72545	-1.06508	-0.89152	-0.43472	-1.0084
黑色金属冶炼及压延加工业	0.49553	1.65679	0.35746	0.43783	-0.25391	0.51578
有色金属冶炼及压延加工业	0.62098	1.26894	0.45838	0.43197	0.04791	0.52255
金属制品业	-0.49479	-0.78604	-0.53336	-1.50053	-0.1192	-0.33099
通用设备制造业	-0.50343	-0.44489	-0.56306	-0.5218	-0.10941	-0.32432
专用设备制造业	-0.38994	-0.51682	-0.44855	-0.37878	-0.09479	-0.75471
交通运输设备制造业	0.06002	0.4581	0.09926	0.19172	-1.71293	-0.20348
电气机械及器材制造业	0.25894	0.33562	0.04638	0.10644	0.05821	0.44487
通信计算机及其他电子设备制造业	0.66022	0.7535	0.33501	0.39046	-0.0943	1.73644
仪器仪表及文化办公用机械制造业	0.31856	-0.04132	0.08725	0.11782	0.4776	-0.028
工艺品及其他制造业	-0.86216	-1.01024	-0.91915	-0.83111	-0.26893	-0.49567
废弃资源和废旧材料回收加工业	-0.34303	-0.59709	-0.49933	-0.45254	-0.2544	-0.03863
电力、热力的生产和供应业	0.06866	0.28693	0.62795	0.59948	0.12258	-0.15156
燃气生产和供应业	0.28229	0.05849	0.32642	0.43316	-0.09679	-0.98669
水的生产和供应业	-0.80425	-0.4326	-1.00804	-0.85281	-0.72919	-1.17522

表 8-22　　产业环保化效用评价环境指标评价结果

	第一因子	第二因子	最终得分	排序
煤炭开采和洗选业	0.287481	0.01794	0.193172	16
石油和天然气开采业	2.917476	0.182061	1.960393	2
黑色金属矿采选业	-0.81243	-0.0507	-0.54591	30
有色金属矿采选业	0.897087	0.055982	0.602796	7
非金属矿采选业	-2.40383	-0.15001	-1.61525	38
其他采矿业	-2.45462	-0.15318	-1.64938	39
农副食品加工业	-0.0217	-0.00135	-0.01458	20
食品制造业	0.439568	0.027431	0.295367	11
饮料制造业	0.981171	0.061229	0.659296	5

续表

	第一因子	第二因子	最终得分	排序
烟草制品业	0.915453	0.057128	0.615137	6
纺织业	-0.17134	-0.01069	-0.11513	21
纺织服装、鞋、帽制造业	-0.20353	-0.0127	-0.13676	22
皮革毛皮羽毛（绒）及其制品业	0.155656	0.009714	0.104593	17
木材加工及木、竹、藤、棕、草制品业	-1.30127	-0.0812	-0.87439	35
家具制造业	-1.07863	-0.06731	-0.72478	33
造纸及纸制品业	-0.50412	-0.03146	-0.33874	25
印刷业和记录媒介的复制	-1.94832	-0.12158	-1.30917	37
文教体育用品制造业	-0.54253	-0.03386	-0.36455	27
石油加工、炼焦及核燃料加工业	1.822509	0.113731	1.224632	4
化学原料及化学制品制造业	0.427834	0.026698	0.287482	12
医药制造业	4.017622	0.250714	2.699634	1
化学纤维制造业	2.097295	0.130879	1.409274	3
橡胶制品业	-0.31704	-0.01978	-0.21303	23
塑料制品业	-1.07008	-0.06678	-0.71904	32
非金属矿物制品业	-1.30884	-0.08168	-0.87947	36
黑色金属冶炼及压延加工业	0.643198	0.040138	0.432196	10
有色金属冶炼及压延加工业	0.806032	0.050299	0.541612	9
金属制品业	-0.64224	-0.04008	-0.43155	28
通用设备制造业	-0.65345	-0.04078	-0.43909	29
专用设备制造业	-0.50614	-0.03159	-0.3401	26
交通运输设备制造业	0.077906	0.004862	0.052349	19
电气机械及器材制造业	0.336104	0.020974	0.225845	15
通信计算机及其他电子设备制造业	0.856966	0.053478	0.575837	8
仪器仪表及文化办公用机械制造业	0.413491	0.025803	0.277845	13
工艺品及其他制造业	-1.11908	-0.06983	-0.75197	34
废弃资源和废旧材料回收加工业	-0.44525	-0.02779	-0.29919	24
电力、热力的生产和供应业	0.089121	0.005561	0.059884	18
燃气生产和供应业	0.366412	0.022865	0.24621	14
水的生产和供应业	-1.04392	-0.06514	-0.70146	31

(三) 工业产业环保化能源效用分析

根据我国2006年《中国统计年鉴》数据，及上面选用的能源消耗指标，整理数据如表8-23所示。

表8-23　2005年我国工业产业环保化效用评价能源消耗指标矩阵

	万元GDP能源消耗总量（吨标准煤）	万元GDP煤炭消耗总量（吨）	单位GDP电力消耗总量（千瓦时）	万元产值增加能源消耗总量（吨标准煤）	万元产值增加煤炭消耗总量（吨）	单位产值增加电力消耗总量（千瓦时）
煤炭开采和洗选业	1.208671	2.288558	0.102769	2.394857	4.534541	0.203627
石油和天然气开采业	0.59834	0.05378	0.061154	0.781338	0.070228	0.079858
黑色金属矿采选业	0.956042	0.113299	0.207298	2.218264	0.262883	0.480985
有色金属矿采选业	0.581857	0.080007	0.137915	1.551814	0.213378	0.36782
非金属矿采选业	1.140121	0.759033	0.15052	3.074802	2.047043	0.405939
其他采矿业	11.76521	0.193248	3.256112	37.4308	0.614815	10.35926
农副食品加工业	0.191654	0.108595	0.023811	0.74087	0.419791	0.092044
食品制造业	0.30943	0.215599	0.030306	1.000972	0.697438	0.098035
饮料制造业	0.284717	0.22079	0.024722	0.755168	0.585612	0.065571
烟草制品业	0.08367	0.038009	0.012594	0.115381	0.052415	0.017367
纺织业	0.392873	0.168971	0.064838	1.536439	0.660808	0.253568
纺织服装、鞋、帽制造业	0.109922	0.038503	0.017567	0.385123	0.134898	0.061553
皮革、毛皮、羽毛（绒）及其制品业	0.08957	0.024269	0.015803	0.328431	0.088989	0.057946
木材加工及木、竹、藤、棕、草制品业	0.377908	0.190685	0.057624	1.352045	0.682215	0.206162
家具制造业	0.090264	0.018225	0.016972	0.334737	0.067586	0.062941
造纸及纸制品业	0.786798	0.727621	0.097748	2.856007	2.641198	0.354815
印刷业和记录媒介的复制	0.190211	0.025104	0.041976	0.592723	0.078227	0.130804
文教体育用品制造业	0.132134	0.011177	0.028627	0.515892	0.043638	0.11177
石油加工、炼焦及核燃料加工业	0.990115	1.576526	0.026061	5.995978	9.547188	0.157819

·219·

续表

	万元GDP能源消耗总量（吨标准煤）	万元GDP煤炭消耗总量（吨）	单位GDP电力消耗总量（千瓦时）	万元产值增加能源消耗总量（吨标准煤）	万元产值增加煤炭消耗总量（吨）	单位产值增加电力消耗总量（千瓦时）
化学原料及化学制品制造业	1.374972	0.685163	0.129874	5.121695	2.552194	0.483775
医药制造业	0.264064	0.134926	0.035961	0.733685	0.374884	0.099915
化学纤维制造业	0.514492	0.291425	0.089193	2.765235	1.566319	0.479384
橡胶制品业	0.491356	0.165326	0.09505	1.812991	0.610014	0.350711
塑料制品业	0.285486	0.044123	0.063468	1.137385	0.175788	0.252858
非金属矿物制品业	2.049967	1.823148	0.154007	6.713133	5.970355	0.504334
黑色金属冶炼及压延加工业	1.676134	0.893611	0.118504	6.229679	3.321279	0.440444
有色金属冶炼及压延加工业	0.90561	0.28195	0.185136	3.725385	1.15985	0.761589
金属制品业	0.33864	0.041679	0.077178	1.311211	0.161379	0.298834
通用设备制造业	0.18681	0.032098	0.032416	0.668064	0.114789	0.115926
专用设备制造业	0.204179	0.075019	0.029984	0.738909	0.271486	0.108511
交通运输设备制造业	0.124114	0.046475	0.01909	0.509184	0.190665	0.078318
电气机械及器材制造业	0.085694	0.009914	0.01764	0.333299	0.038561	0.068607
通信设备、计算机及其他电子设备	0.054619	0.004901	0.012118	0.257668	0.02312	0.057166
仪器仪表及文化、办公用机械	0.069823	0.007104	0.015253	0.264843	0.026945	0.057857
工艺品及其他制造业	0.629115	0.244794	0.13507	2.243535	0.872977	0.481685
废弃资源和废旧材料回收加工业	0.116274	0.020546	0.022664	0.568369	0.100434	0.110787
电力、热力的生产和供应业	0.888485	5.928342	0.207666	2.762783	18.43443	0.645747
燃气生产和供应业	1.222881	2.518231	0.057876	4.679164	9.635621	0.221454
水的生产和供应业	1.193476	0.052813	0.322564	2.641029	0.116869	0.713798

运用因子分析，主要分析如表8-24所示。

表8-24为相关系数矩阵，由该矩阵可以看出，该指标因子之间相关度普遍较高，因此可以运用因子分析进行主成分的提取。

表 8-24　相关系数矩阵

		万元GDP能源消耗总量（吨标准煤）	万元GDP煤炭消耗总量（吨）	单位GDP电力消耗总量（千瓦时）	万元产值增加能源消耗总量（吨标准煤）	万元产值增加煤炭消耗总量（吨）	单位产值增加电力消耗总量（千瓦时）
Correlation	万元GDP能源消耗总量（吨标准煤）	1.000	0.656	0.886	0.811	0.576	0.236
	万元GDP煤炭消耗总量（吨）	0.656	1.000	0.685	0.725	0.080	0.642
	单位GDP电力消耗总量（千瓦时）	0.886	0.685	1.000	0.942	0.615	0.464
	万元产值增加能源消耗总量（吨标准煤）	0.811	0.725	0.942	1.000	0.554	0.539
	万元产值增加煤炭消耗总量（吨）	0.576	0.080	0.615	0.554	1.000	-0.010
	单位产值增加电力消耗总量（千瓦时）	0.236	0.642	0.464	0.539	-0.010	1.000
Sig.(1-tailed)	万元GDP能源消耗总量（吨标准煤）		0.000	0.000	0.000	0.000	0.074
	万元GDP煤炭消耗总量（吨）	0.000		0.000	0.000	0.313	0.000
	单位GDP电力消耗总量（千瓦时）	0.000	0.000		0.000	0.000	0.001
	万元产值增加能源消耗总量（吨标准煤）	0.000	0.000	0.000		0.000	0.000
	万元产值增加煤炭消耗总量（吨）	0.000	0.313	0.000	0.000		0.476
	单位产值增加电力消耗总量（千瓦时）	0.074	0.000	0.001	0.000	0.476	

a Determinant = 2.55E-009

表 8-25 为全部解释方差，本模型中大于 1 的特征值有 2 个，下面将以两个因子进行主成本分析。由表中数据可以看出，前 2 个成分

的累计百分比可以达到 98.718%，因此确定 2 个主成分因子是非常合理的。

表 8-25　　　　　　　　　全部解释方差

Component	Initial Eigenvalues			Extraction Sums of Squared Loadings			Rotation Sums of Squared Loadings		
	Total	% of Variance	Cumulative %	Total	% of Variance	Cumulative %	Total	% of Variance	Cumulative %
1	3.953	65.877	65.877	3.953	65.877	65.877	3.943	65.711	65.711
2	1.970	32.841	98.718	1.970	32.841	98.718	1.980	32.998	98.709
3	0.052	0.863	99.581	0.052	0.863	99.581	0.036	0.608	99.317
4	0.022	0.373	99.955	0.022	0.373	99.955	0.031	0.512	99.829
5	0.003	0.044	99.998	0.003	0.044	99.998	0.010	0.169	99.998
6	0.000	0.002	100.000	0.000	0.002	100.000	0.000	0.002	100.000

Extraction Method：Principal Component Analysis.

表 8-26 为未经旋转的因子载荷矩阵 A，对应前面的因子分析数学模型，据此可以写出观测变量的因子表达式，各因子前的系数表示该因子对变量的影响程度。表 8-27 为旋转后的因子载荷矩阵。

表 8-26　　　　　　　　未经旋转的因子载荷矩阵

	Component					
	1	2	3	4	5	6
万元 GDP 能源消耗总量（吨标准煤）	0.996	-0.004	-0.036	-0.078	0.026	0.005
万元 GDP 煤炭消耗总量（吨）	0.093	0.987	0.115	-0.064	-0.012	-0.001
单位 GDP 电力消耗总量（千瓦时）	0.990	-0.101	0.089	0.047	0.022	-0.006
万元产值增加能源消耗总量（吨标准煤）	0.991	0.019	-0.123	-0.028	-0.025	-0.004
万元产值增加煤炭消耗总量（吨）	0.094	0.988	-0.097	0.075	0.012	0.001
单位产值增加电力消耗总量（千瓦时）	0.991	-0.099	0.070	0.059	-0.023	0.006

Extraction Method：Principal Component Analysis.
a 6 components extracted.

第八章 产业环保化效用评价

表 8-27　　　　　　　　旋转后的因子载荷矩阵

	Component					
	1	2	3	4	5	6
万元 GDP 能源消耗总量（吨标准煤）	0.994	0.065	-0.021	0.056	0.070	-0.005
万元 GDP 煤炭消耗总量（吨）	0.023	0.992	-0.123	-0.022	0.002	-5.22E-005
单位 GDP 电力消耗总量（千瓦时）	0.994	-0.029	-0.026	-0.095	-0.025	0.007
万元产值增加能源消耗总量（吨标准煤）	0.987	0.087	0.065	0.113	0.022	0.003
万元产值增加煤炭消耗总量（吨）	0.024	0.991	0.126	0.031	0.002	-6.28E-007
单位产值增加电力消耗总量（千瓦时）	0.995	-0.028	-0.013	-0.067	-0.064	-0.006

Extraction Method：Principal Component Analysis.
Rotation Method：Varimax with Kaiser Normalization.
a Rotation converged in 3 iterations.

图 8-5 为旋转后的三维因子载荷散点图，从图中可以看出旋转后的各成本变量分布集中程度，由下图的显示可以看出，旋转后的因子载荷分布于约分布于 2 个位置，进一步确定选择 2 个主成分因子是合适的。

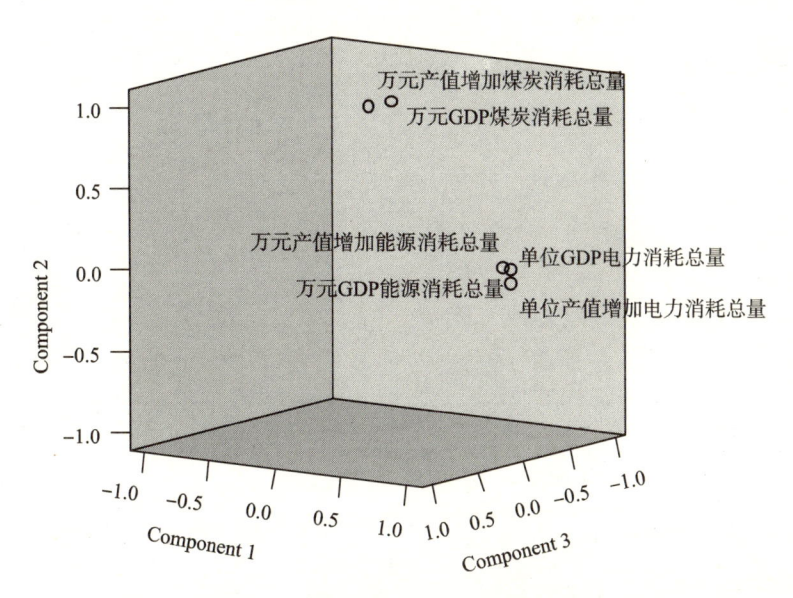

图 8-5　旋转后的三维因子载荷散点图

表 8-28 为因子得分系数矩阵，根据该矩阵可以计算各因子得分。

表 8-28　　　　　　　　因子得分系数矩阵

	Component					
	1	2	3	4	5	6
万元 GDP 能源消耗总量（吨标准煤）	0.254	-0.016	0.792	-3.788	11.296	-41.380
万元 GDP 煤炭消耗总量（吨）	-0.011	0.507	-4.572	2.652	-3.110	10.465
单位 GDP 电力消耗总量（千瓦时）	0.256	0.008	1.047	-5.065	4.244	54.269
万元产值增加能源消耗总量（吨标准煤）	0.241	-0.022	-1.736	8.261	-7.939	40.013
万元产值增加煤炭消耗总量（吨）	-0.012	0.505	4.703	-3.260	2.979	-11.136
单位产值增加电力消耗总量（千瓦时）	0.257	0.007	-0.122	0.663	-7.641	-52.584

Extraction Method: Principal Component Analysis.
Rotation Method: Varimax with Kaiser Normalization.

表 8-29 为因子得分的协方差矩阵，即因子的相关矩阵，从中可以看出，本模型中的各个因子是完全正交的。

表 8-29　　　　　　　　因子相关矩阵

Component	1	2	3	4	5	6
1	1.000	0.000	0.000	0.000	0.000	0.000
2	0.000	1.000	0.000	0.000	0.000	0.000
3	0.000	0.000	1.000	0.000	0.000	0.000
4	0.000	0.000	0.000	1.000	0.000	0.000
5	0.000	0.000	0.000	0.000	1.000	0.000
6	0.000	0.000	0.000	0.000	0.000	1.000

Extraction Method: Principal Component Analysis.
Rotation Method: Varimax with Kaiser Normalization.

根据上述分析，进一步利用主成分模型，提取 2 个主成分，因子得分矩阵和析取结果如表 8-30、表 8-31 所示。

第八章 产业环保化效用评价

表8-30　　　　　　方差极大化的因子载荷矩阵

	Component 1	Component 2
万元GDP能源消耗总量（吨标准煤）	0.254	-0.016
万元GDP煤炭消耗总量（吨）	-0.011	0.507
单位GDP电力消耗总量（千瓦时）	0.256	0.008
万元产值增加能源消耗总量（吨标准煤）	0.241	-0.022
万元产值增加煤炭消耗总量（吨）	-0.012	0.505
单位产值增加电力消耗总量（千瓦时）	0.257	0.007

Extraction Method: Principal Component Analysis.
Rotation Method: Varimax with Kaiser Normalization.
a Rotation converged in 3 iterations.

表8-31　　　　　　提取因子后的全部解释方差

Component	Initial Eigenvalues Total	% of Variance	Cumulative %	Extraction Sums of Squared Loadings Total	% of Variance	Cumulative %	Rotation Sums of Squared Loadings Total	% of Variance	Cumulative %
1	3.953	65.877	65.877	3.953	65.877	65.877	3.943	65.711	65.711
2	1.970	32.841	98.718	1.970	32.841	98.718	1.980	33.007	98.718
3	0.052	0.863	99.581						
4	0.022	0.373	99.955						
5	0.003	0.044	99.998						
6	0.000	0.002	100.000						

Extraction Method: Principal Component Analysis.

利用因子得分矩阵和标准化后的产业环保化效用评价资源消耗指标矩阵，可以计算2个主因子得分，以2个主因子的各自方差贡献率为权数的加权和可以计算得出最终得分。根据资源消耗减量化的原则，本指标中以资源消耗低为优，故本指标下的结果采用反向排序，即最终得分与排序结果相反（见表8-32、表8-33）。

表 8-32　　2005 年我国工业产业环保化效用评价能源消耗指标矩阵标准化矩阵

	万元 GDP 能源消耗总量（吨标准煤）	万元 GDP 煤炭消耗总量（吨）	单位 GDP 电力消耗总量（千瓦时）	万元产值增加能源消耗总量（吨标准煤）	万元产值增加煤炭消耗总量（吨）	单位产值增加电力消耗总量（千瓦时）
煤炭开采和洗选业	0.19522	1.62791	-0.10916	-0.06784	0.76595	-0.18798
石油和天然气开采业	-0.13242	-0.42538	-0.19016	-0.33836	-0.47245	-0.26386
黑色金属矿采选业	0.0596	-0.37069	0.0943	-0.09744	-0.41901	-0.01794
有色金属矿采选业	-0.14127	-0.40128	-0.04075	-0.20918	-0.43274	-0.08732
非金属矿采选业	0.15842	0.2226	-0.01621	0.04616	0.07592	-0.06395
其他采矿业	5.86221	-0.29724	6.02863	5.80638	-0.32138	6.03817
农副食品加工业	-0.35074	-0.37502	-0.26284	-0.34515	-0.37548	-0.25639
食品制造业	-0.28752	-0.2767	-0.2502	-0.30154	-0.29846	-0.25272
饮料制造业	-0.30078	-0.27193	-0.26107	-0.34275	-0.32948	-0.27262
烟草制品业	-0.40871	-0.43987	-0.28468	-0.45002	-0.47739	-0.30217
纺织业	-0.24272	-0.31954	-0.18299	-0.21176	-0.30862	-0.15736
纺织服装、鞋、帽制造业	-0.39462	-0.43942	-0.275	-0.40479	-0.45451	-0.27508
皮革、毛皮、羽毛（绒）及其制品业	-0.40554	-0.45249	-0.27843	-0.4143	-0.46724	-0.27729
木材加工及木、竹、藤、棕、草制品业	-0.25076	-0.29959	-0.19703	-0.24268	-0.30268	-0.18643
家具制造业	-0.40517	-0.45805	-0.27616	-0.41324	-0.47318	-0.27423
造纸及纸制品业	-0.03125	0.19374	-0.11893	0.00948	0.24074	-0.09529
印刷业和记录媒介的复制	-0.35152	-0.45173	-0.22749	-0.36999	-0.47023	-0.23263
文教体育用品制造业	-0.38269	-0.46452	-0.25347	-0.38287	-0.47982	-0.24429
石油加工、炼焦及核燃料加工业	0.07789	0.9737	-0.25846	0.53594	2.15647	-0.21606
化学原料及化学制品制造业	0.28449	0.15473	-0.0564	0.38935	0.21605	-0.01623
医药制造业	-0.31187	-0.35082	-0.23919	-0.34635	-0.38794	-0.25156
化学纤维制造业	-0.17743	-0.20703	-0.13558	-0.00574	-0.05743	-0.01892
橡胶制品业	-0.18985	-0.32289	-0.12418	-0.16539	-0.32271	-0.09781
塑料制品业	-0.30037	-0.43425	-0.18565	-0.27867	-0.44317	-0.1578

· 226 ·

续表

	万元GDP能源消耗总量（吨标准煤）	万元GDP煤炭消耗总量（吨）	单位GDP电力消耗总量（千瓦时）	万元产值增加能源消耗总量（吨标准煤）	万元产值增加煤炭消耗总量（吨）	单位产值增加电力消耗总量（千瓦时）
非金属矿物制品业	0.64684	1.2003	-0.00943	0.65618	1.16425	-0.00362
黑色金属冶炼及压延加工业	0.44616	0.34625	-0.07853	0.57512	0.42939	-0.04279
有色金属冶炼及压延加工业	0.03253	-0.21574	0.05117	0.15524	-0.17019	0.15409
金属制品业	-0.27184	-0.4365	-0.15897	-0.24952	-0.44716	-0.12961
通用设备制造业	-0.35334	-0.4453	-0.2461	-0.35735	-0.46009	-0.24175
专用设备制造业	-0.34402	-0.40587	-0.25083	-0.34548	-0.41662	-0.24629
交通运输设备制造业	-0.387	-0.43209	-0.27203	-0.38399	-0.43904	-0.2648
电气机械及器材制造业	-0.40762	-0.46568	-0.27486	-0.41348	-0.48123	-0.27076
通信设备、计算机及其他电子设备	-0.4243	-0.47029	-0.2856	-0.42616	-0.48552	-0.27777
仪器仪表及文化、办公用机械	-0.41614	-0.46827	-0.2795	-0.42496	-0.48446	-0.27735
工艺品及其他制造业	-0.1159	-0.24988	-0.04629	-0.09321	-0.24977	-0.01751
废弃资源和废旧材料回收加工业	-0.39121	-0.45592	-0.26508	-0.37407	-0.46407	-0.2449
电力、热力的生产和供应业	0.02333	4.97211	0.09502	-0.00615	4.62179	0.08307
燃气生产和供应业	0.20285	1.83893	-0.19654	0.31516	2.181	-0.17705
水的生产和供应业	0.18706	-0.42627	0.31866	-0.02656	-0.45951	0.12479

表8-33　　产业环保化效用评价能源消耗指标评价结果

	第一因子	第二因子	最终得分	排序
煤炭开采和洗选业	-0.07012	1.208335	0.350638	34
石油和天然气开采业	-0.22132	-0.44806	-0.29295	16
黑色金属矿采选业	0.020291	-0.39772	-0.11725	26
有色金属矿采选业	-0.10956	-0.41606	-0.20881	23
非金属矿采选业	0.027419	0.14707	0.066362	31
其他采矿业	5.990604	-0.44404	3.800604	39

续表

	第一因子	第二因子	最终得分	排序
农副食品加工业	-0.29682	-0.37044	-0.31719	14
食品制造业	-0.26808	-0.28355	-0.26972	20
饮料制造业	-0.28895	-0.2959	-0.28753	18
烟草制品业	-0.35224	-0.45205	-0.3805	2
纺织业	-0.19275	-0.31188	-0.22941	22
纺织服装、鞋、帽制造业	-0.3286	-0.44122	-0.36137	7
皮革毛皮羽毛（绒）及其制品业	-0.33481	-0.45393	-0.36964	6
木材加工及木、竹、藤、棕、草制品业	-0.2136	-0.29828	-0.23867	21
家具制造业	-0.33296	-0.45974	-0.37033	5
造纸及纸制品业	-0.06561	0.218473	0.028528	30
印刷业和记录媒介的复制	-0.28587	-0.45618	-0.33813	12
文教体育用品制造业	-0.30628	-0.46701	-0.35514	8
石油加工、炼焦及核燃料加工业	-0.00934	1.566066	0.508162	35
化学原料及化学制品制造业	0.14319	0.173871	0.15143	32
医药制造业	-0.28005	-0.36484	-0.30431	15
化学纤维制造业	-0.08305	-0.13222	-0.09814	27
橡胶制品业	-0.13758	-0.32168	-0.19628	24
塑料制品业	-0.22144	-0.43562	-0.28894	17
非金属矿物制品业	0.291918	1.171612	0.577076	36
黑色金属冶炼及压延加工业	0.211866	0.371672	0.261632	33
有色金属冶炼及压延加工业	0.102792	-0.19777	0.002765	29
金属制品业	-0.19302	-0.43946	-0.27148	19
通用设备制造业	-0.29058	-0.44826	-0.33864	11
专用设备制造业	-0.28869	-0.40679	-0.32377	13
交通运输设备制造业	-0.31851	-0.43017	-0.3511	10
电气机械及器材制造业	-0.33224	-0.4676	-0.37243	4
通信计算机及其他电子设备制造业	-0.34398	-0.47169	-0.38151	1
仪器仪表及文化办公用机械制造业	-0.33998	-0.47024	-0.3784	3
工艺品及其他制造业	-0.06251	-0.24941	-0.12309	25
废弃资源和废旧材料回收加工业	-0.30973	-0.45485	-0.35342	9
电力、热力的生产和供应业	-0.06004	4.855967	1.555198	38
燃气生产和供应业	-0.01474	2.020752	0.653926	37
水的生产和供应业	0.164963	-0.44716	-0.03818	28

（四）工业产业环保化效用综合评价

以上从环境、产业发展、资源消耗三个主要方面对我国工业产业的环保化效用进行了定量评估，为了对各产业有整体的认识，还必须对各产业的环保化效用进行整体评价，此处，笔者采用排序平均法进行总体分析与评价。

排序平均法的基本思路是在前面对三个方面进行个别评估的基础上，对每个因子排序，进行平均，得到平均的排序，用来反映每个产业的环保化能力的相对高低。平均的方法有简单算术平均法和加权算术平均法，几何平均法等，限于资料，笔者采用简单算术平均法。评价结果见表8-34。

表8-34　　　　　产业环保化效用评价综合矩阵

产　业	环保指标排序	产业发展指标排序	资源消耗指标排序	合计	名次
煤炭开采和洗选业	29	16	34	79	31
石油和天然气开采业	32	2	16	50	14
黑色金属矿采选业	21	30	26	77	30
有色金属矿采选业	12	7	23	42	9
非金属矿采选业	7	38	31	76	29
其他采矿业	25	39	39	103	39
农副食品加工业	10	20	14	44	10
食品制造业	3	11	20	34	7
饮料制造业	9	5	18	32	5
烟草制品业	22	6	2	30	3
纺织业	14	21	22	57	16
纺织服装、鞋、帽制造业	4	22	7	33	6
皮革毛皮羽毛（绒）及其制品业	11	17	6	34	7
木材加工及木、竹、藤、棕、草制品业	30	35	21	86	34
家具制造业	23	33	5	61	20
造纸及纸制品业	13	25	30	68	24
印刷业和记录媒介的复制	8	37	12	57	16
文教体育用品制造业	24	27	8	59	18
石油加工、炼焦及核燃料加工业	27	4	35	66	23

续表

产业	环保指标排序	产业发展指标排序	资源消耗指标排序	合计	名次
化学原料及化学制品制造业	16	12	32	60	19
医药制造业	5	1	15	21	2
化学纤维制造业	17	3	27	47	11
橡胶制品业	18	23	24	65	21
塑料制品业	20	32	17	69	25
非金属矿物制品业	19	36	36	91	37
黑色金属冶炼及压延加工业	36	10	33	79	31
有色金属冶炼及压延加工业	33	9	29	71	27
金属制品业	39	28	19	86	34
通用设备制造业	34	29	11	74	28
专用设备制造业	31	26	13	70	26
交通运输设备制造业	1	19	10	30	3
电气机械及器材制造业	28	15	4	47	11
通信计算机及其他电子设备制造业	2	8	1	11	1
仪器仪表及文化办公用机械制造业	38	13	3	54	15
工艺品及其他制造业	6	34	25	65	21
废弃资源和废旧材料回收加工业	15	24	9	48	13
电力、热力的生产和供应业	26	18	38	82	33
燃气生产和供应业	35	14	37	86	34
水的生产和供应业	37	31	28	96	38

表 8-34 即为最终评价矩阵，由表中可以看出，我国工业各产业环保化水平有一定差距，其中环保化水平最高的为通信计算机及其他电子设备制造业，该产业各单项排名也较高，另外，医药制造业、交通运输设备制造业和烟草制造业等产业排名也较为靠前，而其他采矿业、非金属矿物制品业、水的生产和供应业、金属制品业、电力、热力的生产和供应业等排名比较落后，由上述分析结果可以看出，传统制造业尤其是重工业仍然是我国产业环保化的重点需求领域，此结果反映了 2005 年各产业的环保化效用情况，对于其他年份的分析可采用相同的方法。

第八章 产业环保化效用评价

小　　结

　　本章提出了基于可持续发展的产业环保化效应评价体系，该评价体系从产业的环境状况、资源与能源利用状况、产业经济发展状况三个方面综合设立评价体系，采用了因子分析法来整体评价产业的环保化状况，尽管我国对产业的环保状况历来有多种评价策略，这里提出的这一评价体系立足于产业环保化理论，期望能对我国的环境工作特别是环境评价提供一个新的视角和启示。

第九章

产业环保化理论应用和对策研究

> 坚持环境保护基本国策,在发展中解决环境问题。
> ——摘自《国务院关于落实科学发展观 加强环境保护的决定》

环保化理论的提出旨在更好地在产业发展中进行应用,本章基于上面提出的环保化理论及内在动力机制、外部导向机制,对产业环保化的应用从区域产业环保化发展,工业园区环保化发展两方面做出应用分析,最后从发展循环经济、加强污染防制、提高环保能力等方面提出了环保化实现过程的具体对策。

一、区域产业环保化分析

区域产业的环保是基于可持续发展的理论,以产业环保化技术实现机制、环保产业化实现机制、产业环保化和环保产业协同发展机制、产业环保化外部导向机制为主要实现机制,优化区域产业结构,在降低资源消耗、保护环境的前提下,迅速发展经济,以促进产业环保化,达到可持续发展。本部分主要从区域产业及其产业结构入手,深入研究了产业结构与资源环境的关系,最后以上面几章的理论和实

第九章　产业环保化理论应用和对策研究

现机制为基础,提出了区域产业环保化的应用对策。

(一) 区域产业及其产业结构

可持续发展观的提出,强调了进行经济建设的同时要兼顾对环境的保护。进一步从区域整体发展的特点分析,经济建设是核心同时也是基础,而资源、环境、人口等因素在一定程度上对经济发展起着影响和制约作用。[1]

经济区域,主要是指经济活动相对独立,内部联系紧密而又较为完整、具备特定功能的地域空间,主要是指以劳动地域分工为基础客观形成的不同层次、各具特色的经济地带。在某一经济区域内其经济活动在一定程度上具有一致性,而区外则具差异性,是国民经济发展重要的空间组成部分,对国民经济发展有着重大的支持或制约作用。而这种经济区域内部的经济活动、经济现象、经济规律、经济政策及经济区域之间的相互联系构成了区域经济。纷繁的经济活动、经济现象总是要落脚在特定的地域空间,这种地域活动与地域空间的相互作用,造就了丰富多彩的区域经济。

一方面,经济区域是区域经济发展的载体。无论是什么样的经济活动、经济现象、经济规律及经济政策,最终都要依赖于一定的地域空间,这正是经济区域。因此,经济区域是构成丰富的区域经济的基本单位。另一方面,区域经济是经济区域内部及区域之间发展的结果。由于不同的经济区域形成了各具特色的产业,特色产业的不断发展带动整个经济区域的经济的发展,因此,形成了丰富多样的区域经济和相互关联的产业群、产业带和产业结构。

产业结构是指以产业分类为基础的国民经济中各产业之间的构成及其结合关系。从质的方面看,产业结构是研究随着经济发展的产业结构变化以及起主导地位的产业部门的演进规律。从量的方面看,产业结构是研究各产业产出之间的比例关系和各产业投入要素之间的比例关系。在经济发展过程中,产业结构是动态演进的,优胜劣汰,升

---

[1] 马金、陈明义、樊重俊:《区域产业投资与环保投资的协调优化模型及其试用》,载于《系统工程理论与实践》1995 年第 5 期。

级换代是客观规律。正是依靠这种不断更新的机制，才能实现区域产业的可持续发展。符合可持续发展的产业结构要求其具有良好的转换能力，能够通过不断的合理化和高级化，一方面推动区域产业整体竞争优势和生存发展能力的不断提升；另一方面推动区域产业发展与人口、资源和环境之间协调统一关系的不断改善。简言之，区域产业可持续发展要求建立一个具有发展能力的资源节约型的有利于环境保护的产业结构。

现代经济发展史充分说明，区域产业结构与经济发展互为条件和因果。一个地区经济发展过程不仅表现为国民生产总值的增长，还必然伴随着产业结构的演变。区域产业结构转换是推动区域经济增长，增强经济实力的重要动力。产业结构转换是区域经济发展的一个核心问题。产业结构转换的目标是三次产业结构的合理化和各个产业的高度化。

一个地区产业结构向合理化和高度化转换的能力，也就是产业结构转换能力，直接决定的一个地区总体产业的竞争能力和生存发展能力。由于产业结构的实质是资源在产业间的配置和利用结构，所以产业结构向合理化和高度化不断转换的实质就是资源配置和利用效率的不断改进，也就决定着地区总体产业的竞争力。

一个地区的产业是否具有良好的结构转换能力，反映该地区产业结构的综合素质和产业发展的潜力，对当地经济可持续发展十分重要。区域产业结构转换能力可分解为产业结构合理化能力和产业结构高度化能力。

区域产业结构的合理化是指通过产业调整，使各产业实现协调发展，并满足社会经济不断增长的过程。区域产业结构合理化的本质在于提高产业之间有机联系的聚合质量，即产业之间相互作用所产生的一种不同于各产业能力之和的整体能力。

一般来说，区域产业结构高度化应该包括两大方面的内容：

一是三次产业结构高度化。主要特征是从农业占优势比重到农业比重减少并伴随着工业、服务业比重的上升，直至服务业比重占优势。二是工业内部结构高度化。主要特征是工业化过程从轻工业起步，继而向重工业占主导地位的工业结构高度化演进（重工业化过程）。而在重工业化过程中，工业结构又从制造初级产品的产业（原材料工业）为中心逐步向制造中间产品或最终产品的产业（加工、装配工业）演进；工业结构的资源密度由劳动密集型为主向资金密集型为主、技术密集型为主的结构演进。产业结构高度化具体体现在产业结构高度化、资产结构高度化、技术结构高度化和就业结构高度化等四个方面。由于经济基础、发展区位和人文环境等因素的影响，一个地区产业结构的合理化要求并不一定与一个国家产业结构的合理化要求相一致，这也导致一个地区的工业化趋势与一个国家的工业结构高度化趋势存在着不同。地区产业结构转换中工业化高度化更多地表现为依据地区工业化发展约束和推动条件选择的产业在加工深度和增值程度上不断提高的趋势。[①]

区域工业结构高度化具体表现在三个方面：（1）以初级产品为原料的轻工业产值比重不断下降，以中间产品或工业制成品为原料的产值不断上升；（2）随着物耗能耗水平的下降和加工深度的不断提高，原材料工业的产值比重不断下降，加工工业的产值比重不断上升；（3）随着技术进步加快，地区工业发展逐步出现技术集约化趋势，表现为工业部门的技术和工艺日益自动化及高新技术产业的发展。地区工业结构高度化的本质表现为产业内部结构随着产业技术进步而发生的变化导致了产业劳动生产率的提高经济效益的增加。区域经济发展实践证明了不同的经济基础和发展区位，将严重影响区域产业结构转换的速度、过程和绩效差异。[②]

（二）区域产业结构与资源环境的关系

一个地区的三次产业结构的不同状态，决定着其产业发展与资源和环境的不同关系，这主要是因为各次产业资源消耗程度和环境影响程度存在着较大的差异。

（1）第一、第二、第三产业对资源消耗的强度和总量差别很大。

[①] 史忠良：《经济发展战略与布局》，经济管理出版社1999年版，第375页。
[②] 谢立新：《区域产业竞争力：泉州、温州、苏州实证研究与理论分析》，社会科学文献出版社2004年版，第80页。

根据洪银兴等对我国 1997 年三次产业能源消耗情况的研究,[①] 用万元产值消耗的能源表示的各次产业能源消耗的强度,第一、第二、第三产业万元产值能耗量分别为 0.416 吨、2.720 吨和 0.636 吨;以"万吨标准煤"作为能源的计量单位,在生产能源消费中,第一、第二、第三产业的能源消费量分别是 5 905 万吨、101 259 万吨和 14 640 万吨,分别占总的能源消费的 4.3%、73.3% 和 10.6%。从中可见,第二产业的能源消耗强度和总量都远远大于第一和第三产业。

(2) 第一、第二、第三产业对通过生产废弃物排放对环境质量的影响也有很大差异。通过对我国不同年份不同产业的"三废"(废气、废水和固体废弃物)排放量的实证分析,可以清楚地看到在我国历年的"三废"排放量中,工业的废弃物一直占绝大部分。从废气排放量来看,1991~1995 年工业排放量始终占 83% 以上,且呈现上升趋势;从废水排放量来看,1991 年以来全国废水排放总量呈下降趋势,工业废水所占比例有所下降,从 70% 降至 60%,但是工业废水仍然是全国废水排放的主要来源。目前我国对固体废弃物排放的统计中只有工业排放量,这一数据自 1991 年以来一直呈增加的趋势,平均每年增加约 1 500 万吨。[②] 由此可见,在三次产业中,第二产业对环境质量产生的负面影响最大。

总体而言,第二产业(主要是工业)对资源和能源的依赖性较强,而且对环境的污染最严重,第二产业的产出比重过高将可能导致资源的过度使用和环境的严重破坏,从而导致区域产业发展和社会经济发展的不可持续性。第三产业对自然资源的消耗程度和对环境的污染强度均较小,较高的第三产业比重将有利于区域可持续发展的实现。反之,如果第三产业比重偏低,可能意味着其提供的服务规模水平不能满足第一、第二产业发展的要求,因此可能对整个国民经济的快速协调健康发展起到严重的制约作用。第一产业对土地资源有极强的依赖性,土地资源的严重不足将突出农业中大量剩余劳动力滞留实质上是一种严重的资源浪费,这与可持续发展所要求的资源优化利用是不相符合的。

---

① 洪银兴:《可持续发展经济学》,商务印书馆 2000 年版,第 208 页。
② 王慧炯、甘师俊:《可持续发展与经济结构》,科学出版社 1999 年版。

(三) 区域产业环保化的对策

区域产业环保的核心思想是：健康的经济发展应建立在生态可持续能力、社会公正和人民积极参与自身发展决定的基础上。它所追求的目标是：既要使人类的各种需要得到满足，个人得到充分发展，又要保护资源和生态环境，不对后代人的生存和发展构成威胁。它特别关注的是各种经济活动的生态合理性，强调对资源、环境有利的经济活动应给予鼓励；反之则应予以摒弃。在发展指标上，不单纯用国民生产总值作为衡量发展的唯一指标，而是用社会、经济、文化、环境等多项指标来衡量发展。这种发展观较好地把眼前利益与长远利益、局部利益与全局利益有机地统一起来，使经济能够沿着健康的轨道发展。[①] 基于此，区域产业环保对策应坚持以下几个原则：

(1) 公平性原则。所谓公平是指机会选择的平等性。区域经济发展所追求的公平性原则，一是指同代人之间的横向公平性。二是代际间的公平，即不同代际人之间的纵向公平性。要认识到人类赖以生存的自然资源是有限的，当代人不能因为自己的发展和需求而损害人类世世代代满足需求的条件——自然资源与环境，要给世世代代以公平利用自然资源的权利。三是公平分配有限资源。目前的现实是，占全球人口26%的发达国家消耗的能源、钢铁和纸张等占全球消耗量的80%。

(2) 可持续性原则。可持续性是指生态系统受到某种干扰时能保护其生产率的能力。资源与环境是人类生产与发展的基础和条件，离开了资源与环境就无从谈起人类的生存与发展。资源的永续利用和生态系统的可持续性的保持是人类持续发展的首要条件。可持续发展要求人们根据可持续性的原则调整自己的生活方式，在生态可能的范围内确定自己的消耗标准。

(3) 共同性原则。鉴于各区域历史、文化和发展水平的差异，

[①] 史忠良：《产业经济学》，经济管理出版社2005年版，第六章；国家环境保护总局科技标准司编：《循环经济和生态工业规划汇编》，化学工业出版社、环境科学与工程出版中心2004年版。

环保化的具体目标、政策和实施步骤不可能是唯一的。但是，环保化作为产业发展的总目标，所实现的公平性和可持续性原则是共同的。并且，实现这一总目标，必须采取各区域共同的联合行动。

（4）时序性原则。时序性原则强调的是可持续发展的阶段性。发达国家优先利用了地球上的资源，这一长期以来形成的格局，剥夺了应当由发展中国家公平利用的那一部分地球资源来促进经济增长的机会。而从区域经济发展看来，也存在类似的问题，经济较发达区域占用的资源可能相对较多，相应地，经济欠发达地区占用的资源较少。因此，发达地区在环保化发展中应负起更多的责任，如在环境保护方面给予更多的关注。而对于欠发达地区而言，应当把消除贫困作为最优先的目标，同时重视区域发展的均衡性与公平性，逐步增强可持续发展的能力。

（5）发展的原则。人类的需求系统分为基本需求子系统、环境需求子系统和发展需求子系统三个子系统。其中的基本需求是指维持正常的人类活动所必需的基本物质和生活资料；环境需求是指人们在基本需求得到满足后，为了自己的身心健康、生活更加和谐所需求的条件；发展需求是指在基本需求得到满足以后，为了生活更充实和进一步向高层次发展所需要的条件。按照人类三种需求全面衡量，不论对发达国家还是发展中国家，发展原则都是非常重要的。对发展中国家而言，基本需求尚未得到很好的满足，环境需求和发展需求更无从谈起，因此，只有大力发展生产力才能解决这一系列问题。对发达国家而言，生存问题虽早已解决，但从人类社会不断进步、人的物质与生活需求也不断增长的角度看，它们也必须不断提高经济增长的质与量。

从环境的要求分析，目前我国及大部分地区产业尤其是工业结构的问题主要有两个：一是工业产品的供给结构与需求结构不适应，导致工业品大量过剩，生产能力利用率低下，这种结构性矛盾是经济社会不可持续发展的重要表现。二是加工工业的物耗比重过高。根据世界各国工业结构演进的一般规律，随着工业化发展，工业内部出现高加工度化趋势，生产中的分工越来越细化，专业化程度逐步提高，生产工艺水平不断改善，加工工业的加工深度和加工层次提高。与

第九章 产业环保化理论应用和对策研究

此相对应,物耗比重相应降低,产出比重相应提高,加工工业对原料工业产品的依赖性降低。但资料显示,自20世纪90年代以来我国加工工业的产业比重变化不大,而加工工业物耗比重不是下降而是上升了。加工工业较高的物耗比重使加工工业对自然资源的间接消耗系数增加,加剧了我国自然资源的紧张状况,是不可持续发展的重要表现。

根据环境保护发展的要求,结合工业结构演进的一般规律,区域应该努力进行工业结构调整,以期逐渐形成可持续发展的工业结构。区域可持续发展的工业结构形成的关键在于主导产业选择和更新。区域在进行主导产业的选择时,应在工业结构演进的一般规律和选择主导产业一般标准的基础上,重点考虑可持续发展的原则性要求和地区自身的独特性情况。

首先,考虑到不同产业发展对自然资源的依赖程度,区域可针对不同产业实行不同的产业发展策略,分别选择运用资金密集型和知识密集型发展主导产业和重点产业,或者选择劳动密集策略发展一般产业部门,在促进产业发展的同时缓解就业压力。特别是当区域要将特定原材料加工工业或严重依赖某短缺性能源的重工业作为主导产业时,必须充分考虑特定原材料或能源的可获得性及其代价。

其次,区域在进行主导产业选择时应该把"环保基准"作为重要的选择依据。"环保基准"要求选择那些污染较轻,不会造成重大环境问题的产业。在工业化进程中,由于资金、技术和管理水平的制约,区域环境遭受破坏通常是不可避免的。但是可以通过选择低污染的产业降低对环境的负面影响程度,从而避免环境恢复和环境再造的巨额成本。

再次,区域在进行主导产业选择时应该把"增长后劲基准"作为重要的选择依据。"增长后劲基准"考虑到具体产业发展所存在的周期性,要求选择那些市场需求规模巨大并具有长期持续性从而产业增长有持续空间的产业。按照以上要求,区域应该积极选择并作为主导产业或重点产业发展的新兴产业主要包括环境保护产业和高新技术产业两大类型。

二、工业园区环保化分析

工业园区的环保化是基于循环经济理论、环保与利益关系理论等基础理论,以产业环保化技术实现机制、产业环保化生产实现机制为主要实现机制,提出建立工业生态园区来解决工业园区环保化的问题。

(一) 工业园区环保现状

工业革命以来,人类以前所未有的速度创造出了巨大的社会财富,同时形成了单纯追求经济增长的"资源—产品—污染排放"的传统的经济发展模式。这种发展方式在历史上一定时期内,在地球承载力的范围内,对人类社会的发展起到了极大的推动作用,但是随着人口数量和人的物质消费需求无节制增长,以及偏重于索取自然资源的科学技术的发展,人类活动在程度上、规模上、数量上发生了巨大的变化,传统的经济发展模式的缺陷暴露无遗:自然资源供不应求而趋向于枯竭,环境急剧恶化,一系列公害事件发生,这严重威胁着人们的生活。

传统的末端治理模式曾经在污染控制方面发挥了非常显著的作用。而且至今仍在工业污染控制领域发挥着重要作用。但随着世界人口的膨胀,经济的迅速发展,传统的末端治理方式越来越显示出它在治理污染方面的不足:一方面它在技术上无法真正消除污染,且容易产生二次污染。[1] 另一方面,随着废弃物产生的数量和种类的增加,治污难度增加,治污成本不断提高。传统的末端治理模式将环境保护和经济发展完全割裂开来,[2] 污染的治理严重阻碍了经济的发展。

清洁生产以经济效益最大化、资源利用高效化、废料的减量化和

---

[1] 刘喜凤、罗宏、张征:《21 世纪的工业理念:生态工业》,载于《北京林业大学学报》2003 年第 2 期,第 51~55 页。
[2] 柯金虎:《工业生态学与生态工业园论析》,载于《科技导报》2002 年第 12 期,第 33~35 页。

第九章　产业环保化理论应用和对策研究

产品的无害化为基本原则,[①] 其生产对象是单个的企业或流程,虽然它为改善环境质量起到了积极的作用,但是无法在企业之间充分利用废弃的物质和能量,不能降低资源的整体消耗水平;可以减少污染排放,防止环境污染,但是生产成本很高。另外,清洁生产技术的推广和应用需要企业强大的经济力量作为后盾。

工业园区是指有大量工业企业集中,有较为完善的基础设施和较为高效、齐全的配套服务体系的工业生产区域。通常是由政府或企业为实现工业发展目标而创立的特殊区位环境。园区内的企业既相互竞争又彼此协作。工业园区的发展推动当地经济的发展,增加就业机会。

20世纪80年代后期以来,随着我国工业总量的迅速增长,也兴起了建设工业园区。由于片面地追求经济效益,土地的过度开发与利用,环境保护的弱化,致使我国生态环境问题日益突出。因此,寻求如何促进经济、社会、环境的协调发展,进而实现经济的可持续发展是我国面临的一项重大任务。

目前,我国大多数工业园区自建立以来,在取得了良好效益的同时,发展中普遍呈现出土地资源紧缺、产业生态效率偏低、环境因子制约突出等问题。在工业生态理念指导下,将工业园区改造成生态工业园区,有利于加速区域绿色经济、生态经济的形成,促进区域产业结构向资源利用合理化、废物减量化、生产过程无害化的方向调整,提高园区资源利用效率,改善环境,实现环境友好,提高园区经济发展的可持续性。

(二) 工业园区环保化对策——生态工业园区

目前循环经济和工业生态学已经成为我国工业园区改造的基本指导理论。工业园区向着生态工业园区转变已经成为一种必然的趋势。

工业化高速发展和城镇化的快速推进,使得城乡环境质量不断恶化。为了解决恶化的环境问题,各国在过去相当长时间里,采取了末

[①] 夏冰:《论以循环经济理念改造工业园区的途径》,载于《经济问题》2004年第4期。

端治理模式，即先污染，后治理。但这种环保战略，不仅耗资巨大，而且也人为地将环境保护与经济发展割裂开来，目前已被许多国家所舍弃。20世纪90年代以来，一种兼顾环境与发展的模式应运而生，这就是生态工业，这是一种新型的工业模式。

生态工业的理论基础是工业生态学。1989年9月，美国学者罗伯特·福罗什和尼古拉·加劳布劳斯首次提出了工业生态学的概念。工业生态学理论的主要思想是把工业系统视为一类特定的生态系统。同自然生态系统一样，工业系统是物质、能量和信息流动的特定分配，而且完整的工业系统有赖于由生物圈提供的资源和服务，这些是工业系统不可或缺的。

工业生态系统的核心是使工业体系模仿自然生态系统的运行规则，实现人类的可持续发展。所谓生态工业是指根据生态学和生态经济学原理，应用现代科学技术所建立和发展起来的一种多层次、多结构、多功能，变工业排泄物为原料，实现循环生产、集约经营管理的综合工业生产体系。

工业生态学具有三大特点：一是工业生态学通过对物流的分析优化总体物质循环，贯穿于从原材料开采到产品生产、包装、使用以及废料最终处理的全过程。这种"循环"的思想不仅局限在一个企业内部，它更注重的是大范围的整体工业系统优化。二是工业生态学要求人们采取一种系统的思维模式，把自然系统视为一个整体模型加以分析和设计。三是工业生态学强调理论联系实际。工业生态学又被称为"可持续的科学"，理论联系实际的主要执行措施包括：优化生产过程中的内部再循环；利用可再生资源和材料使废料排放达到最小；尽量减小有毒物质的吸收使用。

生态工业园区是工业生态理论在实践中的一项重要应用。在生态工业园区内，企业模仿自然界生态系统，相互之间存在协同和共生关系，将最大限度地充分利用资源和减少负面环境影响，最终达到工业可持续发展的目标。生态工业园区的概念最早是在1992~1993年间由Indigo发展小组首先提出的。此后，人们便看到生态工业园区遍地开花。

生态工业园区是指一个由制造业企业和服务业企业组成的群落，

第九章 产业环保化理论应用和对策研究

它通过在管理包括能源、水和材料这些基本要素在内的环境与资源方面的合作来实现生态环境与经济的双重优化和协调发展,最终使该企业群落寻求一种比每个公司优化个体表现就会实现的个体效益的总和还要大得多的群体效益。与传统的"设计—生产—使用—废弃"生产方式不同,生态工业园区遵循的是"回收—再利用—设计—生产"的循环经济模式。它仿照自然生态系统物质循环方式,使不同企业之间形成共享资源和互换副产品的产业共生组合,使上游生产过程中产生的废物成为下游生产的原料,达到相互间资源的最优化配置。

生态工业园区正在成为许多国家工业园区改造和完善的方向。一些发达国家,如丹麦、加拿大等工业园区环境管理先进的国家,很早就开始规划建设生态工业园区,其他国家如泰国、印度尼西亚、菲律宾、纳米比亚和南非等发展中国家正积极兴建 EIP。20 世纪 90 年代以来,生态工业园区开始成为世界工业园区发展领导的主题,并取得了较丰富的经验。

实施生态工业园区既能取得良好的环境效益,又能获得丰厚的经济效益。据资料统计,在卡隆堡工业园区发展的 20 多年时间内,总的投资额为 7 500 万美元,到 2001 年初总共获得 1.6 亿美元经济效益,而且每年还在继续产生约 1 000 万美元的经济效益。但中国生态工业和生态工业园区在发展建设过程中暴露出许多问题:企业参与生态工业实践缺乏主动性;生态工业实践相关政策法规缺乏完整系统性;生态工业体系科学构建缺乏实践经验、技术支持不足;相当多的工业园区盲目上马,选址不科学;工业园区建设缺少专业的景观生态规划;各类工业园区一拥而上,科技水平低;个别生态工业和生态工业园区有名无实。

(三) 工业园区循环经济

在生态工业园区系统中,一个企业产生的"废物"或副产品是另一个企业的"营养物",园区内彼此靠近的工业企业或公司就可以形成一个相互依存、类似于自然生态食物链过程的"工业生态系统"。通常用"工业共生"、"要素耦合"和"工业生态链"概念来表征这种工业企业之间的关系。生态工业园区遵从循环经济减量化（Reduce）、再使用（Reuse）、再循环（Recycle）的3R原则，其目标是尽量减少废物，将园区内一个工厂或企业产生的副产品用作另一个工厂的投入或原材料，通过废物交换、循环利用、清洁生产等手段，最终实现园区的污染物"零排放"。将经济活动按照自然生态系统的模式，以循环经济园区为主要载体，组织成一个"资源—产品—再生资源"的物质反复循环流动过程。

在园区内，一个企业的工业废物，就近成为另一个企业的原料，通过各企业之间工业废物交换和资源化利用，实现整个园区自然资源低投入和"三废"低排放甚至于零排放，从根本上消解长期以来环境与经济发展之间的尖锐冲突。加快工业循环经济园区建设，用循环经济理念改造传统的工业园区，有利于高污染地区改善环境质量，促进区域经济结构优化和升级，走上"资源得到充分利用和环境损失最低"的新型工业化的道路。[1]

循环经济工业园区是依据循环经济理论而规划、设计和建设的一种新型工业组织形态，是多个或多种相关工业组合聚集的场所，并把工业扩展到自然、社会的地域性综合体。它把具有产业关联度的不同企业联结起来，形成共享资源的产业共生组织，使得上游产业环节的废弃物成为下游生产环节的原料或能源。循环经济工业园不同于产业集聚群，它不强调单个产业的发展，而是把关联的产业聚集到一起共同发展。

循环经济工业园区是建立在循环经济基础上的，因此，它与传统的经济园区有根本的区别。传统园区将废物和环境问题置于次要的地位，而现在循环经济工业园区中的企业要将废料增值给予同样的重视，要同销售产品一样组织企业所有物质与能源的最优化交换。另外，传统的园区在企业之间的关系表现为激烈竞争关系，而循环经济工业园区要求企业间除竞争关系以外，还必须进行保证相互间资源的最优化利用的合作。

---

[1] 云南省环境保护局：《云南省环境保护"十一五"规划》，2006年2月。

三、我国推进产业环保化的对策

(一) 发展循环经济是必由之路

贯彻落实国家有关发展循环经济的方针、政策，发挥环境保护在促进经济优化增长上的作用，提高经济发展的环境绩效。①

1. 实行环境准入和淘汰制度

优化工业空间布局，结合城市总体规划、生态环境功能区化的要求，合理确定工业发展布局，推进优势企业向园区聚集，增强工业园区优化生产要素配置的能力，引导关联企业向各类工业园区聚集，促进污染物的集中治理和废物的综合利用。

严格执行强制淘汰制度。对与环境保护要求不相适应的高污染、高能耗的产品实行关、停、并、转、迁，建立严格的产业淘汰制度，对规模不经济、污染严重的造纸、电镀、化工、冶炼、炼焦、建材、火电等"十五小"和"新五小"企业或者落后的工艺、设备实行强制淘汰，防止死灰复燃，或通过以大带小的办法，实现污染集中控制。及时制定重点行业资源消耗和污染物排放源强制标准，促进企业技术改造和提升管理水平。

2. 大力推行绿色生产

重点抓好冶金（含有色）、建材、化工、火电、造纸等关键行业清洁生产，培育一批废物综合利用、污染物排放强度低的环境友好企业以及创建一批废水、废气、废渣"零排放"企业。工业新建项目要按照清洁生产的要求，优先采用资源利用率高以及污染物产生量少的清洁生产技术、工艺和设备，从源头上控制污染物的排放。对超标

---

① 薄稳重：《通过节能改造提高企业效益》，载于《石油和化工节能》2006年第4期。

或超总量控制指标、或使用有毒有害原料进行生产或者在生产中排放有毒有害物质的企业，强制实施清洁生产审核。

3. 积极发展环保产业

环保产业是中国的朝阳产业，中国已成为世界环保大市场，但是中国环保产业的发展缓慢，不仅不能满足国内环保市场的大量需求，而且在国际市场上所占的份额极低，我国目前环保产业产值仅占发达国家环保产业产值的5%。因此，要推进污染治理市场化、企业化、产业化，构筑面向市场的环保技术服务体系和良好的市场运行机制，制定引导环保产业发展的标准和配套政策，加强环境保护关键技术和工艺设备的研究开发。重点发展高浓度有机废水处理、烟气脱硫、餐饮油烟废气治理、污水处理厂污泥综合利用、危险废物安全处理、工业窑炉和中小锅炉改造技术与设备；支持生态建设产业化发展、规模化畜禽养殖场污染治理、有机农业等技术研发。

要把环保产业作为国民经济的支柱产业，必须制定配套的相关政策，支持环保产业的发展，建立健全价格、税收、技术、市场等经济政策体系；充分发挥中国环保产业协会的作用，制定"十一五"环保产业发展规划，并纳入国家"十一五"环保规划。

（二）加强污染防治是当务之急

1. 严格控制工业废水排放量的增长

提高工业用水重复利用率，淘汰高耗水、重污染的落后工艺和设备。在钢铁、电力、化工、煤炭等重点行业、企业推广废水循环利用，努力实现废水少排放或零排放。制糖行业及其他食品加工业实施污水资源化工程。实施水污染源全面达标排放工程，重点水污染源实行在线监控。

2. 加强工业大气污染源防治

重点整治大气污染严重的行业，实施全面达标排放。现有的水泥

第九章 产业环保化理论应用和对策研究

厂、电厂、工业锅炉必须安装高效除尘设备,保证工业烟(粉)尘达到国家排放标准。在城市规划区范围内不得新建、扩建水泥、火电等大气污染严重项目,逐步淘汰高能耗、重污染的水泥生产工艺,推行新型干法水泥工艺。继续抓好电力行业、煤炭行业、冶金行业、化工行业的大气污染源控制,重点大气污染源实行自动在线监控。

3. 以危险废物安全处置为重点,防治固体废物环境污染

完善医疗废物的收集、处置体系,按规范焚烧处置全部医疗废物,并建立相应的安全运输、收集网络;加强对危险废物转移、处置的监管;制定并完善危险废物集中处理设施运行收费标准和办法,建立危险废物和医疗废物的收集、运输、处置的全过程环境监督管理体系,基本实现危险废物和医疗废物的安全处置。加大对重点企业危险废物处置设施的抽查、监督力度,限期整改不符合要求的设施,对新建设施严格按标准进行审定,提高焚烧工艺尾气处置水平和填埋工艺的防渗及渗滤液处理水平。

加强建设项目审批管理,鼓励企业开展清洁生产,建立示范,促进各类废物在企业内部的循环使用和综合利用,减少废弃物的产生。

大力推进固体废弃物重点产生行业实行清洁生产审计,优先采用资源利用率高、有利于产品废弃后回收利用的技术和工艺,开展资源综合利用,从源头减少固体废物产生,重点提高煤矸石、粉煤灰、炉渣、冶炼废渣、尾矿等的固体废弃物的回收和循环利用,积极推进综合利用各种建筑废弃物及秸秆、畜禽粪便等农业废弃物,初步建成废旧电子电器的社会收集网络,实现废旧电子电器的大规模综合利用。

(三) 加强环境保护管理能力建设是明智之举

尽快提高环境保护应急能力、执法能力和环境管理支撑能力,重点解决环境保护任务日益繁重与当前环境管理严重滞后的矛盾。

1. 提高环境保护现场执法能力

加强环境执法队伍和标准化建设,提高现场执法能力和应急处理

能力。加强环境监察装备建设,完善现场取证设备和污染事故应急设备。进一步完善生态监察、农村和农业环境监督的相关制度。

建设重点污染源在线监控系统。统一标准、设备准入、一机一号,对重点污染源进行浓度和总量实时监控,建立完善的数据传输机制;加强对集中式城市污水处理厂、垃圾处理场和危险废物处置场的监督性监测能力。

2. 提高环保宣传教育能力

深入开展环境国情、国策教育,分级、分批开展环境保护培训,重视环境保护的基础教育。开辟公众参与生态保护的有效渠道,为公众参与重大项目决策的环境监督和咨询提供必要的条件。

发挥新闻媒体的宣传和监督作用。要积极宣传国家环境保护相关方针政策、法律法规,公开环境执法典型案例,通过案例教育群众,普及环保知识,提高公众保护环境的自觉性。

3. 强化环境管理支撑能力

开展环境管理基础调查与研究。按照国家的统一部署,开展污染源调查、地下水污染现状普查、土壤污染现状调查和评价、重点设施电磁辐射调查,以及污染损失调查等基础工作,掌握污染现状和动态变化。重点支持循环经济、生态补偿、生态承载力、环境基础设施市场化机制、政府绿色采购机制和一些新型环境问题的环境政策与理论研究;支持湖泊富营养化治理、农业面源污染防治,以及生态治污、生态修复等重大关键技术的攻关、技术开发和推广应用;紧密结合经济建设,研究经济发展与环境保护热点问题。

提升环境管理信息化水平。建设环境政务信息传输网络、环境监测信息传输网络和环境监理信息传输网络,环境政务信息、监测站点的监测信息和环境监理信息的快速、安全、便捷的传输与交流。创造条件建立环保基础数据库,整合网络资源,形成基础信息网络平台,实现数据共享和动态更新。整合数据资源,建立环境业务管理系统、环境质量管理系统、环境质量预警系统、综合应用系统等,形成环境管理业务应用平台和信息服务资源平台,逐步实现建设项目管理、排污收费、在线监测监控等核心业务的网上办公,实现环境管理的自动化、信息化和高效化。

加强环境保护队伍和机构建设。全面加强环境保护队伍建设,提高环境管理效率和服务质量;提高全国环境影响评估机构专业素质和能力,为建设项目环境管理提供有力支撑;加强监测、统计、科研、信息的队伍建设,有效提升业务水平。建立和完善部门协调机制,加强部门合作。针对资源开发的环境保护等问题,建立定期或年度的部门联合执法检查。加强对生态环境有重大影响的资源开发和项目建设的环境影响评价。

(四) 开展战略环境评价是必然选择

战略环境评价(Strategic Environmental Assessment, SEA)的概念最早出现在1969年的美国《国家环境政策法》(NEPA)中。该法案提出,"在对人类环境质量具有重大影响的每一项建议或立法建议报告和其他重大联邦行动中,均应由负责官员提供关于该行动可能产生的环境影响说明。"

战略环评主要是指对政策、规划或计划及其替代方案可能产生的环境影响进行规范的、系统的综合评价,并把评价结果应用于负有公共责任的决策中。它是为了针对项目环评的缺陷而提出的。战略环评自20世纪60年代在西方发达国家提出并实施以来,在控制和减少环境污染和生态破坏方面发挥了重要作用。

加拿大在1990年以《内阁指令》的形式,要求政府各部门在战略层次考虑环境因素,进行严格的环评,并成立了专门的环境评价局。在美国,环保、能源、住房与城市发展、交通及林业等部门都积极参与战略环评,20世纪80年代仅环保局平均每年完成约40项战略环评。

对于中国而言,战略环评是扭转日益严重的环境污染和资源紧张困局的有力武器。改革开放以来,我国经济一直保持较快发展,但由于过去在制定重大经济政策时很少考虑可能产生的环境后果,结果引发了大面积的环境污染和生态破坏。尽管国家每年花费大量财力治理和改善环境，但是环境综合质量仍然面临严峻形势。要从根本上扭转这种局面，就要转变拼资源、拼环境的粗放型经济增长方式，这就必须从决策入手，从宏观角度出发，根据现有的资源与环境承载能力，制定出适合我国长时期发展的各项政策，并进行战略环境影响评价。在 2003 年 9 月 1 日开始实施的《环境影响评价法》中，确定了战略环评的地位，明确要求对土地利用规划，区域、流域、海域开发规划和 10 类专项规划进行环境影响评价，这是对我国环境影响评价制度的重大完善。

对整个环评制度体系而言，开展战略环评是一种必然的选择。原来只注重对建设项目开展环评，但建设项目处于整个决策链的末端，只能补救小范围的环境损害，无法从源头上保护环境。而开展战略环评，将实现从微观到宏观，从尾部到源头，从枝节到主干、从操作到决策的转变和飞跃。

规划环评是战略环评的重要组成部分。战略环评分为法规、政策、规划环评，由于我国环评法中只规定了规划环评，因此只能将规划环评作为战略环评与综合决策的落脚点，推进规划环评就是推进战略环评。规划环评评价的对象是在政策法规制定之后、项目实施之前，对有关规划的资源环境可承载能力进行科学评价。相比项目环评，规划环评真正开始实现了从微观到宏观，从尾部到源头，从枝节到主干，从操作到决策的转变和飞跃，是环境影响评价制度的一次根本性改革。

规划环评的主要作用在于：

（1）规划环评注重分析规划中对环境资源的需求。根据环境资源对规划实施过程中的实际支撑能力提出相应措施。环境战略资源有 5 个，即能源资源、淡水资源、耕地资源、矿产资源、生物资源。中国这五大资源没一样不缺。我国人均耕地资源大约是美国的 1/10，加拿大的 1/30；人均淡水资源是世界平均水平的 1/4。如此有限的资源再遭受污染和破坏，那可持续发展也就成了一句空话。因此必须通过规划环评来综合分析环境资源对经济社会发展的承载能力，设定开发强度的限制，提出切实可行的应对措施。

（2）规划环评最提倡开发活动全过程中的循环经济理念。传统

第九章 产业环保化理论应用和对策研究

的生产力布局注重资源条件、市场条件、运输条件和劳动力条件,而忽视生态与环境条件。通过规划环评,就可以更全面、更绿色地设计产业结构,延长产业链条,缩短产业之间的链接缝隙,尽量使产业上下游结合起来,将上游产业的"废物"变成下游产业的原料。"吃干榨尽",使物质最大限度地转化为财富和价值。

(3) 规划环评能保证规划与环境政策、法规的协调性。通过规划环评能够搭建一个平台,即将社会、环境和经济作为一个整体综合性地考虑,强调各地和各部门发展规划的协调性、公平性和均衡性,从而减少不同部门和地区间在资源环境方面的矛盾和冲突,打破行业垄断和行政区划,对资源总量与环境容量进行优化配置,使资源分布和生态功能区域的划分更加科学有机地结合。

(4) 规划环评会考虑规划区域内的环境累积影响。在项目环评中,即使每个建设项目环境影响能够做到达标排放,但大环境中的污染总量仍是递增的,这些"达标的"、"微小的"影响叠加起来就会突破环境容量,影响到整体的环境质量。通过规划环评,能够设定整个区域的环境容量,能够限定区域内的排污总量,能够将区域经济发展规模控制在生态环境容量许可的范围内。

(5) 规划环评可以提升社会评价的高度。许多规划的实施,由于资源的枯竭与环境的破坏,可能会带来一系列社会问题,而这些社会问题解决不当又会导致新的环境污染和生态破坏。例如库区移民,如果单纯地就地后靠,单纯地发展农业,无疑会加重水土流失。因环境问题而引发的社会影响,必须在规划环评中得到充分关注并做出相应预防措施。

(6) 规划环评能综合考虑间接连带性的环境影响。如我国的电力紧张,在电力发展规划的环评中就必须综合考虑到火电、水电和核电的环境影响,同时,还要考虑到在采掘、运输环节的环境影响。再如全国高速公路网规划了8.5万公里的国道线,路修好了以后,必然会刺激汽车制造和石油开发,也必然会带来更多的资源环境问题,这些间接的环境影响应当通过规划环评预先提出综合性建议。

(7) 规划环评肯定能促进政务公开和公众参与。规划环评比项目环评更能为公众提供范围更广、层次更高的平台,使公众能及早地对关涉他们切身利益的发展规划享有知情权与发言权。规划环评对协调政府、企业、公众的环境权益具有非常积极的意义，可以有效推进政府决策的民主化与科学化。

战略环评必须进入宏观经济决策程序。战略环境评价以全面协调的可持续发展为最终目标，有利于打破部门界限与地区界限，解决条块分割和部门分割，避免盲目建设和重复建设，变过度开发为适度开发，变无序开发为有序开发，变短期开发为持久开发。也有利于促使各部门将相关政策整合起来，创建更加科学民主的决策机制。

实现可持续发展的战略目标当然不仅仅是环保部门，而是所有决策部门共同的责任。规划环评能否被大力推广和开展，必须得到相关部门的认同与支持。规划环评作为战略环评的重要组成部分，在中国已实施近两年，成绩显著。可以说，环境影响评价制度作为落实科学发展观、促进人与自然和谐的重要措施之一，已经开始逐步进入到国家宏观经济决策程序。

中国将积极推动以规划环评为主的战略环评，将环境因素更为系统地纳入宏观战略决策，以此协调经济发展与环境保护的矛盾，使产业发展、生产力布局与区域资源禀赋、环境容量和生产力功能相一致，实现经济、社会、环境的协调发展。美国著名环境经济学者莱斯特·布朗指出："人类迄今为止走过的所有发展道路对中国都不能适用。中国非得开拓一条全新的航道不可。这个发明了造纸术与火药的民族，现在面临一个跨越西方发展模式的机会，向世界展示怎样创造一个环境上可持续的经济。"

战略环评是建立生态补偿机制的前提。财政部经济建设司司长胡静林博士说，缓解环境和资源压力的根本出路是改革环境和资源的无偿或廉价使用体制。他说，多年以来，资源和环境一直被作为社会公共产品，可以免费索取。企业根本不把环境成本打入生产成本中，这种环境无价、资源廉价的局面不仅带来了浪费和效率的低下，还鼓励了落后的生产消费方式。如果没有生态环境补偿机制，企业自然缺乏保护环境的压力，实际上把负担转嫁给了社会公众和政府。

要建立生态补偿机制，战略环评是重要的前提。战略环评要对生态补偿政策的有效性做出客观评价，跨区域、跨流域的补偿，要看会

第九章 产业环保化理论应用和对策研究

不会由于利益格局的变化造成新的生态问题。战略环评要对这种利益格局的变化做出客观评价，进而对生态补偿本身做出评价。如果将下游地区的部分收益用于补偿上游地区，那么下游地区就要掂量一下了，不再过度使用生态资源。而上游是否将补偿的费用真正用在了生态保护上，这些都依赖于规划环评。

开展战略环评的难度很大，例如，缺乏系统的战略环评理论和技术方法，部门间的合作机制没有建立，国内战略环评队伍比较薄弱，等等。但为了使我国的战略环评尽快与国际接轨，从而为国家的可持续发展提供政策与规划上的保障，必须以最快的速度推进这项工作。

首先，确定处理原则。对未列入专项规划且规划未经环境影响评价的项目，原则上不受理项目环评报告；项目在规划中，但规划未依法进行环评的，原则上暂缓受理项目环评报告；对于已开展规划环评的，规划内建设项目的环境影响评价工作可以依法在审批程序上和内容上予以简化。

其次，与有关部门一道制定规划环评的管理细则。要明确环保部门在规划环评中的统一管理作用，对规划环评的经费、程序、内容、方法等问题予以全面规范。探索人大、政协和环保部门如何联合推动规划环评工作，保证规划环评及其审查论证的有序开展，促使规划环评的结论在规划最后决策时能予以落实。

再次，要提高规划环评的整体水平。推荐一批从事宏观经济技术研究与规划编制单位，作为规划环评编制单位。充实规划环评编制队伍，制定重点领域和行业规划环评的技术规则，开展多种形式的技术培训和交流，提高理论和实践能力。

接下来，要提高规划环评中的公众参与能力。充分利用媒体向公众宣传普及《环评法》，使公众认识到各类发展规划对自身环境可能产生的重大影响，从而能自觉主动参与对规划环评的监督，成为推动规划环评的主要力量。公众参与规划环评是环评法中大力提倡的。要建立科学理性的公众参与机制，以保障公众对涉及国计民生规划的知情权与监督权。

最后，选择一些发展和环保矛盾突出的省市开展规划环评试点。根据不同区域的资源条件、产业现状、生态环境承载能力，来帮助这些省市确定可持续发展的总体战略思路,从而促进省市范围内的生产力合理布局、资源优化配置、产业结构调整、可再生能源开发。在规划环评完成之前,要暂缓、限制和停批有可能加重这些区域环境污染和生态破坏的某些行业建设项目。

战略环评以系统性的思维方法,引导决策者按照整体原则的要求,从全局出发,从整体出发,从广大人民的基本利益出发,使规划和决策既符合当前的需求,更符合未来的要求;既满足发展的需要,更满足和谐的需要,谋求决策和规划系统的最佳效果,确保经济社会建设各项工作在正确决策和规划指导下统一协调顺利开展,突出决策和规划的战略意识和未来效果。战略环评以期对区域经济社会体系的全局和整体分析把握,完善着地方决策者战略思想的系统性。

而对于增强决策者战略思想的预见性而言,战略环评更是起了不可替代的重要作用。战略环评是"从源头和全过程控制"的战略思想的集中体现,通过对一个区域定位、功能、产业、规模等发展体系和政策、规划、计划等决策体系之间的关系及其环境承载能力进行全面分析和科学判断,找到存在的不足和缺陷,预见到这些问题可能对未来产生的不良影响和后果,制定并落实预防性的补救措施提前进行防范,不仅可有效地从源头防止环境污染和生态破坏,更消除了威胁可持续发展和经济社会稳定的隐患。战略环评通过前瞻性的分析和评价,帮助地方决策者在规划和发展的伊始做出正确的取舍,不仅知道应该做什么,更深入了解不应该做什么,催生着地方决策者战略思想的预见性。

构建一个正确而清晰的战略,在很大程度上取决于领导者。规划环评的重要组成部分正在大力推广,但规划环评的推广,并不意味着各级决策者可以放弃对战略的研究、忽视战略环评。虽然规划环评可以解决许多项目环评所无法解决的环境问题,但规划环评的层次仍然不够,许多更大的环境问题,需要在更高层次即大政策和战略层面予以解决,推行战略环评势在必行。中国的可持续发展目标需要一个个发展战略通过战略环评来落实,中国的经济发展与环境保护的矛盾要靠战略环评来缓解。战略环评需要决策层的重视与支持,需要各部门间的协作与交流，需要公众的参与监督。

四、具体产业环保化研究

（一）电子信息产业

电子信息产业具有高、精、尖、新的特征，电子信息技术是"清洁技术"，从环境保护角度来考察，应该是没有污染或污染程度低的技术。但从产业及产业园（群）发展状况来看，实际上人们想象中的"清洁"的电子信息已给生态环境带来了各种各样的污染，即"电子信息污染"。不论是在北京，还是在珠三角或长三角，电子信息产业的能耗、水耗和物耗都是非常大的，尽管大多数企业比较重视环保，但是，相当多的企业都是把重点放在尾部治理上，或者是交给第三方治理利用，电子信息产业的污染问题并没有从根本上得到重视和解决。

1. 电子信息产业环境问题

从大到小排列，对电子信息产业的产值做出贡献的依次是信息终端类产品、PC 和网络、软件和服务。也就是说，目前我国的 IT 产业还是以电子制造业为主要形态；距离以软件、集成电路和信息服务占主要比重的较高级产业形态，还有相当的差距，这就决定了我国 IT 产业离"绿色"还有相当的距离。事实上，在信息终端产品上的盲目投入和恶性竞争，已经带来了对自然环境的破坏，过早报废或者过时的电视机、手机、计算机已经形成了不容小觑的"高科技"污染。尤其是这些产品中使用的物质已被证明对人体健康有巨大威胁，或有可能对人体健康造成损害。[①]

集成芯片的制作过程中，使用了许多有毒有害的有机溶剂，如三

---

① 阎兆万、李文兴：《积极推进电子信息产业"深绿色"环保战略》，载于《中国国情国力》2007 年第 5 期，第 59、60 页。

氯乙烯、四氯乙烯、三氯甲烷、四氯化碳、氟利昂、溶纤素等，通常将它们用贮罐贮存于地下。地下贮罐一般是廉价的玻璃纤维或强化塑料制品，由于设计问题和溶剂的腐蚀作用等原因，贮罐容易破裂，其中的有毒有害化学物质便会泄漏出去，污染周围的土壤和地下水。此外，集成芯片制作过程中还会产生大量含有上述有毒有害化学物质的废水和废渣，以各种形式污染周围的水体和土壤。

电磁辐射伴随着电子信息技术的发展日益严重。电子辐射能量以电磁波形式由发射源发射到空间的现象，电磁环境存在于给定场所的所有电磁现象的总和。恶化的电磁环境不仅对人类生活日益依赖的通信、计算机与各种电子系统造成严重的危害，而且会对人类身体健康带来威胁。为此，世界各国都十分重视越来越复杂的电磁环境及其广泛的影响。

2. "深绿色"环保观念

"深绿色"是相对于"浅绿色"而言的。"浅绿色"环保观点认为，人类能够通过技术进步找到足够的替代能源，且只要适当调整现代工业社会或后工业社会的发展模式，即把保护环境的思想加进改造自然的思想框架中，不断发展生态技术，并将其应用于现有产业发展模式之中，以更好地开发自然，就应该并能够保持经济持续增长。与之对应的"深绿色"的观点认为，技术不能从根本上解决资源和生态问题，生态危机是当代社会发展的机制问题，必须从根本上改变现有的以物质增长为目标的价值观和生产消费模式，才能彻底解决此类问题。

"深绿色"思想是对当代生态危机和全球问题的一种强烈反映，"深绿色"环境保护观念要求将环境与发展进行整合性思考，这是20世纪90年代以来第二次环境运动的主题，它重在探究环境问题产生的经济社会原因及在此基础之上的解决途径，张扬环境与发展共赢共生的积极态度。

3. 电子信息产业的"深绿色"环保战略

电子信息产业的"深绿色"环保战略是把电子信息产业发展与

第九章 产业环保化理论应用和对策研究

"深绿色"环保观念相结合而形成的具有规模化、效益化的基于环保战略的产业发展理论,是产业实行环境成本内生化及全过程控制污染,以"低资本投入、低资源消耗、低环境污染和高经济效益"为运作模式,促进与电子信息产业相关的人口、资源、环境、经济、社会的可持续发展过程。电子信息产业"深绿色"环保战略把作为物质生产主要内容的产业活动纳入生态系统的循环中,把电子信息产业活动对自然资源的消耗和对环境的影响置于环境系统物质能量的总交换过程中,实现电子信息产业活动与环境系统的良性循环和可持续发展。电子信息产业的"深绿色"环保战略结构如图9-1所示。

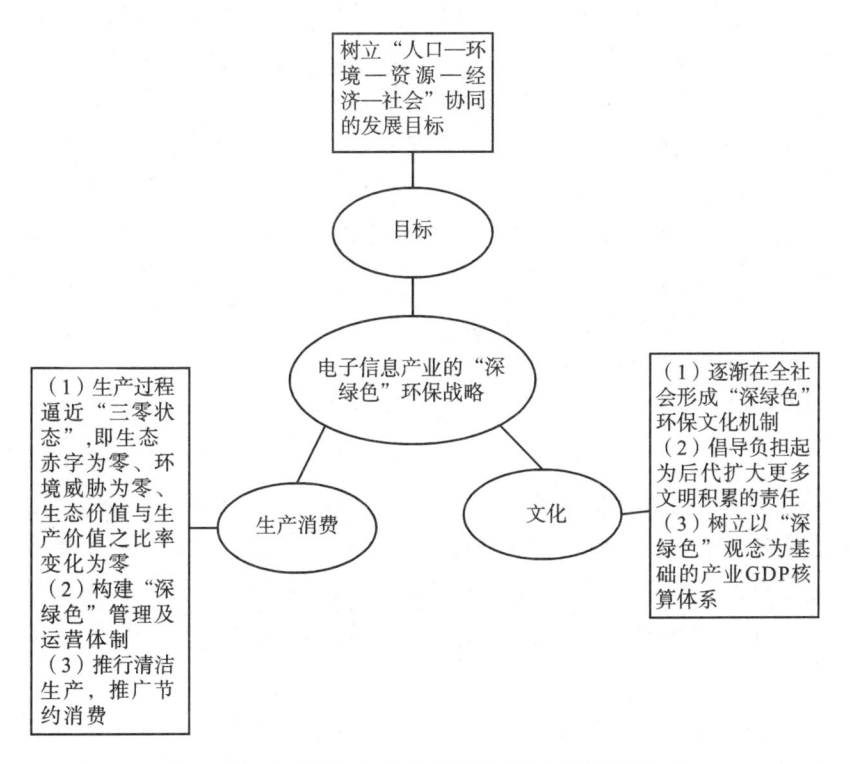

图9-1 电子信息产业的"深绿色"环保战略构成

如图9-1所示,实施电子信息产业的"深绿色"环保战略要注意以下问题：

（1）电子信息产业的"深绿色"环保战略目标形成。"深绿色"环保战略思想包含着生态系统中的一体化模式，它不是考虑单一部门与一个过程的物质循环与资源利用效率，而是一种系统地解决产业活动与社会、资源、环境关系的研究视角。因此，"深绿色"环保战略的目标要求电子信息产业系统不仅要形成自身的物质循环反馈机制，更要尽可能地纳入生态系统的物质循环系统，实现电子信息产业发展与人口、环境、经济、社会协同发展。

（2）电子信息产业的"深绿色"生产、消费的实现。电子信息产业的"深绿色"生产、消费的实现要求在生产中大力推广资源节约型生产技术，建立资源节约型的产业结构体系，减少对环境资源的破坏，倡导绿色环保消费。电子信息产业，尤其是硬件设备的生产不但要消耗大量的金属、塑料制品、有机溶剂等原料，而且其产品特性决定了其更新换代的速度快，因此消费者对电子产品消费频率也异常高，这更加造成了资源的浪费和过度消耗，并且电子产品的废旧产品的处理、回收利用过程的成本和技术需求与一般产业产品相比也较高。因此，电子信息产业的"深绿色"生产、消费的实现也是其"深绿色"环保战略的关键问题。

（3）电子信息产业的"深绿色"文化推广。电子信息产业的"深绿色"战略实施需要在全社会范围内推广"深绿色"文化，即引导生产者、消费者共同关注电子信息产业的环境状况、资源状况及产业的环境问题引起的人口、社会问题，引导公众用"深绿色"的观念生产、使用电子信息产品，倡导社会担负起为后代扩大更多文明积累的责任。另外，电子信息产业的"深绿色"文化还要求推行绿色 GDP 的核算观念，以此逐渐形成社会各界衡量产业发展的标准。

对于信息产业来说，实行"深绿色"环保战略，提高资源利用效率，减少生产过程的资源和能源消耗，是提高其经济效益的重要基础。在"深绿色"环保观念下，在电子信息产业内倡导一种与环境和谐的经济发展模式，以实现资源使用的减量化、产品的反复使用和废弃物的资源化为目的，强调"清洁生产"是一个

"资源—产品—再生资源"的闭环反馈式循环过程,最终实现"最佳生产,最适消费,最少废弃",这对电子信息产业的发展具有较大的意义。

(二) 绿色物流产业

现代物流作为社会物资流通的重要环节,同样也存在高效节能、绿色环保等可持续发展问题,在物流过程中抑制物流对环境造成危害的同时,实现对物流环境的净化,使物流资源得到充分利用是物流产业发展的大趋势之一。与此同时,绿色贸易壁垒也在悄然兴起,① 一个国家或地区要将自己的物流产业培育成支柱产业,必须重视绿色理念的教育与推广,提高自身的绿色化水平,才有助于改善投资环境,吸引国际资本,增强竞争能力。在这样的环境下,绿色物流产业应运而生。

1. 传统物流对环境的影响

传统物流采用粗放的发展模式,其储存、运输、包装等环节对环境造成了不同程度的危害。如传统物流很少考虑存储环境的选择是否会对周边居民产生影响,特别是危险品、有毒化学品的存储,常会对环境产生比较恶劣的影响。运输过程则消耗大量的能源,据有关资料统计,铁路运输每万吨每公里耗油 25.9 公斤,公路运输每万吨每公里耗油 554.8 公斤;② 而车辆的尾气、噪音等也不同程度地影响周边环境。在包装环节,不少企业为了节省成本,常常采用价格低廉的包装物,这些包装物有些容易引起产品破损,有些含有对人体有害的物质,而且包装物的丢弃也会对环境造成污染,缺乏有效的回收机制,不利于成本的降低。

物流与人们的生活息息相关,而 21 世纪人类面临人口膨胀、环境恶化、资源短缺三大危机,传统物流与强调环保化、可持续化的发

---

① 徐阳、林利:《发展绿色物流之探析》,载于《企业经济》2006 年第 1 期,第 109~110 页。
② 张宏山:《绿色物流:21 世纪可持续发展的主旋律》,载于《商场现代化》2006 年第 1 期,第 113~114 页。

展思路背道而驰。基于此,以环保化为核心的绿色物流产业将备受关注。

2. 绿色物流的内涵及价值

绿色物流,是指在物流过程中抑制物流对环境造成危害的同时,实现对物流环境的保护,使物流资源得以最充分利用。这种物流产业发展模式建立在维护全球环境和可持续发展的基础上,改变了原来发展与物流、消费与物流之间的单向作用关系,在抑制物流对环境造成危害的同时,形成一种能促进经济与消费健康发展的物流系统,即向绿色物流转变。因此,现代绿色物流管理强调全局和长远利益,强调对环境的全方位关注,是一种新的物流管理趋势。[①] 绿色物流从环保的角度对传统物流产业体系进行改进,形成了环境共生型的新的发展思路,它采取与环境和谐相处的态度和全新理念,设计并建立一个循环的物流系统,使达到传统物流末端的废旧物资能回流到正常的物流过程中来,一般称这种废旧物资的回流为逆向物流。与传统物流相比,现代绿色物流的理论基础更广,包括可持续发展理论、生态经济学理论和生态伦理学理论。绿色物流的行为主体更多,它不仅包括专业的物流企业,也包括产品供应链上的制造企业和分销企业,同时还包括不同级别的政府和物流行政主管部门等。绿色物流的活动范围更宽,它不仅包括商品生产的绿色化,还包括物流作业环节和物流管理全过程的绿色化。绿色物流的最终目标是可持续发展,实现该目标的价值不仅仅在于经济利益,还包括社会效益和环境效益(见图9-2)[②]。

绿色物流产业通过开发应用高新技术,转变经济增长方式,提高资源和能源利用效率,降低消耗,节约成本,实行清洁生产,减少废弃物排放,从而达到提高产业竞争力、增加效益的目的,使物流产业发展既能满足当代人的需要,又不对后代产生危害。

[①] 李慧婷:《绿色物流:物流产业发展的新热点》,载于《合作经济与科技》2006年第3期,第4~6页。
[②] 刘广:《浅谈我国发展绿色物流的问题与对策》,载于《科技创业月刊》2006年第4期,第79~80页。

第九章　产业环保化理论应用和对策研究

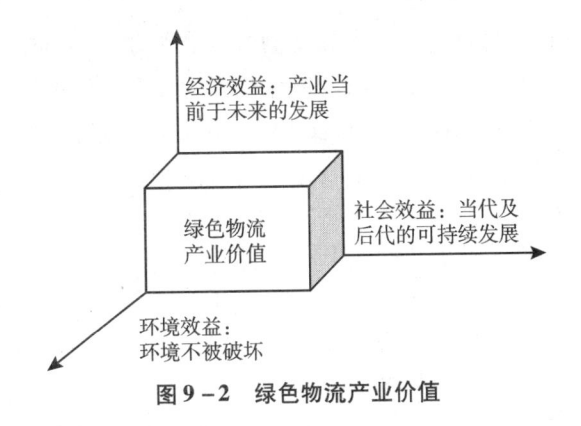

图 9-2　绿色物流产业价值

3. 绿色物流发展对策

（1）制定有利于绿色物流发展的政策法规。物流的发展离不开强有力的政策保障，制定有利于绿色物流发展的政策法规主要包括：①制定适合绿色物流产业发展机制的政策，对环保程度高的绿色物流企业进行鼓励和一定程度的扶持，鼓励传统物流企业进行改造和升级，支持传统物流企业改进技术，改善管理方式，摒弃粗放的经营模式；②控制物流活动的污染发生源，采取有效措施，从源头上控制物流企业发展所造成的环境污染，责令对环境影响较大的物流企业进行整改；③发展共同配送等新兴的物流经营模式，统筹建立现代化物流中心，提高物流产业的效率，降低能耗和污染；④通过环境立法、排污收费制度、绿色物流标准制度等来规范和约束物流活动的外部不经济性，促进绿色物流产业健康发展。

（2）物流产业发展战略与循环经济相结合。从循环经济的角度制定产业发展战略，对于推进绿色物流具有非常重要的作用。循环经济以物质、能量梯次和闭路循环使用为特征，把清洁生产、资源综合利用、生态设计和可持续消费融为一体，是一种促进人与自然协调与和谐的经济发展模式。[①] 它运用生态学规律把经济活动组织成一个"资源—产品—再生资源"的反馈式流程，实现低开采、高利用、低

[①] 张席洲、曾红：《循环经济与绿色物流模式》，载于《交通企业管理》2006 年第 3 期，第 45~46 页。

排放,以最大限度地利用进入系统的物质和能量,提高资源利用率,最大限度地减少污染物排放量,提升经济运行质量和效益并保护生态环境。引入循环经济理念,通过改变运输方式,提高车辆、仓库利用效率,降低能源消耗,提高包装物回收再生利用率,提倡绿色包装。鼓励开展绿色流通加工,由分散加工向专业集中加工转变,减少环境污染,集中处理流通加工过程中产生的废料,减少废弃物污染。这将在很大程度上消除物流产业造成的环境问题。

物流产业也会产生大量废弃物,[1] 这些废弃物处理困难,会引发社会资源的枯竭及自然环境的恶化。社会物流必须从系统构筑的角度,建立废弃物的回收再利用系统。企业不仅要考虑自身的物流效率,还必须与供应链上的其他关联者协同起来,从整个供应链的视角来组织物流,最终在整个经济社会建立起包括生产商、批发商、零售商和消费者在内的循环物流系统。

(3) 重视物流人才培养和物流科研工作。绿色物流尚属于新鲜事物,政府应重视物流人才培养并大力支持和引导绿色物流科研工作。重视绿色物流基础理论和技术研究,使绿色物流有一个更科学、更广阔的发展空间。同时要加强人才的引进和培养,加强企业、高等院校、科研机构之间的合作,形成产、学、研相结合的良性循环,从根本上提升我国物流从业人员的整体素质和管理水平,满足国内市场对各类物流人才的需求,全面提高物流管理水平。

绿色物流适应社会发展潮流,是我国经济可持续发展的必然要求。绿色物流重视环境保护,有利于整个产业的健康发展。物流产业运用循环经济和可持续发展的科学思想,构建一种高效有序的绿色物流模式,对于推进社会经济发展具有十分重要的意义。[2]

(三) 工业产业环保价值链

环境是经济发展的基础,对经济发展提供资源,向人类提供生产

---

[1] 王小志:《略谈绿色物流与可持续发展》,载于《社会科学论坛(学术研究卷)》2006年第7期,第92~93页。
[2] 阎兆万:《基于环保化的绿色物流产业发展对策探析》,载于《中国流通经济》2007年第5期,第24~26页。

第九章 产业环保化理论应用和对策研究

和生活的条件，只有环境不断地为人类经济活动提供资源，才能使经济发展成为可能。环境是人类生存和发展活动的载体。环境中的自然资源是人类进行经济活动的物质基础。不仅生产过程的劳动对象、劳动资料来自自然环境，而且劳动者的生存、繁衍和能力的提高以及社会再生产全过程都要在环境中进行。恩格斯说："劳动和自然界一起才是一切财富的源泉，自然界提供劳动以材料，而劳动则把材料变为财富。"可见，自然资源是人类创造财富的物质基础。不论人的技能提高到何种程度，都要和自然资源相结合，才能完成物质和能量转化，创造出新的物质产品，以维持和促进人类的生存与发展。

工业社会在不断创造财富的同时也带来了日益严峻的环境问题，环境问题主要包括环境污染和治理，其中环境污染主要是过度排放废物造成的，环境治理则是利用科学技术等手段，对废物进行处理。经过处理可以减少废物排放，从而减少废物对环境的危害。另外，环境问题还包括对自然资源过度开采和消耗。环境问题对社会、经济都产生了巨大的影响。

1. 环境污染的产业损害和经济损失

环境污染不但影响人类的健康和生存，也对整个社会的经济发展带来相当大的损失，对于环境污染所产生的经济损失的计算，国内普遍使用以下规则：（1）污染是相对于中国环境质量标准而言的，据此污染导致的实物型损失，实质上就是环境污染浓度超标时产生的实物型破坏；（2）污染的实物型损失是根据"剂量—响应法"来计算，不同的污染强度对应着不同程度的实物型破坏；（3）对"剂量—响应关系"的定量化处理，应尽可能利用具有普遍意义的数学表达式与"剂量—响应"系数。在缺少数据时，可用相似条件下的结果代替。

国家环保总局和国家统计局对各地区和42个行业的环境污染实物量、虚拟治理成本、环境退化成本进行了核算分析，于2006年9月7日发布了《中国绿色国民经济核算研究报告2004》，该核算报告数据显示，2004年因环境污染造成的经济损失为5 118亿元，占GDP

的3.05%。其中，水污染的环境成本为2 862.8亿元，占总成本的55.9%，大气污染的环境成本为2 198亿元，占总成本的42.9%，固体废物和污染事故造成的经济损失57.4亿元，占总成本的1.2%。

除了污染损失，此次核算还对污染物排放量和治理成本进行了核算，结果表明，如果在现有的治理技术水平下全部处理2004年点源排放到环境中的污染物，需要一次性直接投资约为10 800亿元，占当年GDP的6.8%左右。同时每年还需另外花费治理运行成本2 874亿元（虚拟治理成本），占当年GDP的1.80%。

从以上数据来看，环境污染对国民经济造成了较大的损失，由此可见，环境污染对我国经济发展产生的负作用是不容小觑的，我国的环境问题也是比较严峻的。

2. 提高工业产业安全度的环保价值链分析

环保是人口、经济、社会、环境可持续发展的必然趋势，是产业可持续发展的前提条件。产业在发展过程中存在诸多瓶颈，产业环保化是解决产业发展瓶颈的出路之一，产业环保会促进产业中不同资源的合理配置，促进这一产业的成长，并会提高产业安全度。

环境资源的价值包括两部分：一部分是有形的资源价值；另一部分是无形的生态价值。资源价值是指能直接进入当前的消费和生产活动中的那部分环境资源的价值，生态价值即环境资源的功能性价值，是指保护并不断改进环境的结构和状态以维持特定的生物生产量与生态活力，进行生态平衡的自我维持与调整，以支持人类社会的生存和发展的生态服务价值。

产业环保化过程中，会促进产业不同阶段的价值增值，这些阶段的价值实现共同组成了产业环境保护价值链的产生（见图9-3）。价值链最初是由美国哈佛商学院教授迈克尔波特提出来的，是一种寻求确定企业竞争优势的工具。价值链思想认为企业的价值增值过程，按照经济和技术的相对独立性，可以分为既相互独立又相互联系的多个价值活动，这些价值活动形成一个独特的价值链。价值活动是企业所从事的物质上和技术上的各项活动，不同企业的价值活动划分与构成不同，价值链的价值规律也将有所不同。

第九章　产业环保化理论应用和对策研究

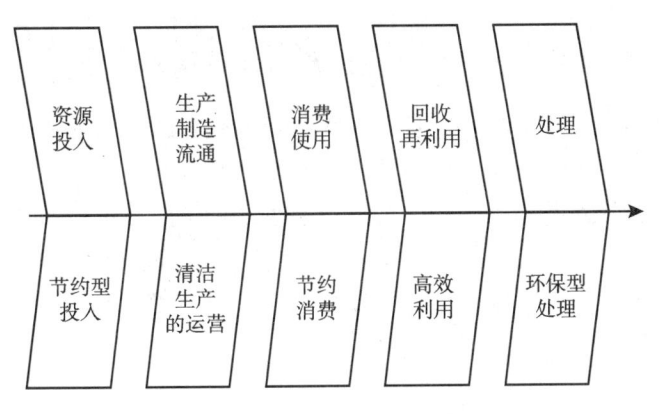

```
资源      生产       消费      回收       处理
投入      制造       使用      再利用
          流通

节约型    清洁       节约      高效       环保型
投入      生产       消费      利用       处理
          的运营
```

图 9-3　工业产业环境保护价值链

将价值链理论应用于我国的产业环境保护，构建产业环境保护价值链，该价值链包括环境的使用价值（由直接使用价值与间接使用价值构成）和非使用价值（由选择价值、遗传价值与存在价值构成）。基础价值链环节的实现与否直接影响下一级价值链的实现。产业环保价值链从资源投入开始，环保化促使产业结构升级，资源投入量最优，减少了资源的浪费和不合理配置；对于生产制造和流通等过程，因为环保化主张的清洁生产等生产方式，促使生产产品质量和过程的最优化；消费阶段则可以减少浪费，倡导节约型的消费模式；废弃、回收利用等过程作为环保化的重点过程之一，通过提高废弃物的综合利用率，进一步实现了废弃物的再利用价值；作为价值链终端的最终处理过程又可以利用规范的废弃物处理技术和设备，以此来杜绝可能产生的危险和损失，产生无形的价值。由此可见，环境保护在产业价值链的传递过程虽然促使产业投入了一定的成本，但是产生的价值增值也是贯穿在价值链的各个环节中的。

工业产业环保化的发展，还将有利于减少经济发展造成的环境污染与环境破坏，保护自然资源与环境质量，从而产生巨大的社会、经济与环境效益。另外，各产业对环境保护的日益重视，由产业环保化推动的环保产业化发展而挽回或改善的环境资源的价值及对相关产业的技术推动，理论上应体现的价值也大于环保产业的实际产值，并有利于各产业的协调发展和产业安全度的提高。

3. 我国工业产业环保投资及环保产值回归分析

为了解决环境问题，各产业都进行环保投资，这些投资，一定程度上缓解了污染的恶化，同时，在废弃物处理过程中，通过对这些废弃物的回收和再利用，创造了不少的产值。为进一步确定环保投资及环保产值之间的关系，笔者利用 SPSS 软件，对 1998~2005 年我国工业产业环保污染治理投资及"三废"综合利用产品产值数据（见表 9-1）进行分析。

表 9-1 1998~2005 年我国工业产业环保污染治理投资及"三废"综合利用产品产值   单位：万元

年 份	污染治理投资	"三废"综合利用产品产值
1998	1 220 461	2 911 780
1999	1 527 307	2 949 386
2000	2 394 391	3 670 227
2001	1 745 280	4 115 614
2002	1 883 663	4 220 177
2003	2 218 281	4 410 121
2004	3 081 060	5 728 427
2005	4 591 009	7 538 685

分别利用 Linear、Cubic、Logistic 进行回归分析，由比较分析结果可知，利用 Logistic 进行回归误差最小。主要的分析结果如表 9-2 及图 9-4 所示。

表 9-2 "三废"综合利用产品产值   单位：万元

Equation	Model Summary					Parameter Estimates			
	R Square	F	df_1	df_2	Sig	Constant	b_1	b_2	b_3
Linear	0.918	67.505	1	6	0.000	1 241 404.303	1.373		
Cubic	0.919	15.036	3	4	0.012	1 302 011.374	1.359	$-1.82E-008$	$4.29E-015$
Logistic	0.863	37.869	1	6	0.863	$4.50E-007$	1.000		

由图 9-4 的 Logistic 拟合曲线可以看出，随着我国工业产业环保污染治理投资的不断提高，工业产业"三废"综合利用产品产值也在不断提高，并且，"三废"综合利用产品产值提高的速率要快于前

第九章 产业环保化理论应用和对策研究

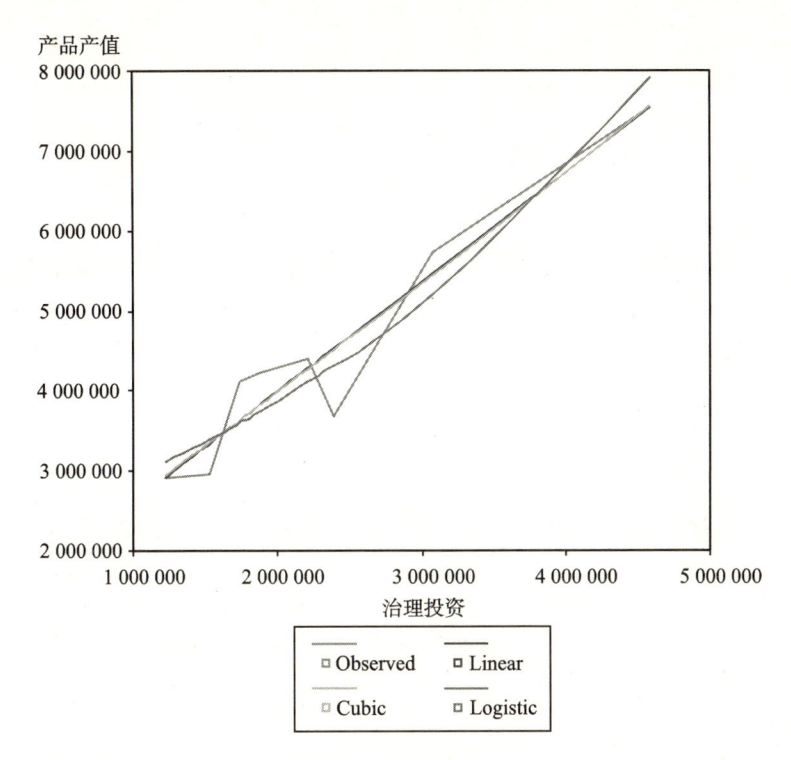

产品产值

图9-4 回归分析结果

者，由图中曲线可以看出，当污染治理投资达到 5 000 000 万元时，"三废"综合利用产品产值即可超过 8 000 000 万元，从这种意义上说，环保的投资意义是很大的，受益也是非常明显的，若考虑到环境保护带来的无形价值和环境保护推动的整个环保价值链的价值增殖，那么环境保护投资获得的价值更是远大于上述"三废"综合利用产品产值。综上可以看出，环境保护的发展对于带动我国 GDP 的增长意义非同一般。

随着我国经济的高速发展和我国工业化程度的不断提高，环境污染问题已经越来越成为制约我国经济发展的另一重要"瓶颈"，因此从维护产业安全角度来深入研究新时期我国工业产业的环境保护问题，提出基于产业安全的产业环境保护价值链理论，分析产业环境保护的价值所在，对提高各产业的协调发展和提高我国工业产业的产业安全度具有重要的现实意义和理论意义。

小　　结

区域产业、工业园区环保化是实现产业环保化的重点,解决这两部分的环保化问题对于实现全部产业范围内的环保化具有重要的意义。因此,作者针对上述两方面做出重点应用分析,并给出了相应的对策建议和发展思路。本章最后从发展循环经济、加强污染防制、提高环保能力以及开展战略环评等方面提出了加快产业环保化实现过程的具体对策。

图表目录

1. 表

表1-1	八大公害事件	21
表1-2	全国用水总量需求预测	22
表1-3	全国废水治理投资	23
表1-4	二氧化硫产生量预测	23
表1-5	我国固体废物产生量预测	23
表2-1	我国环境保护总体状况	46
表2-2	我国人口状况（2001~2005年）	49
表3-1	产业发展与环境问题比较	55
表3-2	主要产业总产出增长速度预测	61
表3-3	全国水资源、能源消耗量预测	62
表4-1	1990~2005年我国产业环境及经济数据（1）	85
表4-2	1990~2005年我国产业环境及经济数据（2）	85
表5-1	废水处理方法的分类及去除对象	116
表5-2	主要的防尘器性能与特性	117
表5-3	经济投入产出表	128
表5-4	资源投入产出表	129
表5-5	环境投入产出表	129
表6-1	相关系数判别表	148
表6-2	环保产业相关分析基础数据	149
表6-3	相关系数表	150
表8-1	2005年我国工业产业环保化效用评价环境指标分析数据	191
表8-2	相关系数矩阵	195
表8-3	全部解释方差	197
表8-4	未经旋转的因子载荷矩阵	199
表8-5	旋转后的因子载荷矩阵	200
表8-6	因子得分系数矩阵	202
表8-7	因子相关矩阵	203
表8-8	提取主成分后的全部解释方差	203

表8-9	方差极大化的因子载荷矩阵	204
表8-10	产业环保化效用评价环境指标标准化后矩阵	205
表8-11	产业环保化效用评价环境指标评价结果	209
表8-12	2005年我国工业产业环保化效用评价产业发展指标分析数据	210
表8-13	相关分析表	212
表8-14	全部解释方差	212
表8-15	未经旋转的因子载荷矩阵	213
表8-16	旋转后的因子载荷矩阵	213
表8-17	因子得分矩阵	214
表8-18	因子相关矩阵	215
表8-19	方差极大化的因子载荷矩阵	215
表8-20	提取主成分后的全部解释方差	215
表8-21	2005年我国工业产业环保化效用评价产业发展指标标准化矩阵	216
表8-22	产业环保化效用评价环境指标评价结果	217
表8-23	2005年我国工业产业环保化效用评价能源消耗指标矩阵	219
表8-24	相关系数矩阵	221
表8-25	全部解释方差	222
表8-26	未经旋转的因子载荷矩阵	222
表8-27	旋转后的因子载荷矩阵	223
表8-28	因子得分系数矩阵	224
表8-29	因子相关矩阵	224
表8-30	方差极大化的因子载荷矩阵	225
表8-31	提取因子后的全部解释方差	225
表8-32	2005年我国工业产业环保化效用评价能源消耗指标矩阵标准化矩阵	226
表8-33	产业环保化效用评价能源消耗指标评价结果	227
表8-34	产业环保化效用评价综合矩阵	229
表9-1	1998~2005年我国工业产业环保污染治理投资及"三废"综合利用产品产值	266
表9-2	"三废"综合利用产品产值	266

2. 图

图1-1	产业可持续发展特征	17

图表目录

图号	标题	页码
图1-2	产业可持续发展三维模型	18
图2-1	环境库兹涅茨曲线	32
图2-2	资源消耗与发展状况之间的关系	35
图2-3	我国2001~2005年人口变化情况	49
图3-1	全国水资源消耗量预测	63
图3-2	全国能源消耗量预测	63
图4-1	产业环保化力场的滚珠模型	72
图4-2	中国21世纪人口、环境与发展战略	73
图4-3	产业的可持续发展环保化战略构成	74
图4-4	1990~2005年我国产业环境及经济数据变化趋势（1）	86
图4-5	1990~2005年我国产业环境及经济数据变化趋势（2）	87
图4-6	人均废水排放量——经济曲线拟合	89
图4-7	人均废气排放量——经济曲线拟合	89
图4-8	人均固体废弃物排放量——经济曲线拟合	90
图4-9	人均能源消费量——经济曲线拟合	90
图4-10	传统发展模式下我国环境库兹涅茨曲线预测	92
图4-11	环保化机制作用下环境库兹涅茨曲线预测	93
图4-12	产业环保化生命周期	97
图5-1	产业环保化技术减少生产边际外部与内部费用	106
图5-2	环保技术投入的边际成本递减规律	107
图5-3	技术进步的类型	111
图5-4	绿色生产的基本要素	123
图5-5	生产模式发展过程	125
图5-6	产业生态系统的发展	127
图5-7	环保产业边际成本	139
图6-1	环保产业与产业环保化互动模式	146
图6-2	社会子系统结构	157
图6-3	资源子系统结构	157
图6-4	经济—环境子系统结构	158
图6-5	产业环保化与环保产业系统基本结构流图	159
图7-1	边际成本、边际收益曲线	163
图7-2	不同边际收益曲线	164
图7-3	环境资源的外部不经济性	164
图8-1	因子分析结果的碎石图	198

图 8-2	旋转后的三维因子载荷散点图	201
图 8-3	因子分析结果的碎石图	213
图 8-4	旋转后的三维因子载荷散点图	214
图 8-5	旋转后的三维因子载荷散点图	223
图 9-1	电子信息产业的"深绿色"环保战略构成	257
图 9-2	绿色物流产业价值	261
图 9-3	工业产业环境保护价值链	265
图 9-4	回归分析结果	267

参 考 文 献

1. Jafe, Adam B. S. Peterson, Portney, and Robert N. Stavins, Environmental Regulation and the Competitiveness of US Manufacturing. What Does the Evidence Tell US? Journal of Economic Literature, 1995: pp. 132 – 163.

2. Porter, Michael E. America's Green Strategy. Scientific American, 1991, 264 (4), P. 168.

3. Porter, Michael E. , and Class van der Linde. Toward a New Conception of the Environment—Competitiveness Relationship. Journal of Economic Perspectives, 1995, (9): pp. 97 – 118.

4. Krutilla John V. Conservation Reconsidered. Environmental Resource and Applied Welfare Economics. Washington, DC: Resource for the Future, 1988: pp. 263 – 273.

5. Mill, J. S. , Principles of Political Economy, Longman Press, 1926, P. 749.

6. Marsh, G. , Man and Nature, Cambridge, Mass, 1965, P. 36.

7. Kenneth E. Boulding. The Economic of the Coming Spaceship Earth. Earth scan Reader in Environmental Economics (Anil Markandya and Julie Richardson, eds.). London: Earthscan Publications Ltd. 1992, pp. 27 – 35.

8. Boulding K. E, The Economics of the Coming Spaceship Earth Quality in a Growing Economy. New York: Freeman, H. Jarret (ed) Environmental, 1966.

9. Gold Smith E. et al. Blueprint for Survival-The Econlogist, 1972, (2): pp. 1 – 50.

10. Page, T. Conservation and Economic Efficiency, 1977.

11. Dasgupta P. S. and Heal G. Economic Theory and Exhaustible Resources. Cambridge, Cambridge University Press, 1979.

12. Beckerman W., Economic Growth and the Environment: Whose Growth? Whose Environment? World Development, 1992, 20: pp. 481 – 496.

13. Barlett B., The High Cost of Turning Green. Wall Street Journal, 1994, P. 14.

14. Grossman, Gene M, Alan Krueger. Economic Growth and the Environment. Quarterly Journal of Economics, 1995, 110 (2): pp. 353 – 373.

15. Grossman, G. M., and A. B. Krueger (1995), Economic Growth and the Environment, Quarterly Journalof Economics, 110 (2): pp. 353 – 377.

16. Hank Hilton, E. G., and A. Levinson (1998), Factoring the Envrionmental Kuznets Curve: Evidence from Automotive Lead Emission, Journal of Environmental Economics and Management, 35: pp. 126 – 141.

17. Holtz-Eakin, D. and T. M. Selden (1992), Stoking, the Fires? CO_2 Emissions and the Economic Growth, NBER Working Paper No. 4248.

18. Selden, T. M. and Daqing Song (1994), Environment Quality and development: Is There a Kuznets Curve for Air Pollution Enissions?, Journal of Environmental Economics and Management, 27: pp. 147 – 162.

19. Arrow, K. etal. (1995), Economic Growth, Carrying Capacity and Environment, Science 268 (April), pp. 520 – 521.

20. Graadel, T. E., Allenby, B. R, Industrial Ecology, 2m edition, New Jetsy. Pretice Hal, 2002, pp. 5 – 7.

21. RAO, P. K., Sustainable development of economics and policy. New Jersy, Blackwel, 2000, pp. 97 – 100.

22. Weiszsacheg Ernst. U. A. B. Lovins, LH. Lovins Fador. Four. Doubling Wealth Halving Resouce. Us. London, 1995, pp. 21 – 24.

23. Graedel, T. E., Allenby B. R. Industrial Ecology-New Iersy. Pretice Hall, 1995.

24. Matthews et al. The weight of Nations: Material Outputs form Industrial Economics. World Resources Institute, 2005, pp. 6 – 60.

25. E. Rapp. Analytical Philosophy of Technology, Bosion, 1981.

26. J. Ellul. The Technological Society. New York: 1964, P. 183.

27. Oran R. Young and Marc A. Levy, The Effectiveness of International Environment Rgimes, in Oran R. Young. ed, The Efectiveness of International Environmental Regimes: Causal Connections and Behavioral Mechanisms, The MIT Press. 1999, pp. 17 – 19.

28. 叶静怡：《发展经济学》，北京大学出版社2006年版。

29. 何传启：《要现代化　也要生态现代化》，载于《光明日报》，2007年2月26日。

30. 国家环境保护总局：《2005年中国环境状况公报》，2006年6月2日。

31. 王瑞贤、罗宏、彭应登：《高新技术污染特征分析及控制对策》，载于《环境保护》2004年第2期。

32. 非鸿：《IT产业是绿色产业吗？》，载于《网言网语》2004年第12期。

33. 新华社：《中国生态现代化刚刚起步——118国中排第100位》，载于《齐鲁晚报》，2007年1月28日。

34. 《什么是新型工业化道路？》，载于《人民日报》，2003年1月13日第九版。

35. 张培刚：《微观经济学的产生和发展》，湖南人民出版社1997年版。

36. 皮尔斯·沃福德著，张世秋译：《世界无末日：经济学·环境与可持续发展》，中国财政经济出版社1997年版。

37. 厉以宁：《区域发展》，经济日报出版社1999年版。

38. 李训贵主编：《环境与可持续发展》，高等教育出版社2004

年版。

39. 中国科学院：《可持续发展战略报告》，科学出版社2006年版。

40. 潘文卿：《一个基于可持续发展的产业结构优化模型》，清华大学中国经济研究中心，2000年。

41. 李育冬：《基于循环经济的生态型城市发展理论与应用研究》，新疆大学博士学位论文，2006年。

42. 刘国光：《21世纪中国城市发展》，红旗出版社2000年版。

43. 郑锋：《可持续城市理论与实践》，人民出版社2005年版。

44. 夏光：《2005中国环境报告》，载于《开放导报》2006年第2期。

45. 邹首民、王金南、洪亚雄：《国家"十一五"环境保护规划研究报告》，2006年。

46. 马洪、孙尚清主编，翁君弈、徐华著：《非均衡增长与协调发展》，中国发展出版社1996年版。

47. 张帆著：《环境与自然科学经济学》，上海人民出版社1998年版。

48. 赵细康：《环境保护与产业国际竞争力——理论与实证分析》，中国社会科学出版社2003年版。

49. 姚卫星："环博斯腾湖地区发展循环经济研究——以湿地恢复、造纸企业为例"，新疆大学博士学位论文，2005年。

50. 张天柱：《清洁生产概述》，高等教育出版社2006年版。

51. 陆钟武、毛建素：《穿越环境高山——论经济增长过程中环保负荷的上升与下降》，载于《中国工程科学》2005年第5期。

52. 张宏娜：《我国治理环境污染的经济调控手段》，哈尔滨工业大学硕士学位论文，2001年。

53. 张玉赋、夏太寿、徐晖、徐劲峤、洪青、倪杰：《江苏省高新技术产业污染情况调查及对策研究》，载于《中国科技论坛》2006年第1期。

54. 高广阔：《论产业环保化与环保产业化》，载于《山东经济》2003年第4期。

55. 沈浇悦、田春秀：《国外环境保护产业发展现状及趋势研究概述》，载于《环境科学研究》1994 年第 4 期。

56. 李健、闫淑萍、苑清敏：《论循环经济发展及其面临的问题》，载于《天津大学学报》（社会科学版）2003 年第 3 期。

57. 冯之浚、张伟、郭强等：《循环经济是个大战略》，载于《光明日报》，2003 年 9 月 2 日。

58. 石磊：《从物质循环论发展循环经济的必要性》，载于《环境科学动态》2004 年第 1 期。

59. 郭敬：《美国的环境保护费用》，载于《中国人口、资源与环境》1999 年第 10 期。

60. 吴小玲、李仁杰、康江：《美国环境保护与环境技术产业发展的主要经验和启示》，载于《四川环境》2003 年第 22 期。

61. 李晖：《澳大利亚生态环境保护的经验与启迪》，载于《广东园林》2006 年第 4 期。

62. 林艳星：《浅析环境保护理念》，载于《引进与咨询》2006 年第 9 期。

63. 吴克忠：《IT 也要讲究绿色》，载于《信息系统工程》2006 年第 3 期。

64. 蒋莉：《环境友好型社会，中国的必然选择》，载于《科学新闻》2006 年第 2 期。

65. 国家环境保护总局：《2005 年中国环境状况公报》，2006 年 6 月 2 日。

66. 闫磊、徐惠娟：《高科技产业发展与环境保护》，载于《无锡轻工大学学报》1997 年第 4 期。

67. 杨德勇、王守法：《生态投融资问题研究》，中国金融出版社 2004 年版。

68. 马国强：《生态投资与生态资源补偿机制的构建》，载于《中南财经政法大学学报》2006 年第 4 期。

69. 于文波、王竹：《"深绿色"理念与住区建设可持续发展策略研究》，载于《华中建筑》2004 年第 5 期。

70. 国家计划委员会等：《中国 21 世纪议程——中国 21 世纪人

口、环境与发展白皮书》，中国环境科学出版社 1994 年版。

71. 姚志勇：《环境经济学》，中国发展出版社 2002 年版。

72. 钟水映、简新华：《人口、资源与环境经济学北京》，科学出版社 2005 年版。

73. H. 哈肯：《协同学——自然成功的奥妙》，上海科学普及出版社 1998 年版。

74. 曾健、张一方：《社会协同学》，科学出版社 2000 年版。

75. 刘小琴：《辽宁环境质量与经济增长关系的实证研究》，大连理工大学硕士学位论文，2006 年。

76. 蔡平：《经济发展与生态环境的协调发展研究》，新疆大学博士研究生学位论文，2004 年。

77. 姚建：《环境经济学》，西南财经大学出版社 2001 年版。

78. 杨发明：《许庆瑞环境技术与企业竞争优势》，载于《科学管理研究》1996 年第 6 期。

79. 刘小铭、刘志阳：《我国环境技术市场运行障碍分析》，载于《中国人口、资源与环境》2001 年第 5 期。

80. 许健：《我国环境技术产业化影响因素分析与对策探讨》，中国科学院生态环境研究中心硕士学位论文，1999 年。

81. 钱易、唐孝炎：《环境保护与可持续发展》，高等教育出版社 2000 年版。

82. 刘天齐：《环境保护》，化学工业出版社 1998 年版。

83. 熊文强：《绿色环保与清洁生产概论》，化学工业出版社 2002 年版。

84. 冉瑞平：《长江上游地区环境与经济协调发展研究》，西南农业大学博士学位论文，2003 年。

85. 宋鸿：《清洁生产——要留清白在人间》，上海科学技术情报研究所 2000 年版。

86. 张天柱：《清洁生产概述》，高等教育出版社 2006 年版。

87. 洪毅、贺德化、昌志华：《经济数学模型》，华南理工大学出版社 2003 年版。

88. 廖明球：《北京奥运经济投入产出模型设计研究》，全国统计科研计划项目研究分报告，2003 年。

89. 徐波：《中国环境产业发展模式研究》，西北大学博士学位论文，2004 年 6 月。

90. 郑海元、陈祁零、卢佳友：《绿色产业经济研究》，中南大学出版社 2003 年版。

91. 李小玲：《闽台高科技产业互补机制及其对策研究》，福州大学软科学研究所硕士学位论文，2000 年。

92. 辞海编辑委员会：《辞海》，上海辞书出版社 1977 年版。

93. 王缉慈：《关于我国区域研究中的若干新概念的讨论》，载于《北京大学报》（哲社版）1998 年第 5 期。

94. 谢章澍：《闽台高科技产业竞争力及其区域产业协同发展研究》，福州大学硕士学位论文，2001 年。

95. 李健民、万劲波：《促进环境科技与环保产业协同发展的环境技术政策》，载于《中国科技论坛》2002 年第 1 期。

96. 张玉祥、王玉浚、韩可琦：《煤炭工业可持续发展的协同学理论及神经控制系统》，载于《中国矿业》1998 年第 2 期。

97. 王旭东：《中国实施可持续发展战略的产业选择》，暨南大学博士学位论文，2001 年。

98. 肖广岭：《可持续发展与系统动力学》，载于《自然辩证法研究》1997 年第 4 期。

99. 张惠丽、郭进平：《中国铁矿石需求预测系统动力学模型研究》，载于《金属矿山》2006 年第 2 期。

100. 陈柳钦：《产业发展的集群化、融合化和生态化分析》，载于《华北电力大学学报》2006 年第 1 期。

101. 周振华：《信息化与产业融合》，上海人民出版社 2003 年版。

102. 朱国伟：《环境外部性的经济分析》，南京农业大学博士学位论文，2003 年。

103. 王齐：《环境管制促进技术创新及产业升级的问题研究》，山东大学博士学位论文，2005 年。

104. 马娜：《中国与欧盟环境政策比较研究》，载于《上海标准化》2005 年第 2 期。

105. 柯环:《环保政策研究凸现五大重点》,载于《经济日报》,2002 年 11 月 22 日。

106. 陈赛:《循环经济及其对环境立法模式的影响》,载于《南昌航空工业学院学报》2002 年第 4 期。

107. 李纪武:《环保产业发展研究》,武汉大学理工大学博士学位论文,2002 年。

108. 杨朝飞:《环境保护与环境文化》,中国政法大学出版社 1994 年版。

109. 郑海元、陈祁零、卢佳友:《绿色产业经济研究》,中南大学出版社 2000 年版。

110. 李家庭:《切实加强企业环保文化建设》,载于《思想政治工作研究》2006 年第 5 期。

111. 罗晓东:《可持续发展的环境伦理学思考》,沈阳师范大学硕士学位论文,2005 年。

112. 颜声毅:《国际环境保护机制效用研究》,复旦大学硕士学位论文,2005 年。

113. 何晓群:《现代统计分析方法与应用》,中国人民大学出版社 1998 年版。

114. Richard A. Johson,陆旋译:《实用多元统计分析》,清华大学出版社 2000 年版。

115. 马金、王浣尘、陈明义、樊重俊:《区域产业投资与环保投资的协调优化模型及其试用》,载于《系统工程理论与实践》1995 年第 5 期。

116. 史忠良:《经济发展战略与布局》,经济管理出版社 1999 年版。

117. 谢立新:《区域产业竞争力:泉州、温州、苏州实证研究与理论分析》,社会科学文献出版社 2004 年版。

118. 洪银兴:《可持续发展经济学》,商务印书馆 2000 年版。

119. 王慧炯、甘师俊:《可持续发展与经济结构》,科学出版社 1999 年版。

120. 史忠良：《产业经济学》，经济管理出版社 2005 年版。

121. 国家环境保护总局科技标准司编：《循环经济和生态工业规划汇编》，化学工业出版社、环境科学与工程出版中心 2004 年版。

122. 刘喜凤、罗宏、张征：《21 世纪的工业理念：生态工业》，载于《北京林业大学学报》2003 年第 2 期。

123. 柯金虎：《工业生态学与生态工业园论析》，载于《科技导报》2002 年第 12 期。

124. 夏冰：《论以循环经济理念改造工业园区的途径》，载于《经济问题》2004 年第 4 期。

125. 薄稳重：《通过节能改造提高企业效益》，载于《石油和化工节能》2006 年第 4 期。

126. 李文兴：《成本质量管理》，科学普及出版社 1992 年版。

127. 阎兆万：《经济学视域中的环境保护》，载于《产业经济评论》2007 年第 1 辑。

附：

环保不仅是责任，更是利益之源

——为阎兆万《产业与环境》一书记语

我本人涉足环保产业已有 16 个年头。Heritage 一直致力于对工业废弃物处理服务，并从这种服务中获得了利益。根据美国经验，环保不仅是责任，更是利益和竞争力的源泉。通过与阎兆万先生的畅谈，我了解到他对产业生态有独到的见解。他指出了环境保护取得成功的一个十分重要的关键点，即环保活动必须使企业有利可图，这样才会吸引更多的企业投入技术和资金参与环保产业。

I have personally been involved in the environmental industry for the past 16 years. Heritage Group has been engaged in industrial waste disposal and service, making profits. By American experience, environmental protection is not only a duty, but also a source of benefit and competitiveness. Through discussions with Mr. Yan Zhaowan, I noticed his original views on environmental industry. He identifies a very key component for the success of environmental protection, that is, the activity of environmental protection must be a profitable endeavor for more companies to eagerly invest their expertise and capital in the industry.

美国 Heritage 环保集团首席执行官
W. J. McDaniel

后　　记

　　这些年对外招商，我最感兴趣的是环保项目，包括符合环保要求的现代制造业项目和高新技术产业项目。有朋友问我："环保是什么？"这很难用一句话概括。我想，环保首先是一种意识，一种节约节俭、关注未来的意识，有了这样的意识，行动上才能自觉；环保是一种责任，一种美德，有时也是举手之劳，每个人都应该有义务、有责任为蓝天碧水、美好家园尽心尽力。我所论述的环保，不是从意识层面、道德层面，而是从经济学的视角，把环保看成一种投入，一种有经济回报的投入，凡是有利于环境的行为，如治理环境、修复环境、减少污染和排放、节能降耗、推广环保技术、开发使用洁净能源、资源回收、循环利用等，都可以从经济学的角度论述。这只是一个角度，一种尝试，还有许多不完善的地方。理论总是灰色的，生活之树常青。愿更多的人投身于环保的研究和行动之中。

　　我的思考和研究得到了我国环保界老前辈曲格平教授、国务院参事袁伦渠教授、北京交通大学博士生导师李文兴教授、香港岭南大学林平教授、山东大学臧旭恒教授、彭志忠教授和澳门理工大学王五一教授的具体指导；国家质检总局魏传忠副局长、国家发改委办公厅副主任申长友博士、国家环保总局规划司司长舒庆博士、山东省环保局副局长张光和与张波博士、中国产业安全研究中心主任李孟刚博士、商务部外贸发展局蒋志敏博士给予了热情的帮助；与日本国际贸易促进会中田庆雄理事长、韩中国际产业园朴钟灿会长、美国 Heritage 环保集团首席执行官 William McDaniel、瑞典爱立信副总裁佩尔松先生、首钢集团企业研究院院长王育琨关于环保话题的深谈，也使我深受启发；我工作上的领导、同事和朋友们给了我极大的鼓励和支持。在我挑灯夜战时夫人陪伴左右共同探讨并帮助打印稿件，给了我很大信心。经济科学出版社吕萍主任和本书编辑于海汛同志认真负责的敬业精神令我感动。还有我尊敬的老领导、好朋友、老师、同学也给予了我精神、资料等方方面面的帮助和支持，他们真诚的帮助使我信心倍增，在此深表谢意。

阎兆万
2007年国庆长假

责任编辑：吕　萍　于海汛
责任校对：徐领弟
版式设计：代小卫
技术编辑：潘泽新

产业与环境

——基于可持续发展的产业环保化研究

阎兆万　著

经济科学出版社出版、发行　新华书店经销

社址：北京市海淀区阜成路甲28号　邮编：100036

总编室电话：88191217　发行部电话：88191540

网址：www.esp.com.cn

电子邮件：esp@esp.com.cn

汉德鼎印刷厂印刷

永胜装订厂装订

787×1092　16开　19印张　270000字

2007年10月第一版　2007年10月第二次印刷

印数：5001—6000册

ISBN 978-7-5058-6667-6/F·5928　　定价：32.00元

（图书出现印装问题，本社负责调换）

（版权所有　翻印必究）